竞赛机器人设计与实践

郭洪红　编著

科学出版社
北　京

内 容 简 介

本书重点介绍竞赛机器人的设计过程，重点说明了竞赛机器人的机械部分、电子电路部分、程序设计部分的设计思想及方法。全书以三种具体的竞赛机器人为例，分别详细说明了竞赛机器人比赛的特点及要求，机械部分的设计过程，电子电路部分的电机、传感器、CPU、电源的选择及电路板的设计过程，程序设计过程；同时在每章当中穿插了一些机械、电子、程序方面的基础知识。

本书涉及的理论知识并不高深，没有枯燥的数学公式，特别介绍了在设计制作机器人过程中会遇到的各种实际问题，是作者的实践经验总结，实用性较强。

本书可作为工科院校师生补充机械电子学、人工智能、计算机控制、机械制造等领域知识的参考书，还可作为广大机电技术爱好者的参考资料，对欲参加机器人大赛、电子设计大赛等比赛的读者也有很高的参考价值。

图书在版编目(CIP)数据

竞赛机器人设计与实践/郭洪红编著.—北京：科学出版社，2012
ISBN 978-7-03-033047-5

Ⅰ.竞…　Ⅱ.郭…　Ⅲ.机器人技术　Ⅳ.TP24

中国版本图书馆 CIP 数据核字(2011)第 263740 号

责任编辑：刘红梅　杨　凯／责任制作：董立颖　魏　谨
责任印制：赵　博／封面设计：郝建宝
北京东方科龙图文有限公司　制作
http://www.okbook.com.cn

科学出版社　出版
北京东黄城根北街 16 号
邮政编码：100717
http://www.sciencep.com
三河市春园印刷有限公司印刷
科学出版社发行　各地新华书店经销
*
2012 年 1 月第　一　版　　开本：B5(720×1000)
2020 年 7 月第三次印刷　　印张：16 3/4
字数：269 000

定　价：48.00 元

前　言

随着智能技术突飞猛进的发展、教育理念的不断更新，作为综合了信息技术、电子工程、机械工程、控制理论、传感技术及人工智能等前沿科技的机器人技术也在为教育改革贡献自己的力量。为了推动机器人技术的发展，培养学生的创新能力，在全世界范围内相继举办了一系列的机器人竞赛。

为了使读者能够系统地了解竞赛机器人的设计过程与方法，作者编写了本书，希望能对读者在机器人的设计工作中有一定的帮助。

本书总共分为两大部分，第 1～6 章为基础篇，主要介绍竞赛机器人的基础知识，包括机器人竞赛的基本情况、竞赛机器人机构设计基础、电子电路基础、传感器基础等；第 7～9 章为实践篇，以 3 个有代表性的竞赛机器人为例来说明竞赛机器人的设计过程与方法。

本书由郭洪红任主编，负责第 5～9 章的撰写及全书的统稿工作，闵莉艳负责第 1 章内容的编写及所有文档的校对工作，第 2 章由李军执笔，第 3 章由刘晓彤执笔，第 4 章由李一男执笔。北京森汉科技有限公司的陈小森及张娣工程师在本书的编写过程中给予了很大的支持与帮助，在此表示衷心感谢。

由于作者水平有限，书中缺点和错误在所难免，欢迎读者批评指正。

作　者

目　录

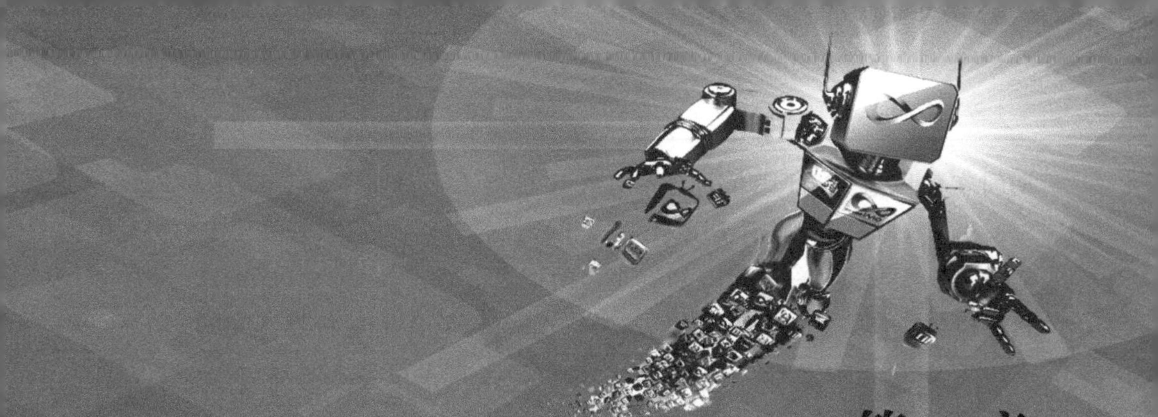

第1章 绪论

1.1 机器人比赛的发展

机器人是人工智能领域与机器人领域的基础研究学科，是一个极富挑战性的高技术密集型项目。它涉及的主要研究领域有：机器人学、机电一体化、单片机、图像处理与图像识别、知识工程与专家系统、多智能体协调及无线通信等。机器人不但在科学研究方面具有深远的意义，而且是一个很好的教学平台。通过机器人，学生可以将理论与实践紧密地结合起来，提高动手能力、创造能力、协作能力和综合能力。目前国家所提倡的素质教育中，能力培养是核心。机器人提供了一个对学生的能力进行培养的大舞台。为了推动机器人技术的发展，培养学生的创新能力，每年在全世界范围内都会举行一系列的机器人竞赛。

最早的机器人比赛是机器人足球竞赛，这个想法是1995年由韩国科学技术院(KAIST)的金钟焕(Jong-Hwan Kim)教授为了发展多智能体技术而提出的。1996年11月，他在韩国政府的支持下举办了首届世界杯微型机器人足球比赛(即FIRA MiroSot'96)。目前，国际上最具影响力的机器人足球赛是FIRA和RoboCup两大世界杯机器人足球赛，这两大比赛都有严格的比赛规则，融趣味性、观赏性、科普性为一体，为更多的青少年参与国际性的科技活动提供了良好的平台。

FIRA (Federation of International Robot-Soccer Association)是国际机器人足球联合会的缩写，该组织于1997年第二届微型机器人锦标赛(MiroSot'97)

期间在韩国成立。FIRA 每年举办一次机器人足球世界杯赛(FIRA Robot-Soccer World Cup),简称 FIRARWC,至今已经分别在韩国、法国、巴西、澳大利亚、中国等国先后举办了 15 届赛事。网址为 http://www.fira.net/。比赛项目主要包括:半自主型机器人足球(MicroSot)、全自主型机器人足球(Robot-Sot)、仿真机器人足球(SimuroSot)、超小型半自主机器人足球(NaroSot)、超小型全自主机器人足球(KheperaSot)、类人机器人足球(HuroSot)。

RoboCup 机器人足球比赛种类包括:11 对 11 仿真组比赛、5 对 5 小型机器人组比赛、小型机器人组标准比赛(每队 11 人)、中型机器人组比赛、Sony 四腿机器人比赛。

RoboCup(Robot World Cup)是一个国际性组织,1997 年成立于日本。RoboCup 以机器人足球作为中心研究课题,通过举办机器人足球比赛来促进人工智能、机器人技术及相关学科的发展。RoboCup 的最终目标是在 2050 年成立一支完全自主的拟人机器人足球队,能够与人类进行一场真正意义上的足球赛。网址为 http://www.robocup.org/。比赛项目主要有:计算机仿真比赛(Simulation League)、小型足球机器人赛(Small-Size League)、中型自主足球机器人赛(Middle-Size League)、四腿机器人足球赛(Four-Legged Robot League)、拟人机器人足球赛(Humanoid League)等项目。

除了机器人足球比赛,RoboCup 还举办机器人抢险赛(RoboCup Rescue)和机器人初级赛(RoboCup Junior)。机器人抢险赛是研究如何将机器人运用到实际抢险救援当中,并希望能够通过举办比赛在不同程度上推动人类实际抢险救援工作的发展。比赛项目包括计算机模拟比赛和机器人竞赛两大系列。近几年还增加了水中机器人巡游比赛、武术擂台比赛、机器人游中国比赛、家庭服务机器人比赛、双足机器人竞步比赛、舞蹈机器人比赛、医疗与服务机器人比赛、助老机器人比赛等。同时,为了激发青少年的学习兴趣,在 1999 年 12 月成立了一个专门组织中小学生参加的分支赛事——RoboCup Junior。无论是机器人足球比赛系列,还是机器人抢险赛,都主要围绕一个主题进行。在国际上,除了这些机器人单项竞赛之外,还有把各项机器人竞赛组合在一起的比赛系列,即机器人综合比赛。这些比赛主要包括国际机器人奥林匹克竞赛和 FLL 世锦赛。

1. 国际机器人奥林匹克竞赛

国际机器人奥林匹克委员会(IROC)是一个非营利性的国际机器人组织,

成立于 1998 年，总部设在韩国。IROC 从 1999 年开始组织首届“国际机器人奥林匹克竞赛”，这是一项将科技与教育目的融为一体的亚太地区的竞赛，目的是为了使青少年有更多机会参加国际科技交流活动、展示自己的才华和能力，激发他们对科技和机器人世界的不懈探索。迄今为止，已经连续在韩国及中国香港、北京等地举办了六届比赛。赛事网址为 http://www.wroboto.cn/，比赛分为常规赛与创意赛，常规赛(Regular Categories)的比赛项目如下：小学组(12 岁以下)(Junior League)、挑战组(13～8 岁)(Challenge League)、成人组(19 岁以上)(Robot League Categories)、机器人轨迹赛(Robot Line Tracing)、机器人爬楼梯(只向上)[Stair Climbing Robot(Up only)]、机器人生存挑战赛(Robot Survival Game)、有腿机器人障碍赛(Legged Robot Obstacle Race)、机器人爬楼梯(Stair Climbing Robot)、机器人足球(FIRA Robot Soccer)、视觉机器人救援赛(Vision-Robot Rescue Operation)、机器人篮球(Robot Basketball)、机器人拳击(Robot Boxing)、机器人马拉松(Robot Marathon)、机器人平衡赛(Robot Balancing Beam)、机器人跳舞(Robot Dancing)、机器人举重(Robot Weight Lifting)、微型机器人足球 5 对 5(Robot Soccer，MicroSot 5vs. 5)、拟人机器人足球(Robot Soccer，HuroSot)。

2. FLL 世锦赛

FLL(First Lego League)是另一项综合的机器人竞赛。FLL 是一个为全世界 9～16 岁的孩子提供机器人竞赛的国际性组织。每年秋天，大赛组委会将统一在全球公布本年度的 FLL 挑战赛主题，以及按照主题细化的具体比赛项目，参赛队要在任务公布后的两个月时间内设计出能够完成任务的机器人，参加区域选拔赛，优胜者可以进入全球决赛。FLL 每年的挑战主题都不同，有的是根据实际问题提出的，有的是引导孩子们进行科幻想象的。这些主题不仅有趣，而且提供开放性的问题解决方案，学生可以用不同的方法达到同一项目标，从而鼓励学生充分发挥想象力、创造力，培养学生的开发性思维。可见机器人竞赛已经成为一个能激发孩子们的学习兴趣、引导他们积极探索未知领域的良好平台。FLL 的比赛项目还包括常规赛、足球赛、计算机机器人创意设计与动手做比赛等。FLL 的网址为 http://www.firstlegoleague.org.cn/。

国内比较著名的机器人比赛是亚太大学生机器人大赛选拔赛，它是中央电视台少儿频道的品牌赛事，已经成功举办了多次，这项赛事于 2002 年由亚洲太平洋地区广播电视(ABU)倡导,每年举办一次,以选拔国内冠军队参加亚太地区桂冠的争夺。网址为 http://space.tv.cctv.com。随着高职类学生综合能力的不断提升,这几年国内连续举办了几次高职类的机器人比赛,比较著名的分别是 2008 年 7 月在天津举行的“全国职业院校技能机器人大赛”和 2011 年“全国职业院校技能大赛——机器人技术应用赛”,赛事难度与亚太机器人大赛不相上下。此外,还有飞思卡尔智能车大赛,吸引了众多的大学参加,赛事网址为 http://www.smartcar.au.tsinghua.edu.cn/。

本书以材料分选机器人、搬运竞赛机器人和竞速类的飞思卡尔智能车大赛中的机器人为例详细介绍竞赛机器人的设计过程。

1.2 机器人比赛的特点

具体地说,机器人比赛具有以下特点。

(1) 比赛规模不断扩大。FIRA 1996 年举办第一届赛事时,只有来自 10 个国家的 23 个参赛队参加,发展到 2002 年第七届时,已经有 25 个国家的 207 支代表队参赛。国内高职机器人大赛 2008 年时只有 30 支队伍参加,到 2011 年时已扩大到 80 多支队伍。无论是参赛的人数,还是参赛的国家,都充分显示了机器人竞赛的勃勃生机以及在全世界范围内的普及程度。

(2) 比赛项目不断完善。1996 年第一届 FIRA 只有微型机器人足球赛一项比赛,发展到现在,已经扩展到六个比赛系列。项目设置由少到多的变化既可以给更多层次的参赛选手提供比赛机会,又可以从多角度推动各个相关学科技术的发展。

(3) 比赛的影响力不断增强。在机器人竞赛的同期,各个组委会都会举办各种机器人展览、相关论坛,各种论坛旨在为参赛选手及专家提供一个交流经验、互相学习的平台,并对机器人及其相关技术的发展以及机器人在娱乐、教育、服务等各领域的应用起到推动作用。因此,每届比赛都会吸引各国科学家、科研人员、学生和企业界人士的共同参与,机器人竞赛的影响力也相应得到提高。

(4) 推动技术进步。机器人竞赛对机器人技术及其相关学科领域的发展起到了明显的推动作用,这在机器人足球系列比赛上表现得更加明显。比如,机器人足球比赛对机器人的视觉功能要求非常高,机器人装备的显卡性能越好，机器人的识别速度就越快，运动速度也就越快，这样才能取得比赛的胜利，这极大地促进了视觉技术的发展。在1996年FIRA第一届比赛的时候，大部分参赛队所用显卡的工作频率是10帧/s，机器人的运动速度也仅在50cm/s；仅仅两年之后的FIRA第三届世界杯时，显卡的频率就达到了60帧/s，机器人的运动速度也相应提升到2m/s，技术指标翻了几倍。机器人竞赛实际上是高技术的对抗赛，侧面反映了一个国家信息与自动化领域基础研究和高技术发展的水平。机器人竞赛使研究人员能够利用各种技术，获得更好的解决方案，反过来又促进各个领域的发展，这也正是开展机器人竞赛的深远意义，同时也是机器人竞赛的魅力所在。

(5) 促进学校教育。机器人足球系列比赛以推动技术进步为主要着眼点，而其他综合性的比赛则更加侧重于教育意义。以FLL为例，FLL的每个参赛队在每年的工程挑战赛主体公布之后，大约有8个星期的时间来做准备工作，具体包括分析竞赛题目、设计解决方案、用乐高的配件搭建智能机器人模型、编写程序、反复调试程序、优化程序和机器人结构，使机器人能够完成挑战赛的任务。在这8个星期的时间里，学生要想完成任务，就必须在互联网上搜集资料、向专家请教问题、到图书馆查阅资料以及与其他伙伴交流和探讨问题等，这同时也是一个面对实际问题、解决困难、克服障碍的过程。因此，学生除了学到了机器人相关知识之外，还能够在自尊心、沟通能力、动手能力等方面得到一定的提高，而这也正是FLL以及其他机器人竞赛所要达到的目的之一。

1.3　机器人比赛的分类

1. 按比赛类型来分

(1) 竞技类。这类项目一般由人形机器人参加，包括短跑、点球、避障、搬运、举重、投球等。

① 短跑比赛的目标是在一系列比赛中机器人尽可能快地完成从起点移动到终点。

② 点球比赛中，机器人必须接近球并将放在球门区内将球踢进球门，其他队的机器人一般作为守门员。

③ 避障项目类似于短跑比赛，机器人必须尽快地从场地一端移到另一端。但是在该项比赛中，一些障碍物摆放在场地上，机器人必须绕过或爬过障碍物并到达终点。

④ 负重跑项目考验机器人的动态平衡能力。一般会在机器人身上固定一个小筐，机器人不断地从一块不平坦地面上来回移动，每通过一次在小筐里增加一些重量，直到不能通过该地面为止，计算负重量，负重量最多的为获胜者。

⑤ 举重项目考验机器人举起、平衡重物的能力。

⑥ 投球项目是一个机器人进行比赛，但在将来会有多个机器人进行比赛。在比赛中，机器人将球投进带颜色的目标里。

⑦ 足球项目在比赛中是一个团队项目。每队一般由两到三名机器人队员组成。

（2）表演类。这类比赛一般有弹琴、千手观音、街舞等项目，评委将从机器人设计、创意、舞步编排、动作复杂度、舞蹈和音乐的协调等方面进行综合评分。

2. 按机器人的结构形式分

（1）人形机器人。人形机器人比赛项目是最近几年随着人形机器人技术的发展才开展的，一般参赛的机器人要求外形与人类相似，有时是全类人型，有时是双足型，如图 1.1 所示。

（2）多足式机器人。多足式机器人如图 1.2 所示。

（3）轮车式机器人。轮车式机器人如图 1.3 所示。

图 1.1 人形机器人

图 1.2　多足式机器人

图 1.3　轮车式机器人

1.4　机器人比赛的场地及环境

机器人比赛的场地及环境，包括场地、操作对象、障碍物特性（大小、颜色、形状、材质、布局等），下面分别通过限定路径及自由路径的例子来说明。

在限定路径比赛中，为便于机器人在场地中定位，比赛场地底板色与导引条颜色对比鲜明，如黑与白、蓝与白等，如图 1.4 所示。

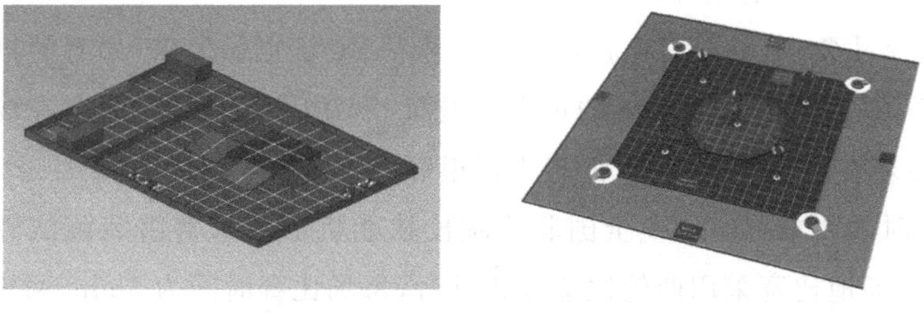

图 1.4　限定路径比赛场地

在自由路径比赛中，机器人活动范围也会被限定在一定的区域内，只是机器人在比赛过程中不必沿着规定的路径行走（图 1.5）。

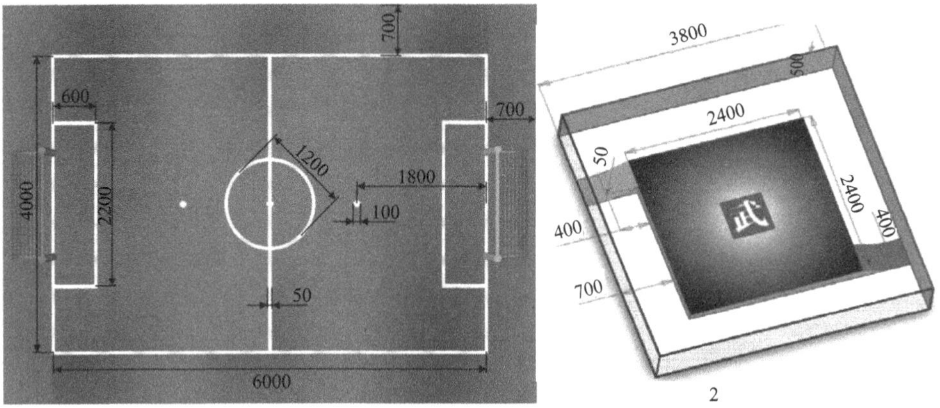

图 1.5 自由路径比赛场地(单位:mm)

1.5 机器人比赛的要求

在机器人比赛中,一般会限制机器人的重要参数,要求如下。

(1) 结构要求:有的比赛机器人必须为零件形式,进行现场组装调试,由参赛队员在规定的时间内现场从零件开始组装,现场编程。

(2) 电源要求:机器人的电源一般为自备电源,不得用电源线与场地外连接,且输入电压一般不超过 24V。

(3) 通信方式要求:有的可使用遥控通信设备(如激光、红外线、无线电等),如一般机器人比赛中的手动机器人。

(4) 尺寸要求:一般对比赛机器人的体积、重量也做要求,如有的机器人最大投影必须在边长为 300mm 的正方形里面,出发后允许变形,但是在场地上最大投影必须在边长为 500mm 的正方形里面。

(5) 时间要求:如 2008 全国职业院校技能机器人大赛组装调试机器人时间为 7h。场地比赛采用两轮比赛方式进行,每场比赛时间为 5min,两轮比赛之间间隔 20min,取最好一轮比赛成绩为最终成绩;比赛中机器人在 5min 的比赛结束时计算得分。

1.6 评分标准

所有的机器人比赛都是以分数作为排名标准的，所以在制定策略之前，要认真理解得分要点。一般的得分要点分为如下几部分。

(1) 机器整体设计分(含创新性、外观、自主设计制造等)。因为主观性太强，容易产生争议，这项比分占的比例一般较小。

(2) 任务完成分。一般是将不同的操作对象送到指定位置的得分，如2008全国职业院校技能机器人大赛中，向加工槽成功运送一个球形工件得10分，在堆垛区成功堆放一个立方形工件：第一层10分，第二层12分，第三层15分，第四层及以上都是20分。

(3) 扣分要求。如手动机器人进入或延伸到自动区，手动机器人或它的操作手接触公共区地面，手动机器人触碰到己方的自动机器人，操作人员与机器人有身体接触等，都要扣相应的分数。所以在比赛时应特别谨慎，注意不要犯规。

1.7 竞赛机器人的构成

机器人由三大部分六个子系统组成。这三大部分是：机械结构、传感部分、控制部分。六个子系统是：驱动系统、机械结构系统、感受系统、机器人-环境交互系统、人机交互系统、控制系统，如图1.6所示。

六个子系统的作用分述如下。

1. 驱动系统

要使机器人运行起来，需给各个关节即每个运动自由度安置传动装置，这就是驱动系统。驱动系统可以是液压传动、气动传动、电动传动，由于比赛环境条件的限制，机器人的驱动器多数都是用电机。传动方式可使用皮带、链条、轮系、谐波齿轮等机械传动机构。

2. 机械结构系统

机器人的机械结构系统由基座、手臂、末端操作器三大件组成。竞赛机器人多数要求具有行走能力，所以基座多为小车形式；手臂有拟人手臂，还有垂直升降手臂，如图1.7所示；末端操作器(图1.8)一般是手爪，有时是电磁吸盘或气动吸物器，偶尔还会需要一些特殊装置，如投球比赛中的弹射装置、击鼓比赛中的击鼓装置、灭火比赛中的灭火装置等。

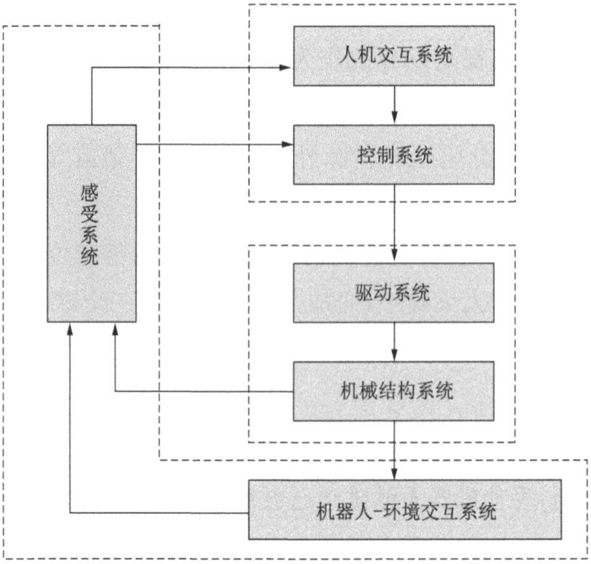

图 1.6 竞赛机器人的结构

图 1.7 机器人手臂

3. 感受系统

竞赛机器人的感受系统的功能主要是感测周围环境的信息，如识别操作对象的大小、颜色或进行轨迹的识别、手臂移动距离的检测等。

4. 机器人-环境交互系统

现在的机器人比赛中，很少有机器人单兵作战，所以机器人需要与己方的机器人进行信息交互，以便协调工作，取得好成绩。这就要求机器人必须有一个系统与其他机器人通信，这就是机器人-环境交互系统。

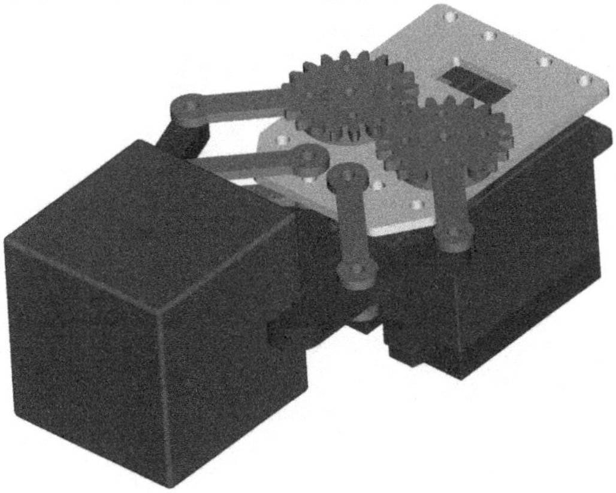

图 1.8 机器人末端操作器

5. 人机交互系统

人机交互系统是使操作人员参与机器人控制及与机器人进行联系的装置，一般用在手动机器人中，在比赛时操作人员通过一个操作盒对机器人的行为进行控制(图 1.9)。

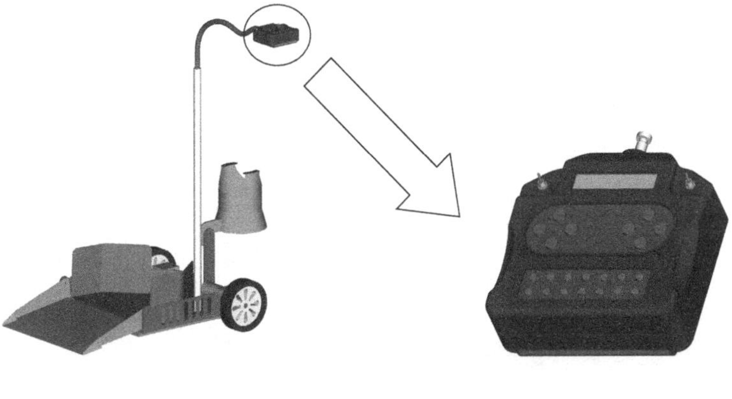

图 1.9 机器人人机交互系统

6. 控制系统

控制系统的任务是根据机器人的作业指令程序以及从传感器反馈回来的信号支配机器人的执行机构去完成规定的运动和功能。

以下的章节分别介绍竞赛机器人的机械设计、电子电路设计、软件设计方法及过程。

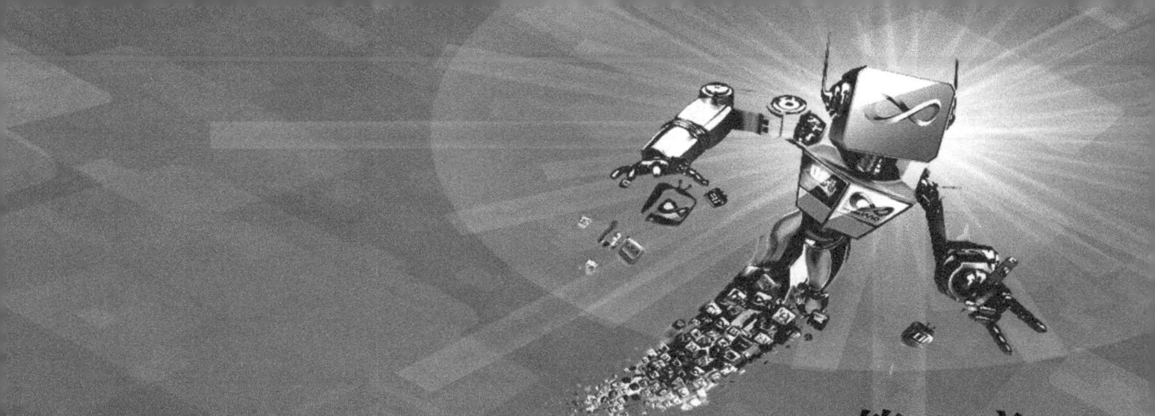

第2章 竞赛机器人的机械结构设计

要提高机器人的竞赛性能，必须认真地设计其机械结构，并不断地对结构上的不足之处加以改进。通过对历届机器人竞赛进行研究后发现，良好的机械结构与高可靠性的硬件设备是获胜的基础，所以有必要对机器人的机械结构及原理有一定的了解。

2.1 机械结构设计软件 Pro/ENGINEER

为了使设计的机器人尺寸与结构更合理，最好先用 CAD 软件建模，进行受力分析及运动仿真模拟，确保零件之间能正确地配合、机械结构的强度能够满足要求。目前最常用的三维造型软件有 SolidWork、UG、Pro-E 等，经过多年的发展，Pro/ENGINEER（Pro-E）已经成为三维建模软件的领头羊。Pro/ENGINEER是采用参数化设计、基于特征的实体模型化系统，工程设计人员采用具有智能特性的基于特征的功能去生成模型，如腔、壳、倒角及圆角，可以随意勾画草图，轻易改变模型。另外，从表 2.1Pro-E 的组成模块就可看出它在设计当中的优势。

表 2.1 Pro-E 软件的组成模块

Pro/ENGINEER （软件基础核心）	· 基于特征、参数化的实体建模 · 支持并行工程的核心环境 · 零部件设计 · 装配设计及基本装配管理 · 基本工程图纸输出 · Pro/Program 支持

续表 2.1

Pro/Language of Chinese (底层核心汉化)	· 中文菜单 · 中文帮助提示 · 中文说明书 · 中文制图环境 · 中文输入
Pro/FEATURE (高级特征扩展模块)	· 用户自定义特征 · 复杂设计特征 · 变轮廓突起 · 3D 实体扫描 · 非平行截面混合光顺 · 薄壁特征 · 特征组设计
Pro/SHEETMETAL DESIGN (钣金设计模块)	· 参数化钣金设计 · 钣金的弯曲和展开 · 高级成形件的设计与下料图生成 · 提供用户可编辑的折弯表
Pro/WELDING (焊接规格的快速生成)	· 生成可识别的焊接特征 · 从各种焊接形式获得工艺信息 · 检查设计 · 记录焊接过程
Pro/PHOTORENDER (工业设计高级渲染模块)	· 对渲染对象加颜色、打光、纹理、贴面显示阴影等 · 生成照片级的渲染模型
Pro/DETAIL (工程绘图工具)	· 支持 ANSI、ISO、DIN、JIS 等多种标准的出图方式 · 具有全几何的尺寸和公差 · 自动生成全相关的零件、装配尺寸及剖视图 · IGES、DXF、DWG 等图形的双向输入、输出
Mechanism Design Extension (机构设计扩展)	· 定义机构并进行仿真 · 交互地拖动并调整机构 · 运动包络体及干涉分析 · 凸轮及滑槽定义分析 · 与 Pro/ENGINEER 结合使用 · 支持族表及替换(Family Table & Interchange) · 设计动画数据重利用
ModelCHECK (标准模型检查模块)	· 评估设计效率,提供专家指南
Pro/Report (报表自动生成模块)	· 支持自动报表的建立修改及管理 · BOM 支持中文简体的自动生成
Pro/WEB PUBLISH (WEB 页面自动生成)	WEB 页面自动生成模块 · 可处理装配工艺,加工工艺所需工艺信息

续表 2.1

Basic Lib （常用机械标准件库）	· 常用紧固件 · 连接件
Pro/LIBRARYACCESS （标准件库存取管理模块）	支持管理扩展 PTC 提供的相关标准件库 · 刀具库 · 模架库 · 标准件库 · 电子接插件库 · 人体库 · 电子符号库 · 管接头库 · 夹具库
Pro/PLOT （绘图机驱动接口）	完整支持下列型号系列及兼容机 · HPGL · HPGL2 · Calcomp · Versatec · Gerber · Postscript 等
Pro/LEGACY （已有的数据维护工具）	· 接收多种传统 CAD 设计数据 · 对设计模型的修改处理 · 曲面的缝合与转换为实体
J-LINK （可编程 JAVA 连接模块）	· 实现外部应用通过 Java 自动进行与 Pro/E 的挂接
Pro/INTERFACE II Bundle （数据接口集成模块）	· 直接转换 — CADDS5 — CATIA — CADAM — PDGS — AutoCAD DXF/DWG 等 · 标准转换 — IGES 输入/输出 — SET 输入/输出 — STEP 输入/输出 — VDA 输入/输出 — CGM 输入/输出 — SLA 输入/输出 — 输出标准结构分析模型等 · ECAD 转换 — CADENCE — MENTOR — ZUKEN 等

在竞赛机器人的设计中，经常应用的 Pro-E 功能是三维造型及运动仿真。图 2.1 就是用 Pro-E 进行设计的一款小车的三维造型图与实物图。这样可以做到在加工之前心中有数，避免不必要的材料与时间浪费。

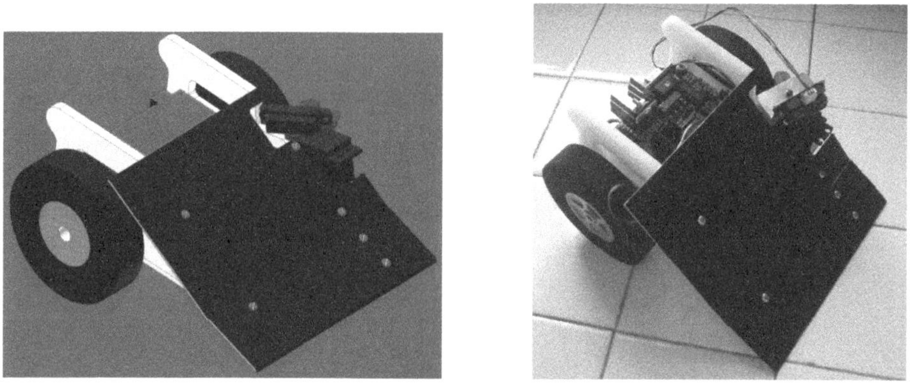

图 2.1　小车三维造型图(左)和实物图(右)

通过建立零件的几何模型，输入材料类型、质量密度、弹性模量、泊松比，定义模型的载荷，添加约束等，对零件进行运动分析及应力分析。图 2.2 是一个对手部进行应力分析的例子。利用这种功能可以确定结构的受力情况，从而在未加工之前进行修正。

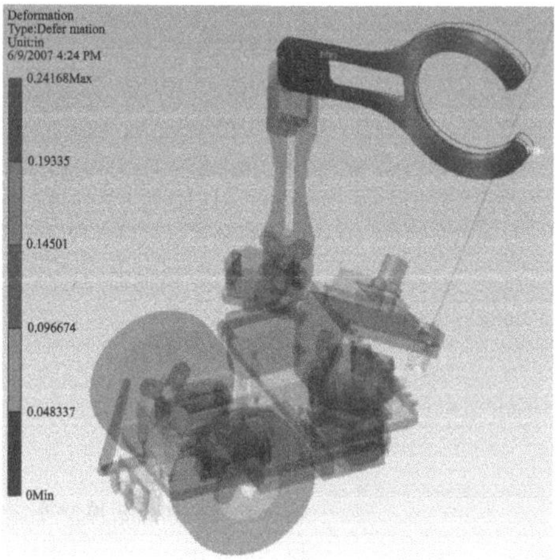

图 2.2　零件的运动分析及应力分析

2.2 机械零件设计的一般准则及步骤

机械零件丧失规定的功能，称为失效。在不发生失效的条件下，在规定期限内，零件所能工作的限度，称为零件的工作能力。通常这个限度是对载荷而言的，所以又称为承载能力。

进行机械零件设计时，必须根据零件的失效形式分析失效的原因，提出防止或减轻失效的措施，根据不同的失效形式提出不同的设计计算准则。机械零件的设计计算准则概括起来主要包括以下几种。

(1) 强度准则：应力≤许用应力。

(2) 刚度准则：变形量≤许用变形量。

(3) 耐磨性准则：压强≤许用压强。

机械零件设计的步骤大致如下。

(1) 根据零件的使用要求，选择零件的类型或结构。

(2) 根据零件的工作条件及对零件的特殊要求，选择合适的材料和热处理方法。

(3) 根据零件的工作情况，确定作用于零件上的载荷(包括建立力学模型、进行载荷分析和计算、考虑各种因素对载荷的影响及确定零件的计算载荷)。

(4) 根据零件可能出现的失效形式，确定计算准则，并计算和确定零件的基本尺寸。

(5) 根据工艺性和标准化等要求进行零件的结构设计。

(6) 必要时应该对零件进行校核计算。

(7) 绘出零件的工作图。

另外，在设计时机械零件时需要标准化。零部件的标准化、通用化和产品系列化通称为“三化”，是我国一项重要的技术政策。

(1) 零部件的标准化：是指对零部件的尺寸、结构要素、材料性能、检验方法、设计计算方法、制图要求等制定、发布和实施统一的标准，必须共同遵守。

(2) 零部件通用化：是在系列产品内部或在跨系列产品之间采用同一结构和尺寸的零部件。实行通用化可减少零部件品种，实现通用互换，从而简化生产管理和获得较高的经济效益。

(3) 产品系列化：是指对同一类产品，在同一基本结构或基本尺寸条件下，规定出若干种不同尺寸参数的产品，形成系列。例如，对于内径相同的同一类滚动轴承，有直径系列和宽度系列产品。

2.3　传动方式及通用零部件

在竞赛机器人当中，通用的零部件如图 2.3 所示。

- 通用的零部件
  - 传动零件
    - 齿轮传动
    - 蜗杆传动
    - 带传动
    - 链传动
  - 连接零件
    - 螺纹连接
    - 键连接
  - 轴类零件
    - 轴
    - 轴承
    - 联轴器

图 2.3　竞赛机器人的通用零部件

1. 齿轮传动

设计一个好的机器人必须要用到齿轮，所以必须掌握齿轮是如何影响机器人力矩及速度等参数的。通过使用不同的齿轮，可以改变转动的速度及力矩。

所有的电动机都有一定的输出速度及转矩，但市面上提供的电动机的参数一般不符合机器人的速度及转矩的要求（除舵机外，因为舵机本身已经有了减速机构，可提供较高的转矩）。直流电动机的转速一般在 10 000r/min（转/分），但转矩较低。而机器人要求的转矩较高、转速较低，所以必须通过齿轮进行传动。以直齿轮传动为例，如图 2.4 所示，输入轴与输出轴的速度与转矩关系可用式(2.1)表示。

$$T_1 \cdot v_1 = T_2 \cdot v_2 \tag{2.1}$$

其中，T_1、T_2 分别表示输入转矩与输出转矩，v_1、v_2 分别表示输入速度与输出速度。

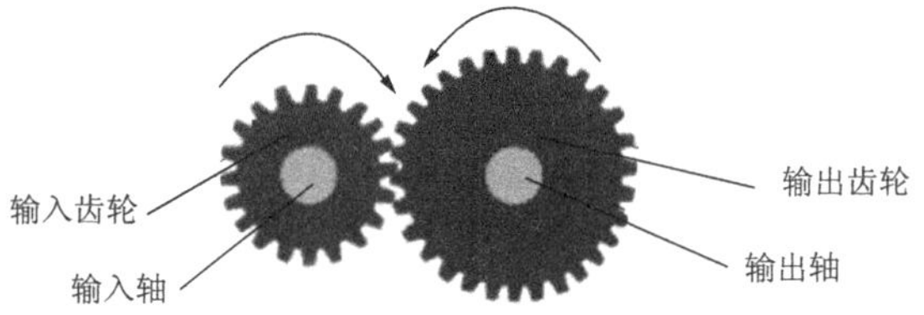

图 2.4　直齿轮传动

如果输入轴是电动机的输出轴，输出轴是机器人的关节轴，而电动机的转矩与转速都是确定的，给定机器人的输出转矩或输出转速，就可以通过式(2.2)

求出另一个参数。

$$T_2=\frac{T_1\cdot v_1}{v_2},v_2=\frac{T_1\cdot v_1}{T_2} \tag{2.2}$$

齿轮的传动比在齿轮传动中是一个很重要的参数，它指的是输入轴转速与输出轴转速之比，可表示为式(2.3)。

$$i=\frac{v_1}{v_2}=\frac{z_2}{z_1} \tag{2.3}$$

其中，i 表示传动比，v_1、v_2 分别为输入轴与输出轴的转速，z_1、z_2 分别为输入轴与输出轴的齿数。所以在理想状态下，输出转矩与输出转速也可用式(2.4)计算。

$$T_2=T_1\cdot i,v_2=v_1/i \tag{2.4}$$

但实际上，由于摩擦、齿轮的材料等因素的影响，齿轮的传动效率 η 总是小于100%，一般为 70%～90%。所以实际的传动转矩与转速计算公式为式(2.5)。

$$T_2=T_1\cdot i\cdot \eta,V_2=\eta\cdot V_1/i \tag{2.5}$$

齿轮转动一般有以下几种类型。

(1) 圆柱齿轮(传动效率约为 90%)：结构简单，传动效率高，圆柱齿轮在机器人设计中最常见，如图 2.5 所示。

(2) 斜齿轮(传动效率约为 80%)：可以改变输出轴方向，但价格昂贵，在竞赛机器人中不常用，如图 2.6 所示。

图 2.5　圆柱齿轮

图 2.6　斜齿轮

(3) 锥齿轮(传动效率约为 70%)：可以使输入轴与输出轴不在同一个平面，传动效率低，一般在智能车竞赛中作为车后部的转向机构使用，如图 2.7 所示。

(4) 蜗轮蜗杆(传动效率约为 70%):传动比大,传动平稳,可实现自锁,但传动效率低,制造成本高,需要润滑。其在竞赛机器人中也常使用,如图 2.8 所示。

图 2.7　锥齿轮

图 2.8　蜗轮蜗杆

(5) 行星轮系(传动效率约为 80%):传动比大,但结构复杂,在竞赛机器人当中一般不需要单独设计轮系,可直接购买行星轮减速电机,如图 2.9 所示。

图 2.9　行星轮系和行星轮减速电机

2. 链传动

链传动可以看成三个独立的齿轮转动,因此输入轴与输出轴的转动方向相同。传动效率较低(传动效率约为 80%),而且需要润滑,在竞赛机器人当中,有时用作提升机构,如图 2.10 所示。

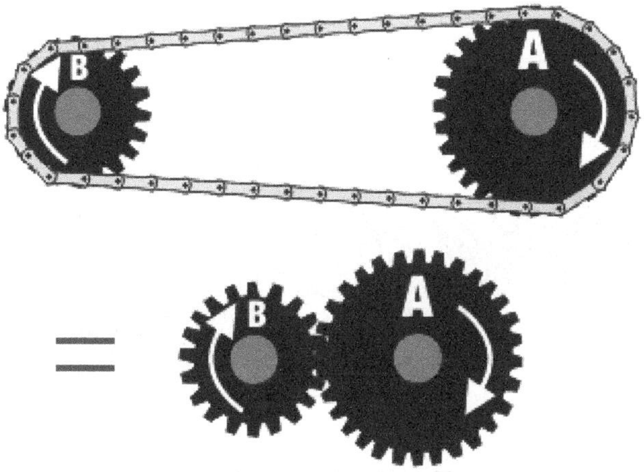

图 2.10　链传动

3. 同步带传动

如图 2.11 所示，同步皮带上具有许多型齿，它们和同样具有型齿的同步皮带轮齿相啮合。工作时，它们相当于柔软的齿轮，具有柔性好、价格便宜两大优点。另外，同步皮带还被用于输入轴和输出轴方向不一致的情况。这时，只要同步皮带足够长，使皮带的扭角误差不太大，同步皮带就能够正常工作。重复精度可以达到 1mm 以内。此外，同步皮带比齿轮链价格低得多，加工也容易得多。有时，齿轮链和同步皮带结合起来使用更为方便。

图 2.11　同步带传动

4. 齿轮齿条

齿轮齿条机构用于将旋转运动与直线运动相互转换，传动效率约为 90%，如图 2.12 所示。

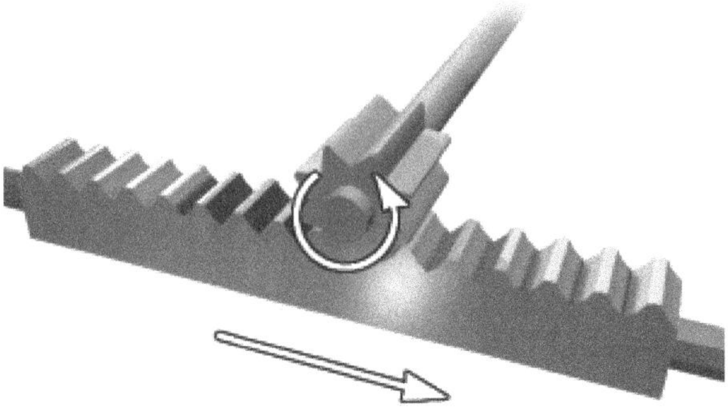

图 2.12　齿轮齿条机构

5. 滚珠丝杠

在机器人上经常采用滚珠丝杠，这是因为滚珠丝杠的摩擦力很小且运动响应速度快。由于滚珠丝杠在丝杠螺母的螺旋槽里放置了许多滚珠，传动过程中所受的摩擦力是滚动摩擦，可极大地减小摩擦力，因此传动效率高，消除了低速运动时的爬行现象，在装配时施加一定的预紧力，可消除回差。

滚珠丝杠里的滚珠从钢套管中出来，进入经过研磨的导槽，转动 2～3 圈以后返回钢套管。滚珠丝杠的传动效率可以达到 90%，所以只需要使用极小的驱动力，并采用较小的驱动连接件，就能够传递运动。图 2.13 所示为一个滚珠丝杠外形。

图 2.13　滚珠丝杠

6. 谐波齿轮

虽然谐波齿轮已问世多年，但直到最近人们才开始广泛地使用它。目前，机器人的旋转关节有60%～70%都使用谐波齿轮。谐波齿轮传动机构由刚性齿轮、谐波发生器和柔性齿轮三个主要零件组成，如图2.14、图2.15所示。工作时，刚性齿轮固定安装，各齿均布于圆周，具有外齿形的柔性齿轮沿刚性齿轮的内齿转动。柔性齿轮比刚性齿轮少2个齿，所以柔性齿轮沿刚性齿轮每转1圈就反方向转过2个齿的相应转角。谐波发生器具有椭圆形轮廓，装在谐波发生器上的滚珠用于支承柔性齿轮，谐波发生器驱动柔性齿轮旋转并使之发生塑性变形。转动时，柔性齿轮的椭圆形端部只有少数齿与刚性齿轮啮合，只有这样，柔性齿轮才能相对于刚性齿轮自由地转过一定的角度。假设刚性齿轮有100个齿，柔性齿轮比它少2个齿，则当谐波发生器转50圈时，柔性齿轮转1圈，这样只占用很小的空间就可得到1∶50的减速比。由于同时啮合的齿数较多，所以谐波发生器的力矩传递能力强。在3个零件中，尽管任何2个都可以选为输入元件和输出元件，但通常总是把谐波发生器装在输入轴上，把柔性齿轮装在输出轴上，以获得较大的齿轮减速比。

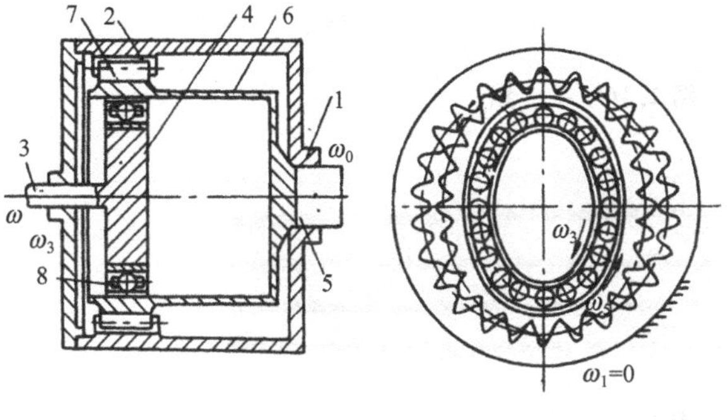

图2.14 谐波齿轮传动

图2.15 谐波减速器内部结构

谐波齿轮传动的特点如下。

(1) 传动精度高。谐波齿轮传动的齿隙几乎为零，因此传动精度高。

(2) 同轴性好。谐波齿轮减速器的高速轴、低速轴位于同一轴线上。

(3) 可实现高增速运动。由于谐波齿轮传动的效率高及机构本身的特点，加之体积小、重量轻的优点，因此是理想的高增速装置。

谐波齿轮传动的这些特点，使得谐波减速器在机器人上广泛应用。目前世界上60%～70%的机器人减速器用的是谐波减速器。

2.4　工具准备

“工欲善其事，必先利其器”，竞赛机器人设计制作过程中，多数零件都是非标准件，所以有效的工具是必不可少的。下面介绍几类常用的工具。

2.4.1　锯切工具

手锯、锯条如图 2.16 和图 2.17 所示。

在锯零件时，一般配合 C 形夹或者 F 形夹一起使用，将木板或者带 U 形开口的工作板夹紧在桌面上，无需再费事地用手按。

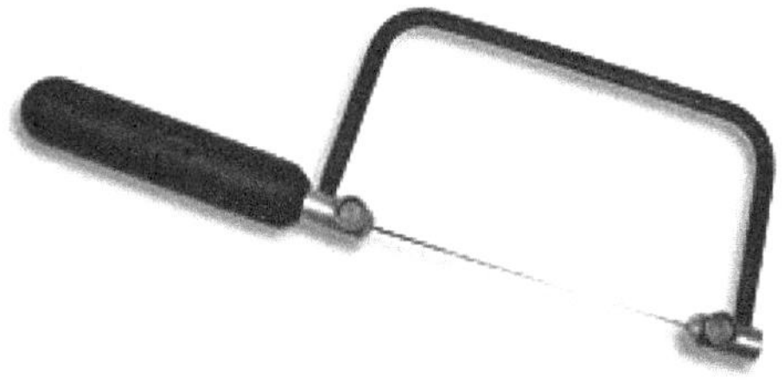

图 2.16　手　锯

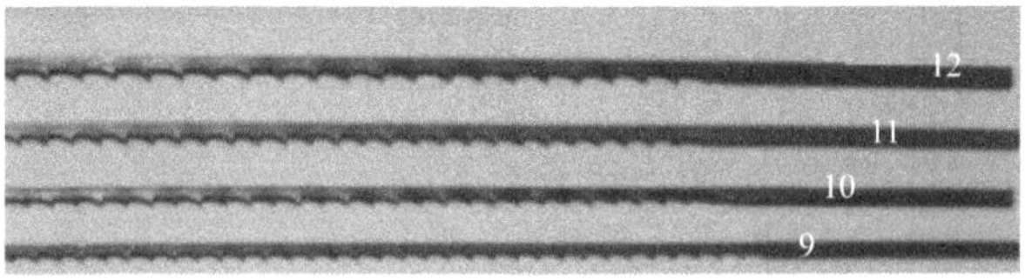

图 2.17　锯　条

2.4.2　打孔工具

在制作机器人过程中，经常需要打孔，以安装电机、电池等零部件，可以用电钻。但电钻价格昂贵，电源线拖拽使用很不方便，重量大，难以轻松打孔，在室内使用时噪声巨大，所以可用如图 2.18(a)所示的手摇钻。手摇钻方便、廉价、环保、轻便、无触电危险，工作时需配图 2.18(b)所示的钻卡。该钻卡是自锁夹头，不需要钥匙，但需另配钻头。

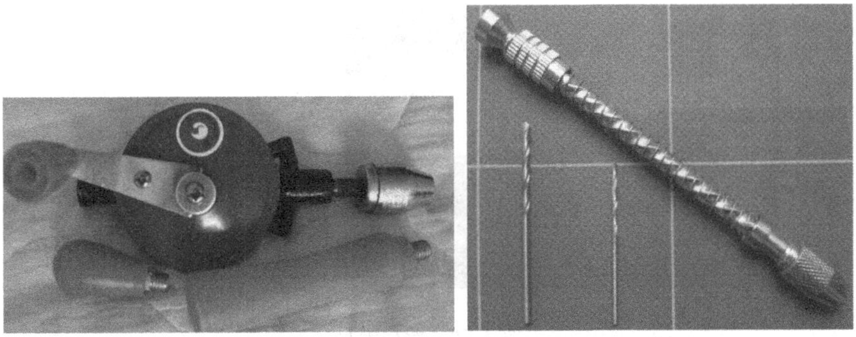

(a) (b)

图 2.18 手摇钻和钻卡

2.4.3 夹持定位工具

在钻孔或锯削过程中，经常需用到定位工具，以保证在工作过程中工件不跑偏。常用的夹持定位工具有如图 2.19 所示的台钳，一般配合 C 形夹或者 F 形夹一起使用，将木板或者带 U 形开口的工作板夹紧在桌面上，无需再费事地用手按住工件。

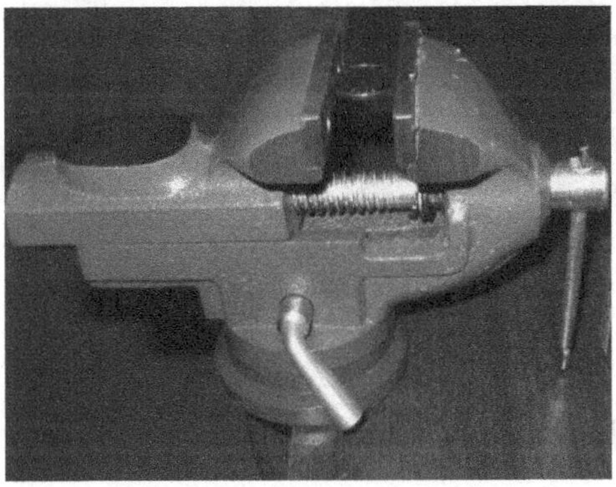

图 2.19 台 钳

2.4.4 划线工具

在测量时有一件游标卡尺无疑会很方便，因为不再需要仔细对齐测量边界和零刻度线。一件金属游标卡尺（图 2.20）价格不菲，至少要 20～30 元。有时可用简易的塑料游标卡尺来代替。

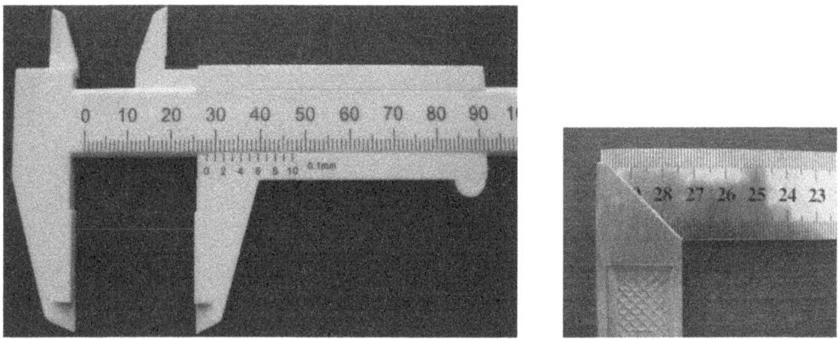

图 2.20　游标卡尺

2.4.5　螺丝刀

螺丝刀(图 2.21)是最基本的工具,常用来安装固定零件、红外避障传感器、黑白线检测色标传感器等产品。

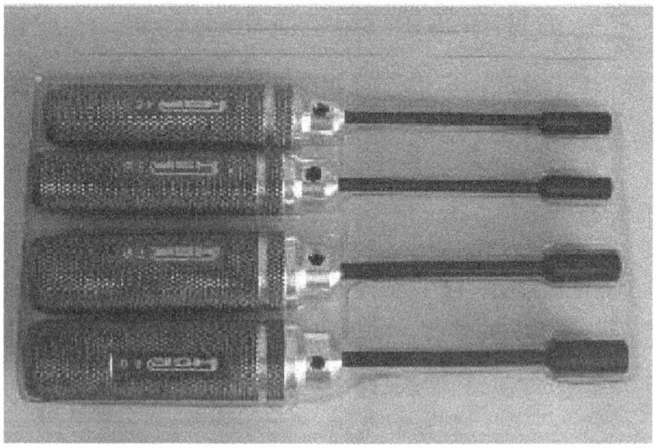

图 2.21　螺丝刀

2.4.6　常用机床

可用小型机床(图 2.22)对零件进行改造或加工,不过在使用时,一定要严格按照规范操作,最好请有经验的师傅教授一下操作方法。不使用时,要切断机床电源。不能穿宽大衣装,不能戴领带、首饰、手套等容易被机床运动部件缠绕的东西;建议穿防滑鞋;长头发要用发套束拢。每次使用机床前,应检查所有主要零部件及其功能以确保它们能正常运行。检查各运动部件的连接与紧固;各零件上是否有裂纹或其他能够影响机床正常运行的缺陷。有缺陷的零件要及时修理或更换。

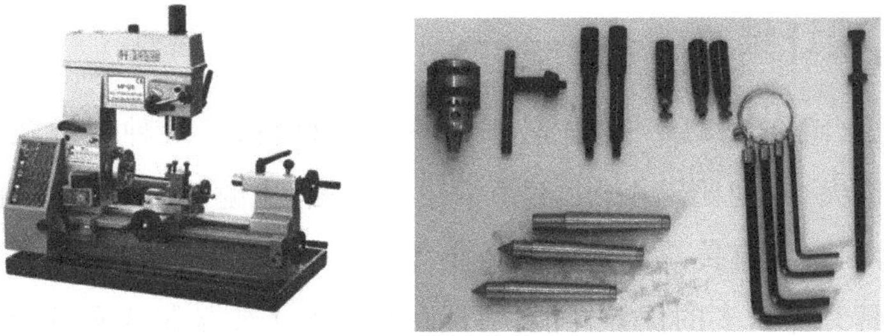

图 2.22 小型机床和机床工具

2.5 常用材料

制作竞赛机器人过程中应尽可能地选用轻质的材料,常用的材料有铝、木材、碳纤维、高密度聚乙烯(High Density Polyethylene,HDPE)、泡沫塑料等,各种材料的特点如下。

2.5.1 铝

在机器人制作过程中,铝(图 2.23)是最重要的材料。铝的强度高、密度小、抗腐蚀、价格适中。最重要的是,铝材容易切削、成型、钻孔和折弯,常用于做竞赛机器人的底盘以及其他承重部件。

2.5.2 轻木头

因为木头密度小,价格便宜,而且容易找到,所以有时用来做机器人的底盘、挡板或用在其他一些需要轻质材料的场合。轻木头如图 2.24 所示。

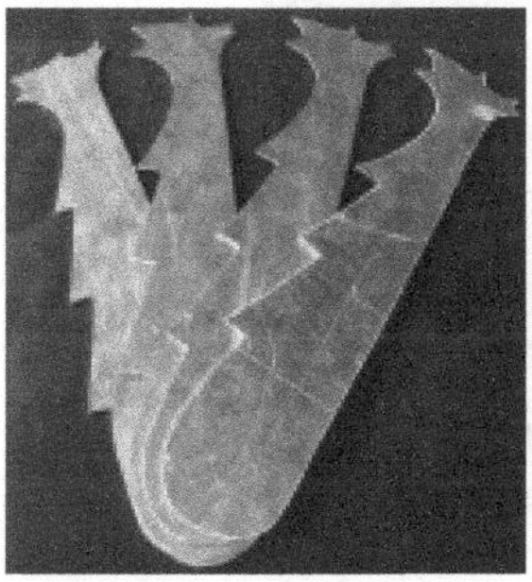

图 2.23 铝

图 2.24 轻木头

2.5.3 碳纤维

碳纤维(图 2.25)是一种比较新的机器人材料,是一种纤维状碳材料。它的强度比钢大,密度比铝小,比不锈钢还耐腐蚀,比耐热钢还耐高温,又能像铜那样导电,而且具有传热和膨胀系数小等优点。目前几乎没有其他材料能像碳纤维那样具有那么多的优异性能。目前,碳纤维主要是制成碳纤维增强塑料来应用。这种增强塑料比钢、玻璃钢性能更优越,用途非常广泛,如用于制造火箭、宇宙飞船、喷气式发动机、耐腐蚀化工设备等。

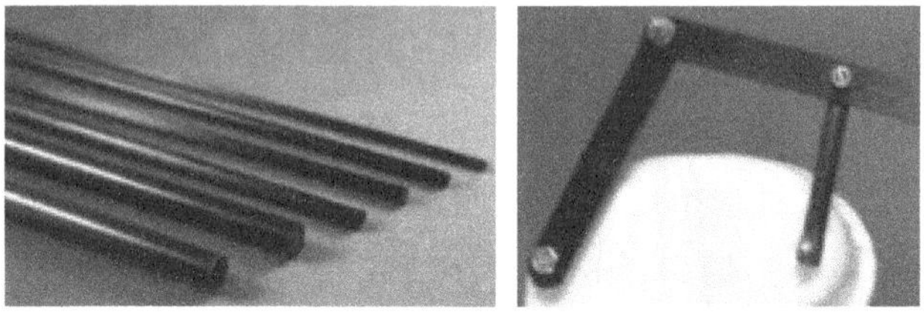

图 2.25　碳纤维

加工碳纤维零件与加工木材一样,只不过在加工过程中要小心,防止其裂开。

2.5.4 HDPE

HDPE(高密度聚乙烯,见图 2.26)是一种结晶度高、非极性的热塑性树脂。原态 HDPE 的外表呈乳白色,在微薄截面呈一定程度的半透明状。这种材料价格便宜,密度小,耐腐蚀,容易加工成型,热传导效率非常低,可用来制作机器人的底盘。

图 2.26　HDPE

2.6　竞赛机器人移动方式的选择

竞赛机器人多为移动式机器人，常用的移动方式有轮式移动和履带式移动。

1. 轮式移动

轮式移动主要有三轮移动机构和四轮移动机构。

(1) 三轮移动机构：由三组轮子组成，是车轮型机器人的基本移动机构，其工作原理如图 2.27 所示，图 2.28 为移动机构采用的轮子。

图 2.27(a)是后轮用两轮独立驱动、前轮用小脚轮构成的辅助轮组合而成。这种机构的特点是机构组成简单，而且旋转半径可从 0 到无限大任意设定。但是它的旋转中心在连接两驱动轴的直线上，所以旋转半径即使是 0，旋转中心也与车体的中心不一致。由于成本较低及加工上的优势，图 2.27(a)所示结构应用较为广泛。

图 2.27(b)中前轮由操舵机构和驱动机构合并而成。与图 2.27(a)相比，操舵和驱动的驱动器都集中在前轮部分，所以结构复杂。在这种场合，旋转半径可以从 0 到无限大连续变化。

图 2.27(c)是为避免图 2.27(b)机构的缺点，通过差动齿轮进行驱动的方式。近来不再用差动齿轮，而采用左右轮分别独立驱动的方式。

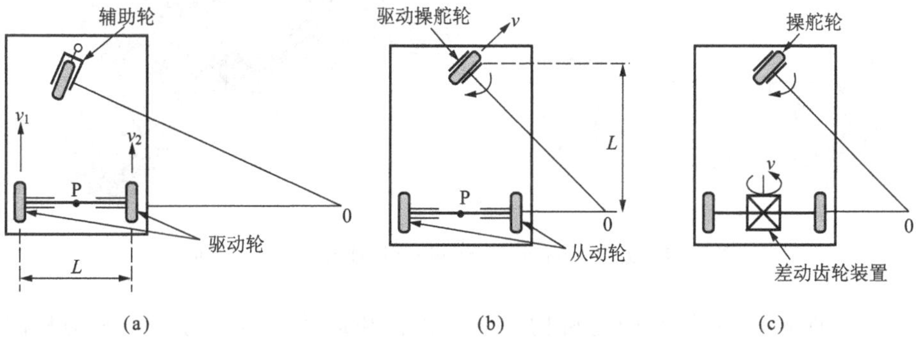

图 2.27　三轮移动机构原理图

还有一种移动机构是美国 Unimation-Stanford 行走机器人课题研究小组设计研制的。如图 2.29 所示，它采用了三组轮子，成等边三角形分布在机器人的下部，这种行走机构近年来在不少机器人比赛中都得到了应用。在该轮系中，每组轮子由若干个滚轮组成。这些轮子能够在驱动电机的带动下自由地转动，使机器人移动。驱动电机控制系统可以同时驱动三组轮子，也可以分别驱动其中两组轮子，这样，机器人就能够在任何方向上移动。该机器人的行走部分设计得非常灵活，存在的问题是机器人的稳定性不够，容易倾倒，而且运动稳定性随着负载轮子的相对位置不同而变化。在轮子与地面的接触点从一个滚轮移到另一个滚轮上的时候，还会出现颠簸。

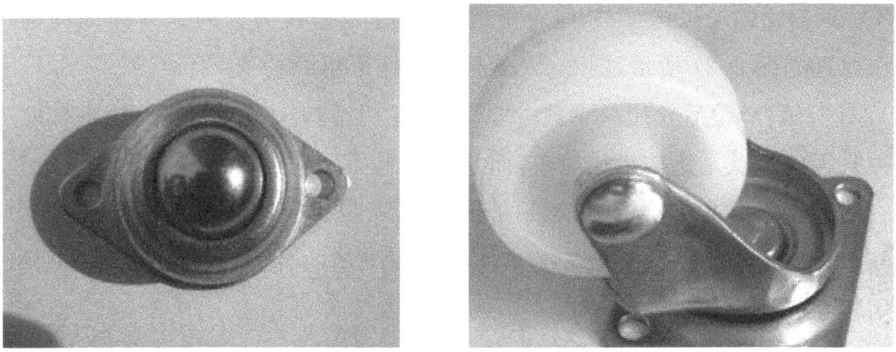

图 2.28　轮　子

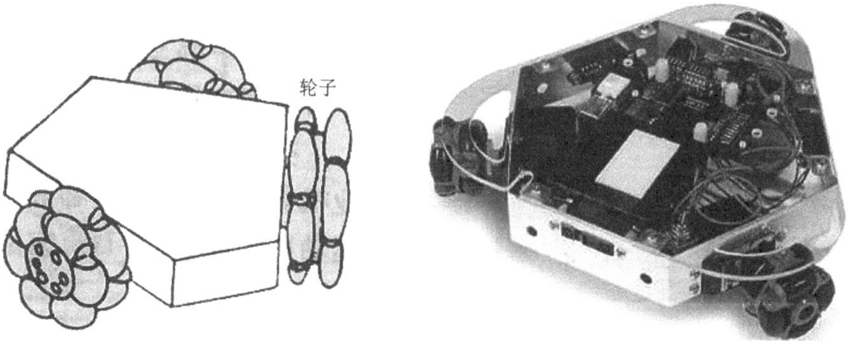

图 2.29　美国 Unimation-Stanford 设计的三轮移动机构

（2）四轮移动机构：四轮机构的驱动机构和运动基本上与三轮机构相同。图 2.30(a)是两轮独立驱动，前后带有辅助轮的方式。与图 2.27(a)相比，当旋转半径为 0 时，由于能绕车体中心旋转，所以有利于在狭窄场所改变方向。图 2.30(b)是所谓汽车方式，适合于高速行走，但用于低速的运输搬运时，费用较高，所以在竞赛机器人中很少采用。

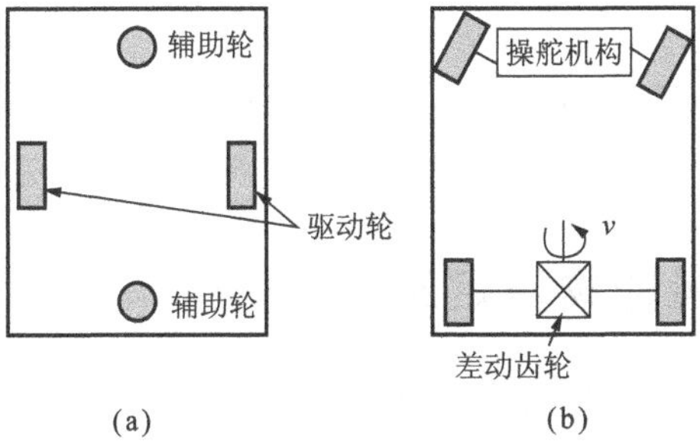

图 2.30 4 轮车的驱动机构和运动

2. 履带式

履带式移动机构的摩擦阻力较大，但能对付较为崎岖的路面，在机器人比赛中用得较少，如图 2.31 所示。

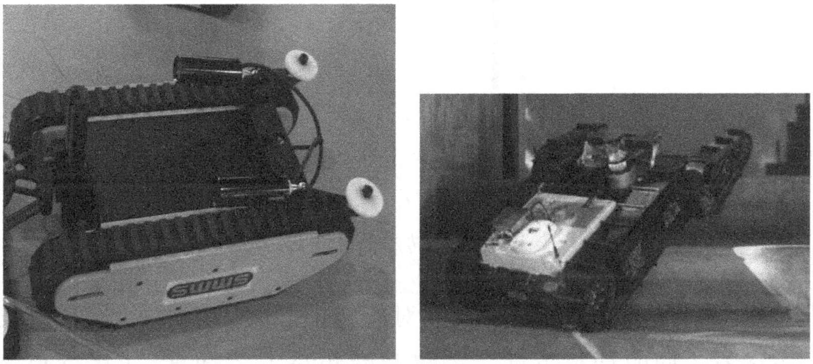

图 2.31 履带式移动机构

2.7 电机选择

电机规格的选择必须根据电机所驱动的机构特性而定。所谓特性，就是电机输出轴负载的转动惯量大小、机构的配置方式、效率和摩擦力矩等。如果没有负载特性及数据，又没有可供参考的机构，就很难决定选用的伺服电机规格。所以必须计算出负载惯量及希望的旋转加速度，才能推算出加/减速所需转矩。首先由机构安装形式及摩擦力矩推算出匀速运动时的负载转矩；然后推算停止运动时的保持转矩，如垂直运动克服重力而保持的转矩；最后，根据转矩需求选用合适的电机。

以下将介绍各项转矩的产生及计算公式，并给出设计新的机构时选择电机规格的依据。

2.7.1　转动惯量的物理定义

物理学上的惯量定义是对于旋转运动的物体所作的描述，数学上的惯量定义为旋转物体的单位质量乘以单位质量重心与旋转中心距离的平方。如果以 kg 为质量单位，以 m 为长度单位，则惯量单位为 $kg \cdot m^2$，如图 2.32 所示。

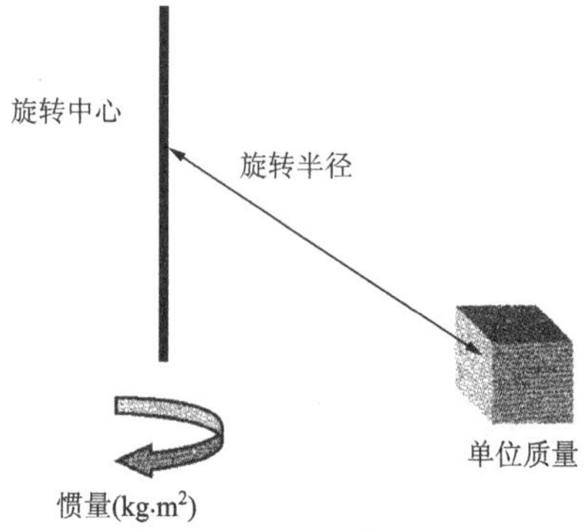

图 2.32　转动惯量定义

惯量以分割成小单元的质量及其对旋转中心的旋转半径计算，不同外形及旋转方式有不同的计算方法。若以数学积分方式计算，计算过程过于繁复。因此可归纳成几种运动方式及外形，然后用试算表方式计算，这样较为简便快速。

2.7.2　转动惯量与转矩的关系

转动惯量与转矩的关系如式(2.6)所示。

$$T=J\times\frac{\mathrm{d}\omega}{\mathrm{d}t} \tag{2.6}$$

式中，$\mathrm{d}\omega/\mathrm{d}t$ 为角加速度(rad/s^2)；T 为转矩($N \cdot m$)；J 为转动惯量($kg \cdot m^2$)。

计算负载惯量的目的就是计算加/减速转矩。知道了惯量与转矩的关系，就容易由惯量求出使旋转对象加速或减速的转矩。

任何旋转物体均有惯量存在，而惯量大小直接反映旋转时加/减速所需的转矩大小及时间长短。因此,选用电机时必须计算出电机的负载惯量,才能据此选择所需电机的规格。

选定电机后,如果无法在希望的加速时间达到预定转速,必定是电机输出转矩不符合负载的需求,需加大电机的输出转矩。如果机构控制系统的加速时间确实很短,当然可选用较小型号的电机来驱动,但相对的运行效率必定较差。

2.7.3 负载惯量的计算

不同的配置有不同的负载惯量计算公式,依实际情况选择套用即可求出机构的负载惯量,再依负载惯量求出机构运行所需的电机输出转矩,据此选用合适的电机。

1. 圆筒状物体旋转,旋转轴在圆筒中心

如图 2.33 所示,负载惯量的计算如下:

$$J_{LO}=\frac{\pi\rho L}{32}\times(D_1^4-D_2^4)=\frac{W}{8}(D_1^2-D_2^2) \tag{2.7}$$

式(2.7)中,J_{LO} 为负载轴上的负载惯量($kg\cdot m^2$);ρ 为圆筒材料的密度(kg/cm^3);L 为圆筒的长度(cm);D_1 为圆筒的外径(cm);D_2 为圆筒的内径(cm);W 为圆筒的质量(kg)。不同材料的参考密度:铁为 $7.8\times10^{-3}kg/cm^3$;铝为 $2.7\times10^{-3}kg/cm^3$;铜为 $8.96\times10^{-3}kg/cm^3$。

惯量原本是用来描述旋转对象的,因此旋转对象的计算公式比直线运动对象简单。

2. 圆筒状物体旋转,旋转轴不在圆筒中心

如图 2.34 所示,负载惯量的计算如下:

$$J_{LO}=\frac{W}{8}(D^2+8R^2) \tag{2.8}$$

式中,J_{LO}为负载轴上的负载惯量($kg\cdot m^2$);D 为圆筒的外径(cm);R 为圆筒的旋转半径(cm);W 为圆筒的质量(kg)。

3. 长方体旋转,旋转轴不在长方体中心轴上

如图 2.35 所示,负载惯量的计算如下:

$$J_{LO}=W\left(\frac{a^2}{3}+\frac{b^2}{3}+R^2\right) \tag{2.9}$$

式中,J_{LO}为负载轴上的负载惯量($kg\cdot m^2$);W 为圆筒的质量(kg);R 为圆筒的

旋转半径(cm);a、b(cm)分别如图 2.35 所示。

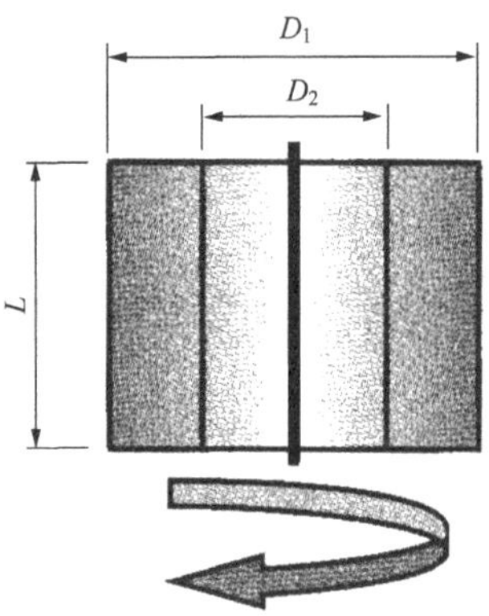

图 2.33 圆筒状物体旋转

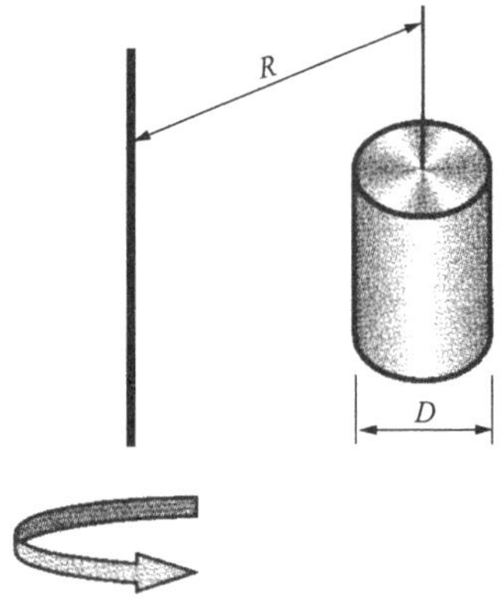

图 2.34 非对称圆筒状物体旋转

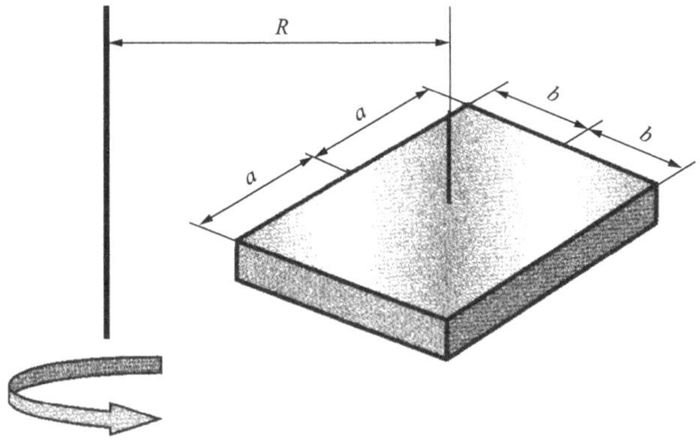

图 2.35 长方体旋转

4. 直线运动物体

如图 2.36 所示,负载惯量的计算如下:

$$J_L = W \times \left(\frac{v}{2\pi \times N \times 10}\right)^2 = W \times \left(\frac{\Delta S}{20\pi}\right)^2 \tag{2.10}$$

式中,J_L 为伺服电机轴换算负载惯量($kg \cdot m^2$);v 为直线运动物体的速度(mm/min);ΔS 为伺服电机每转一周时直线运动物体的移动量(mm);W 为物体的质量(kg);N 为伺服电机的旋转速度(r/min)。

直线运动的驱动机构可以是滚珠丝杠,也可以是皮带。式(2.10)并未指定哪种形式,因为式(2.10)已经过简化,变量仅有 ΔS(伺服电机每转一周直线运动物体的移动量)及 W(物体的质量)。必须注意所使用的单位。图 2.36 所示运动机构如果改为垂直配置，事实上就与图 2.37 所示悬吊物体意义相同，只是传动组件不相同。

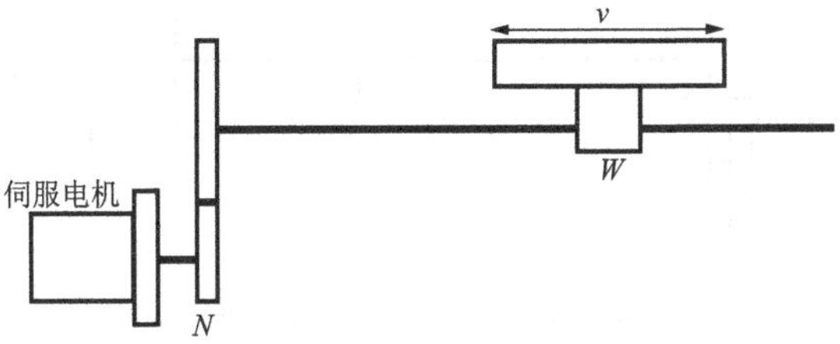

图 2.36 直线运动物体

5. 悬吊物体

如图 2.37 所示，负载惯量的计算如下：

$$J_L = W \times \left(\frac{D}{2}\right)^2 + J_P \tag{2.11}$$

式(2.11)中，J_L 为伺服电机轮换算负载惯量(kg·m²)；J_P 为皮带轮的惯量(kg·m²)；D 为皮带轮的直径(cm)；W 为物体的质量(kg)。

以上惯量计算公式符合大部分机构设计的需求，选用伺服电机或步进电机时，可选用相近情况进行计算。实际应用中可能更加复杂，例如电机输出一般经过减速器减速，此时减速器的惯量也必须加以考虑。

图 2.37 所示运动机构如果加上平衡配重，W 就是配平衡后的重量差。

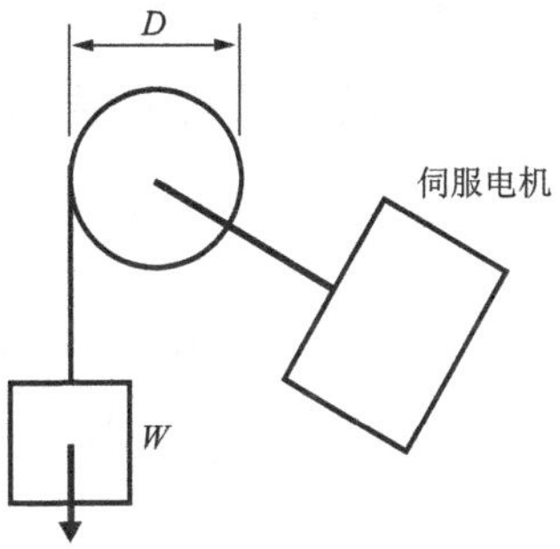

图 2.37 悬吊物体

2.7.4 机构经加速或减速后负载惯量的计算

机构经加速或减速后，所要计算的惯量就有所不同，传动元件本身所产生的惯量也必须计算在内。如图 2.38 所示，负载惯量的计算如下：

$$J_L = J_{11} + (J_{21} + J_{22} + J_A) \times \left(\frac{N_2}{N_1}\right)^2 + (J_{31} + J_B) \times \left(\frac{N_3}{N_1}\right)^2 \tag{2.12}$$

式(2.12)中，J_L 为伺服电机轴换算负载惯量(kg·cm²)；J_A、J_B 为负载 A、B 的惯量(kg·cm²)；J_{11}、J_{21}、J_{22}、J_{31} 为减速齿轮的惯量(kg·cm²)；$N_1 \sim N_3$ 为各轴的旋转速度(r/min)。

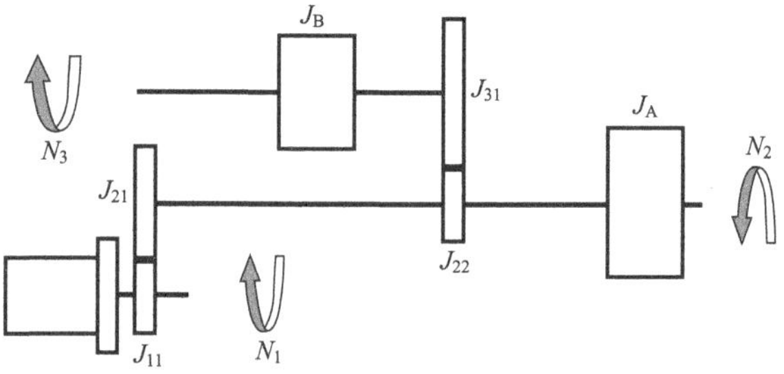

图 2.38　带加速或减速机构的转动惯量

由式(2.12)可知，经减速后，惯量成为减速后与减速前的速度之比的平方。速度变慢则惯量变小，速度加快则惯量变大。配合机构负载惯量的计算公式，就可计算出电机输出轴所面对的负载惯量。

2.7.5　负载转矩的计算

匀速运动时，需要转矩来克服摩擦力及外力造成的负载转矩。下列状况可供计算时选用。

1. 直线运动负载转矩

如图 2.39 所示，负载转矩的计算如下：

$$T_L = \frac{F \times v}{2 \times 10^3 \times \pi \times \eta \times N} = \frac{F \times \Delta S}{2 \times 10^3 \times \pi \times \eta} \tag{2.13}$$

$$F = F_C + \mu \times (W \times g + F_O) \tag{2.14}$$

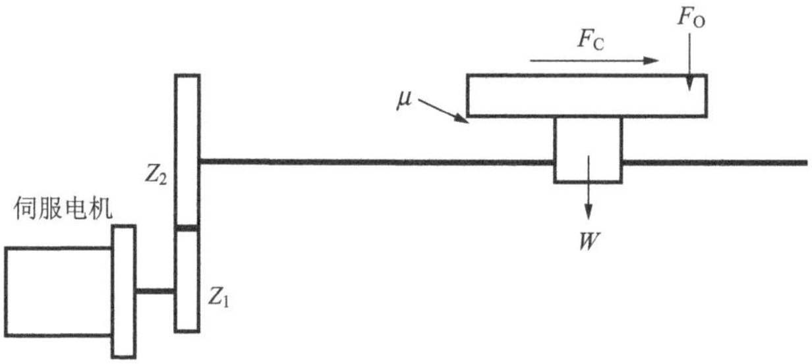

图 2.39　直线运动负载转矩

式(2.13)中，F 为直线运动轴方向的力；T_L 为负载转矩(N·m)；F_C 为运动轴方向的作用力(N)；F_O 为运动部分向桌面的挤压力(N)；W 为可动部分的质量(kg)；μ 为摩擦系数；η 为驱动部分的效率；v 为可动部分速度(mm/min)；N 为伺服电机的旋转速度(r/min)；g 为重力加速度(9.8m/s^2)；ΔS 为伺服电机每转一周的位移量(mm);π 为圆周率(3.1416)。

2.旋转运动负载转矩

如图 2.40 所示,负载转矩的计算如下:

$$T_L = \frac{T_{LO}}{\eta \times n} + T_F \tag{2.15}$$

式(2.15)中,T_L 为负载转矩(N·m);T_{LO}为负载轴上的负载转矩(N·m);T_F 为旋转摩擦负载转矩(N·m);η 为驱动部分的效率;n 为减速比 N_1/N_2($n>1$ 为减速,$n<1$ 为加速)。

关于负载轴上的负载转矩 T_{LO},如果带动的是被切削工件,进行切削工作时会产生很大的负载转矩;如果切削完成,只有旋转运动,与外界无接触,应没有负载转矩 T_{LO}产生。

3.上下垂直运动负载转矩

如图 2.41 所示,上升时的负载转矩为

$$T_L = T_U + T_F \tag{2.16}$$

下降时的负载转矩为

$$T_L = -TU \times \eta^2 + T_F \tag{2.17}$$

不平衡转矩为

$$T_U = \frac{(W_1 - W_2) \times g \times v}{2 \times 10^3 \times \pi \times \eta \times N} = \frac{(W_1 + W_2) \times g \times \Delta S}{2 \times 10^3 \times \pi \times \eta} \tag{2.18}$$

可动部分摩擦负载转矩为

$$T_F = \frac{\mu \times (W_1 + W_2) \times g \times \Delta S}{2 \times 10^3 \times \pi \times \eta} \tag{2.19}$$

式中,T_F 为可动部分摩擦负载转矩(N·m);T_U 为不平衡转矩(N·m);T_L 为负载转矩(N·m);W_1 为负载质量(kg);W_2 为平衡配重质量(kg);η 为驱动部分的效率;μ 为摩擦系数;v 为可动部分的速度(mm/min);N 为伺服电机的旋转速度(r/min);g 为重力加速度(9.8m/s^2);ΔS 为伺服电机每转一周的位移量(mm)。

垂直配置的运动机构必定会有不平衡转矩 T_U,只是量的大小不同。静止时,T_U 就是电机的保持转矩。

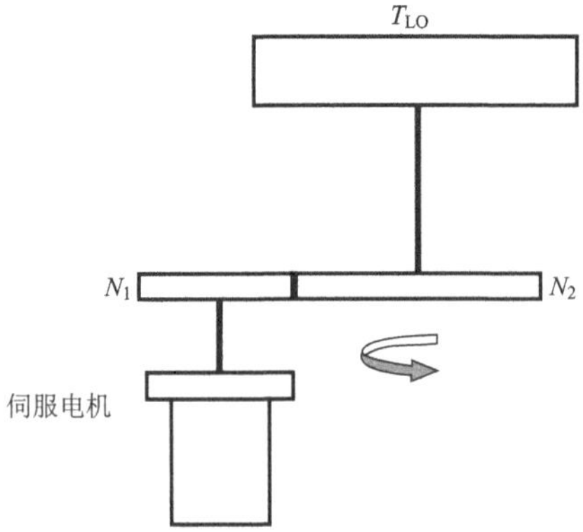

图 2.40　旋转运动负载转矩

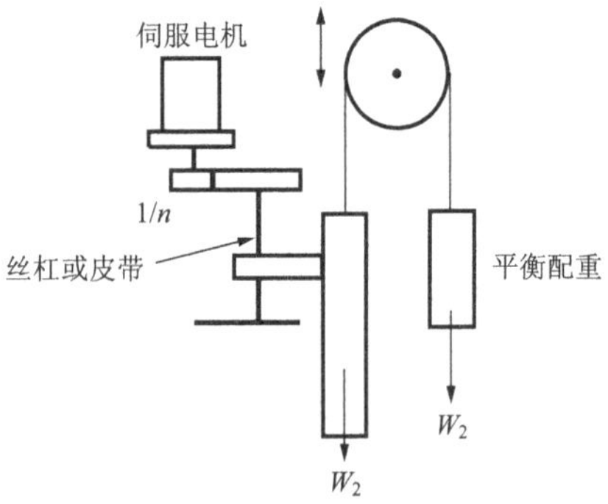

图 2.41　上下垂直运动负载转矩

4. 加速转矩及减速转矩

通常依据负载惯量的计算结果预选适用电机规格。电机数据表内提供了相关参数,建议选用电机的转动惯量大于负载惯量的 1/10。事实上,如果电机运动定位频率较高,电机惯量必须提高至负载惯量的 1/3 以上。这是因为运动定位频率较高时需要较短的加速时间来配合,而惯量较大的电机通常有较大的输出转矩,可更快地加速;如果运动定位频率低,电机惯量小于 1/10 负载惯量时也可以使用。

选用电机转动惯量的建议比例并非绝对的,而且电机规格等级也不会密集到使所选用的电机转动惯量正好符合要求,所以选用时可能发生需要负载惯量的 1/10 以上的偏差。电机的惯量可确定为负载惯量的 1/4 以上,这是合理的选用范围。

加/减速转矩计算公式中包含电机本身的惯量,在电机规格未确定前,可依据上述建议比例初选一种电机规格,将其转动惯量值代入公式计算出加/减速转矩,再验证所选用的电机规格是否适用。如果不适用,再选用其他型号电机进行验算,直到符合条件为止。

经过假定电机规格的初步判定,可进一步根据电机的输出转矩判断其是否符合要求。当假定电机最大输出转矩大于加速转矩时,初步判定为适用,然后再考虑其他要求。加/减速时间与转矩的关系如图 2.42 所示。

由电机惯量、负载惯量及依用户要求设置于控制器的加/减速时间与最高转速,可按下列公式推算出电机所要输出的加/减速转矩。

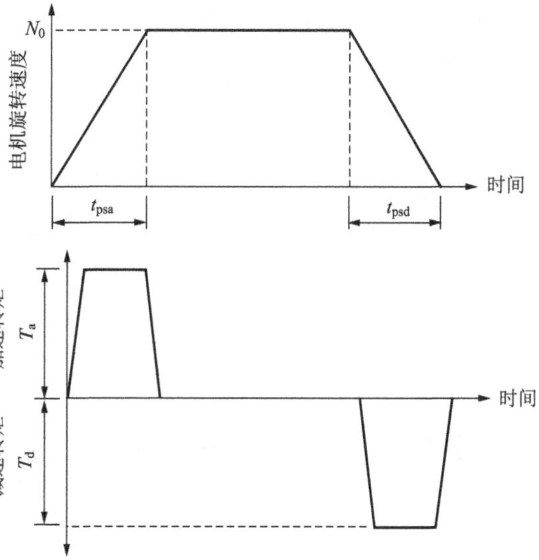

图 2.42 加/减速时间与转矩的关系

$$T_a=\frac{(J_M+J_L)\times N_0}{9.55\times10^4\times t_{psa}} \tag{2.20}$$

$$T_d=\frac{(J_M+J_L)\times N_0}{9.55\times10^4\times t_{psd}} \tag{2.21}$$

式中，T_a 为加速转矩(N·m)；T_d 为减速转矩(N·m)；J_L 为伺服电机轮换算负载惯量(kg·cm^2)；J_M 为电机惯量(kg·cm^2)；N_0 为电机转速(r/min)；t_{psa}为加速时间(s)；t_{psd}为减速时间(s)。N_0 与 t_{psa}及 t_{psd}相互配合，电机转速于 t_{psa}时间内由 0 增加到 N_0，于 t_{psd}时间内由 N_0 减至 0。

由上述两式可以看出，相同输出转矩下，负载惯量越大，需要的加/减速时间越长。因此，进行高频率定位时必须尽可能减小运动部分的转动惯量，也就是减小质量或旋转半径。

在此需注意的是，加/减速时间在设计系统初期配合运行效率就已确定，应据此计算加/减速转矩，进而选择电机规格。不要先选择电机规格再确定加/减速时间，否则可能无法达到希望的运行效率；也不要超过需求规格太多，增加不必要的成本。

5. 运动转矩

初步选定电机规格后，再考虑加/减速时需要的其他转矩，除了克服旋转惯性外，还必须克服运动摩擦及负载转矩(图 2.43)。

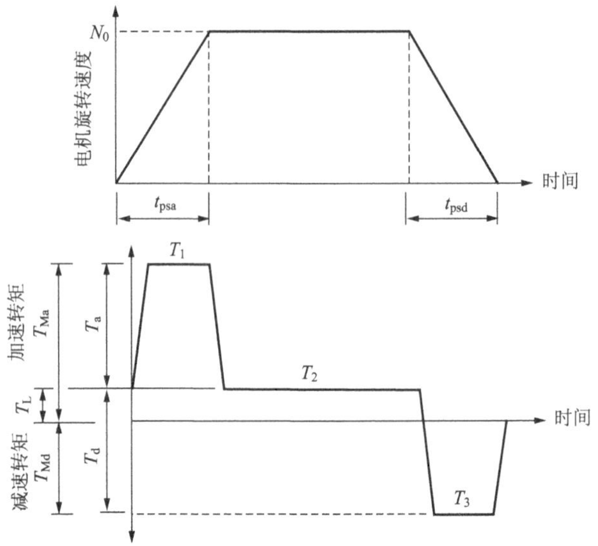

图 2.43　运动转矩

匀速运动需要转矩来克服摩擦转矩及前述的负载转矩。实际运行中，摩擦转矩为固定方向，加速转矩大于减速转矩，因此电机的最大输出转矩只要能满足加速转矩，减速转矩自然能满足要求。当然也有例外状况，如果减速时间较加速时间短，减速转矩就可能超过加速转矩，此时必须将减速转矩也考虑进来。

$$T_1 = T_{Ma} = T_a + T_L \tag{2.22}$$

$$T_2 = T_L \tag{2.23}$$

$$T_3 = T_{Md} = -T_d + T_L \tag{2.24}$$

式中，T_1 为加速转矩；T_2 为匀速转矩；T_3 为减速转矩。选用电机的最大输出转矩必须大于加速转矩 T_1。

6. 瞬时负载转矩

电机实际运行及停止时所输出的转矩是随时间而变化的，因此必须计算出连续瞬时负载转矩，选用的电机额定转矩必须大于连续瞬时负载转矩；也可调整加/减速时间，降低加/减速转矩，使连续瞬时负载转矩小于电机额定转矩(不同于最大输出转矩)。

如图 2.44 所示，连续瞬时负载转矩的计算如下：

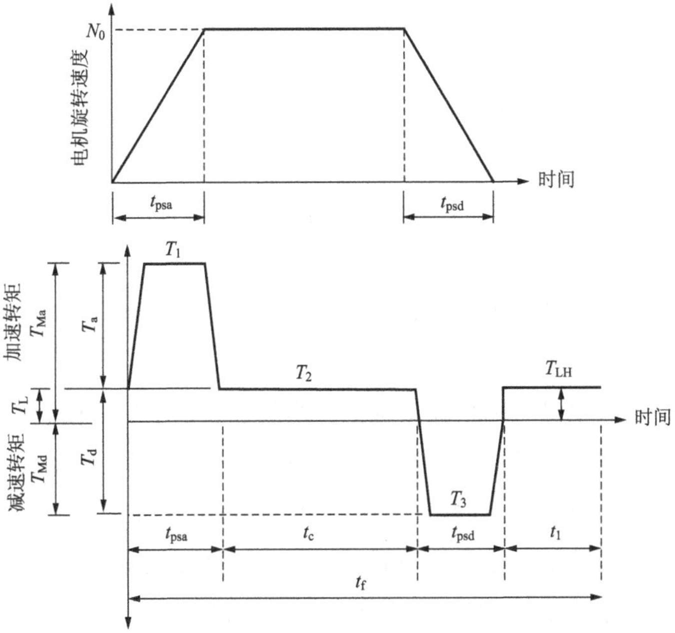

图 2.44 瞬时负载转矩

$$T_{rms}=\sqrt{\frac{T_{Ma}^2\times t_{psa}+T_L^2\times t_c+T_{Md}^2\times t_{psd}+T_{LH}^2\times t_1}{t_f}} \tag{2.25}$$

式中，t_{psa}为加速时间；t_c 为匀速时间；t_{psd}为减速时间；t_1 为停止时间；t_f 为运行周期；T_{Ma}为加速转矩；T_L 为负载转矩；T_{Md}为减速转矩；T_{LH}为保持转矩。前文提到加/减速时间在系统设计初期已经确定，运行周期 t_f 涉及设备效率，因此不可任意变动。如果电机选用有误而必须延长加/减速时间，势必会压缩运行周期内其他时间；若加长 t_f，影响范围很大，必须谨慎。

式(2.25)所需的各项转矩均可由前面章节计算公式求得。当机构垂直运动时，保持转矩 T_{LH}等于式(2.18)的不平衡转矩 T_U。有外力加入时，也要考虑外力的影响，例如机械手臂，抓取物体与没抓取物体时是有区别的。

2.7.6 伺服电机的选用

每种型号电机的规格项内均有额定转矩、最大转矩及电机惯量等参数，各参数与负载转矩及负载惯量间必定有联系，因此选用电机的输出转矩应符合负载机构的运动条件要求，如加速度的快慢、机构的重量、机构的运动方式(水平、垂直、旋转)等。运动条件与电机输出功率无直接关系，但是一般电机输出功率越高，相对输出转矩也会越高。因此，不但机构质量会影响电机的选用，运动条件也会改变电机的选用。惯量越大，需要的加速及减速转矩越大；加速及减速时间越短，需要的电机输出转矩也越大。

选用伺服电机规格时，依下列步骤进行：

(1) 明确负载机构的运动条件要求，即加/减速的快慢、运动速度、机构的质量、机构的运动方式等。

(2) 根据运行条件要求选用合适的负载惯量计算公式，计算出机构的负载惯量。

(3) 根据负载惯量与电机惯量选出适当的假选定电机规格。

(4) 结合初选的电机惯量与负载惯量，计算出加速转矩及减速转矩。

(5) 根据负载质量、配置方式、摩擦系数、运行效率计算出负载转矩。

(6) 初选电机的最大输出转矩必须大于加速转矩与负载转矩之和；如果不符合条件，必须选用其他型号进行验证，直至符合要求。

(7) 根据负载转矩、加速转矩、减速转矩及保持转矩，计算出连续瞬时转矩。

(8) 初选电机的额定转矩必须大于连续瞬时转矩，如果不符合条件，必须选用其他型号计算验证，直至符合要求。

(9) 完成选定。

2.7.7 步进电机的选用

步进电机的选用与伺服电机非常相近，同样要求选用电机的输出转矩符合负载机构的运动条件要求，如加速度、机构的质量、机构的运动方式(水平、垂直、旋转)；但是步进电机的输出转矩随转速的增加而减小，电机的转速-转矩特性曲线必须准确，才能使电机工作在有效的范围内，而每种型号的步进电机都有不同的特性曲线，不能互换使用。

步进电机没有输出功率指标，只有激磁时的最大静止转矩，其与伺服电机的最大输出转矩、额定转矩无法相提并论。对于相同机构的运动，如用步进电机替换伺服电机达到相同目的，必须重新选用步进电机，运行条件也必须进行修改，不能单纯用对照方式将电机替换。

选用步进电机时，依下列步骤进行：

(1) 查明负载机构的运动条件要求，如加/减速的快慢、运动速度、机构的质量、机构的运动方式等。

(2) 根据运动条件要求选用适合的负载惯量计算公式，计算出机构的负载惯量。

(3) 根据负载惯量与电机惯量选出适当的电机规格。

(4) 结合初选的电机惯量与负载惯量，计算出加速转矩及减速转矩。

(5) 根据负载重量、摩擦系数、运行效率等计算出负载转矩。

(6) 加速转矩与负载转矩的和必须符合选用电机的运行转矩特性曲线及启动转矩特性曲线(参见图5.17)；如果不符合条件，必须选用其他型号或改变运行条件计算验证，直至符合要求。

(7) 完成选定。

由上述步骤可以看出，步进电机与伺服电机选用的异同点是：必须计算出负载惯量、加/减速转矩及负载转矩是相同的，而电机转矩的配合方式是不同的。

2.7.8 单位换算

转矩单位及惯量单位有不同的表示方法，主要差异在于以质量单位还是重力单位表示。对于伺服电机及步进电机的规格选择，供应商通常提供计算公式或计算软件供用户参考。简化过的计算公式往往使用户弄不清楚单位，又无法自行验证结果。因此，必须特别注意单位是否正确。

1. 转矩单位换算

转矩单位换算见表2.2。

表2.2 转矩单位换算表

单位	N·m	kp·cm kg·cm	kp·cm kg·cm	g·cm
N·m	1	0.101972	10.1972	10.1972×10^4
kp·cm kg·cm	9.80065	1	10^2	10^5
kp·cm kg·cm	9.80065×10^{-2}	10^{-2}	1	10^3
g·cm	9.80065×10^{-5}	10^{-5}	10^{-3}	1

2. 惯量单位换算

惯量单位换算见表2.3。

表2.3　惯量单位换算表

单　位	kg·cm²	g·cm²	kg·cm·s²	g·cm·s²
kg·cm²	1	10^3	10.1972×10^{-3}	10.1972
g·cm²	10^{-3}	1	10.1972×10^{-6}	10.1972×10^{-3}
kg·cm·s²	980.065	980.065×10^3	1	10^3
g·cm·s²	0.980065	980.065	10^{-3}	1

2.7.9　电机选用实例

滚珠丝杠驱动的水平运动平台如图2.45所示，质量为20kg，电机每转一圈丝杠移动4mm（经减速齿轮减速1/2后），滚珠丝杠惯量为5.88kg/cm²（由规格表查得），减速齿轮惯量可忽略不计。希望加速时间为0.2s，匀速时间为1s，减速时间为0.2s，停止时间为2s，试选用适当的伺服电机。

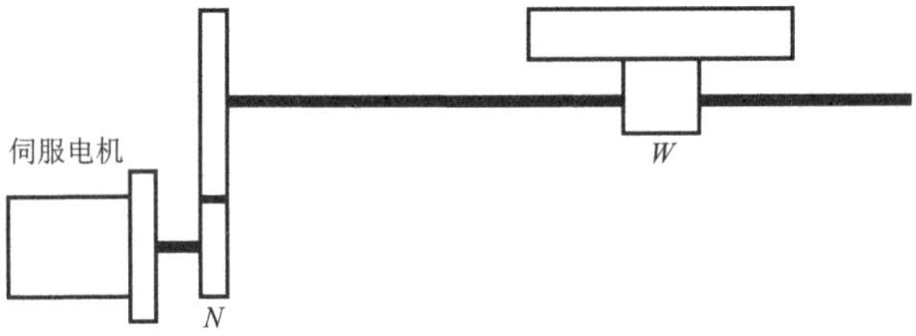

图2.45　实例图

1. 计算惯量

根据式(2.10)，$\Delta S=4$mm，$W=20$kg，平台惯量为

$$J_{LO}=W\times[\Delta S/(20\times\pi)]^2=20\times[4/(20\times\pi)]^2=0.081(\text{kg}\cdot\text{cm}^2)$$

经丝杠减速后的惯量为

$$5.88\times0.52=1.47(\text{kg}\cdot\text{cm}^2)$$

负载惯量为

$$0.081+1.47=1.551(\text{kg}\cdot\text{cm}^2)$$

如果按大于1/10负载惯量选用电机，则电机惯量为0.3kg·cm²，最大转矩为1.9N·m，额定转矩为0.64N·m。

2. 计算负载转矩

根据式(2.13)和式(2.14),设运动轴方向的作用力 $F_C=0N$,运动部分向桌面的挤压力 $F_O=0N$,摩擦系数 $\mu=0.1$,驱动部分的效率 $\eta=0.8$,则直线运动轴方向的力为

$$F=F_C+\mu(W\times g+F_O)=0.1\times(20\times9.8+0)=2(\text{N})$$

负载转矩为

$$\begin{aligned}T_L&=(F\times\Delta S)/(2\times10^3\times\pi\times\eta)\\&=(2\times4)/(2\times10^3\times3.14\times0.8)\\&=0.79\times10^{-6}(\text{N}\cdot\text{m})\end{aligned}$$

3. 计算加速转矩

根据式(2.20),负载惯量为 J_L,电机惯量为 J_M,电机转速为 N_0,加速时间为 t_{psa},加速转矩为

$$\begin{aligned}T_a&=[(J_L+J_M)\times N_0]/(9.55\times10^4\times t_{psa})\\&=[(1.551+0.35)\times3000]/(9.55\times10^4\times0.2)\\&=0.298(\text{N}\cdot\text{m})\end{aligned}$$

4. 与选用电机转矩比较

加速转矩 T_a+负载转矩 T_L<最大转矩 1.9(N·m),选用电机规格符合加速要求。

5. 计算连续瞬时转矩

根据式(2.25),加速时间 $t_{psa}=0.2\text{s}$,匀速时间 $t_c=1\text{s}$,减速时间 $t_{psd}=0.2\text{s}$,停止时间 $t_1=2\text{s}$,运行周期 $t_f=0.2+1+0.2+2=3.4(\text{s})$,加速转矩 $T_{Ma}=0.298\text{N}\cdot\text{m}$,负载转矩 $T_L=0.79\times10^{-6}\text{N}\cdot\text{m}$,减速转矩 $T_{Md}=0.298\text{N}\cdot\text{m}$,保持转矩 $T_{LH}=0\text{N}\cdot\text{m}$,连续瞬时转矩为

$$\begin{aligned}T_{rms}&=\sqrt{\frac{T_{Ma}^2\times t_{psa}+T_L^2\times t_c+T_{Md}^2\times t_{psd}+T_{LH}^2\times t_1}{t_f}}\\&=\sqrt{\frac{0.298^2\times0.2+(0.79\times10^6)\times1+0.298^2\times0.2+0^2\times2}{3.4}}\\&=0.072(\text{N}\cdot\text{m})\end{aligned}$$

6. 选用结果

0.072N·m<额定转矩 0.64N·m,因此选用电机规格符合额定转矩要

求。以此运行条件，还可根据计算结果选用较小型号电机。

电机惯量为 0.063kg・cm^2，最大转矩为 0.48N・m，额定转矩为 0.16N・m。

加速转矩 T_a＋负载转矩 T_L＝0.298N・m＜最大转矩 0.48N・m。

连续瞬时转矩 T_{rms}＝0.072N・m＜额定转矩 0.16N・m。

电机惯量与负载惯量比为 0.063/1.551＝1/24。

电机可以使用，但必须考虑安全系数、使用寿命等外在因素。如果无空间限制等特殊要求，应选用规格参数较充裕的电机。从成本考虑，同级相近规格型号的价格也相近，成本增加不多；若规格参数较充裕，修改机构时可减少更换电机的可能。

第3章 驱动与控制

驱动系统的设计与制作是竞赛机器人实践的重要内容。它的任务不仅是向机器人传递动力,而且要提供准确的运动定位和灵活的操作,是机器人主要的制胜法宝。因此本章将着重介绍直流电机的结构及其控制技术。几乎所有的竞赛机器人都是靠直流电机驱动的。也有一些借助舵机、电磁铁、弹簧等方式驱动执行机构的案例,在本书中仅做简单的介绍。

采用直流电供电的电机按照其内部结构又可分为直流电机和步进电机。直流电机外部接通直流电就能旋转;步进电机的驱动原理复杂一些,必须按照一定的通电顺序给电机供电,电机才能旋转。下面将分别介绍这两种电机。

3.1 直流电机的结构特点

直流电机的结构形式很多,但基本的构造是相同的,即必须有定子、转子和换向器,如图3.1所示。定子是固定在机身的圆桶状部分,一般由永磁材料或能产生磁场的线圈制成。竞赛机器人所需的小功率电机中,永磁材料使用较多,它的方便之处在于仅需要一组电源供电。转子由一根旋转轴及固定在轴上的硅钢片构成,是把电能转换成机械能的部分。转子的外沿有槽,槽内有电枢绕组,当绕组导线内

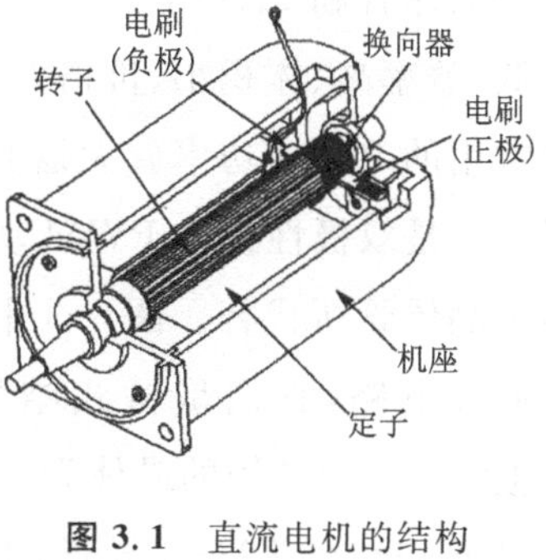

图3.1 直流电机的结构

有电流通过时，旋转轴便开始旋转。为了在电机连续旋转条件下使电流顺利通过转子，旋转轴尾部设置有换向器，它始终与定子的电刷保持接触，给电机绕组供电。

3.2 PWM功率放大电路

3.2.1 直流电机的驱动

在直流电机电枢上加上一定幅度的直流电压，电机便开始旋转；改变电压方向，电机转向也随之改变。如果电机以恒速运动，不调速（手控机器人），可以采用一个简单低廉的电路来控制正/反向，电路原理如图3.2所示。它采用S1～S4四个继电器作为控制弱电到驱动电机的强电之间的转换器。正转控制开关K1闭合，反转开关K2断开时，电机正转；反之电机反转。两开关同时断开，电机停转。两开关同时闭合是不允许的，从电路可看出，这会导致电源短路。

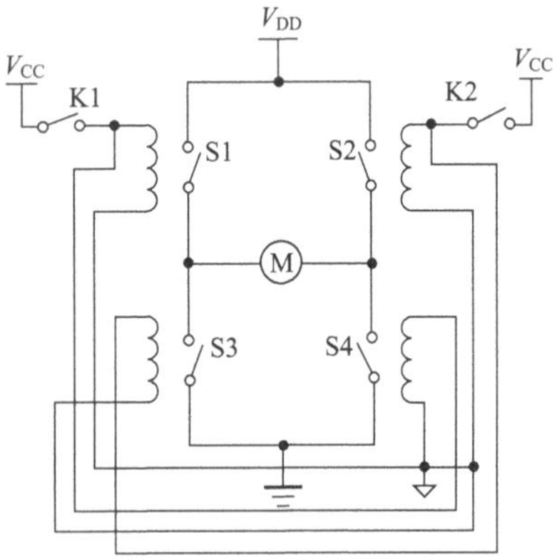

图3.2　直流电机的简单双向控制

3.2.2 PWM功率放大原理

自动机器人在运动中必须不断地改变速度、方向和精确地定位，相应地要求电机的功率放大器具有良好的电压调整特性。与传统的线性放大器相比，现在多采用晶体管和MOS管放大器。PWM（脉冲宽度调制）功率放大器的优点是功耗低、效率高、体积小、价格低、工作可靠，因此被广泛应用。

最常用的PWM功率放大器是桥式PWM功放电路，又称为H型功放电路。图3.3是双极性桥式PWM功率放大器的结构图。它与图3.7类似，只是继电器被晶体管所代替。图3.3中的晶体管T1、T2、T3、T4组成了PWM的开关功率放大电路，它们呈桥式结构，也像H型结构，故起名为桥式或H型PWM电路。H型结构的晶体管按T1/T4和T2/T3配对工作。T1/T4导通，T2/T3截止；反之，T2/T3导通，T1/T4截止。在实际工作时在晶体管上施加不同占空比的脉冲信号来控制电机的正反转。很显然，T1 和 T3、T2 和 T4 不能同时导通，因此，T1/T4、T2/T3 两组功放管上所加脉冲频率相同，方向相反。伺服电机接在 PWM 的两端，如果 T1/T4 导通时间比 T2/T4 导通时间长，则电机正转；反之则反转。如导通时间相等，则电机停止不动，即在两组晶体管上加对称方波，电机会在某一点高频振动，保持相对静止。

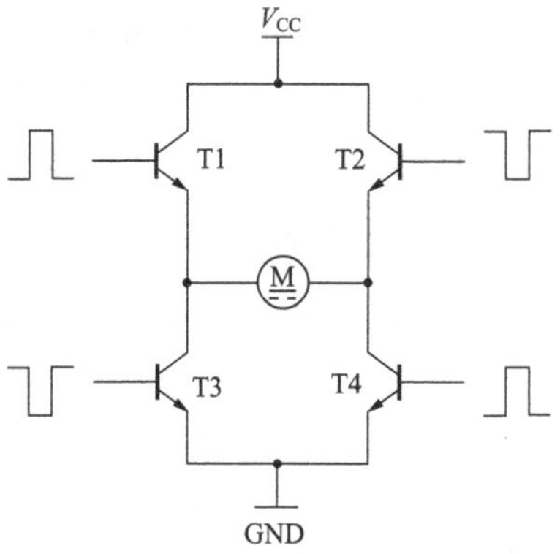

图 3.3 双极性桥式 PWM 功率放大器

PWM 功放电路有单极性、双极性之分。双极性指在一个 PWM 周期内，电机电枢电压正、负极性改变一次；单极性指 PWM 功放管工作时，有一个 PWM 信号端和一个方向控制端，在电机正转或反转时，仅有对应的一对功放管通电，而另一对功放管截止。因此，电枢电压在正转或反转时，正、负极性是固定的，即是单极性的。

若忽略晶体管的管压降，则可以认为 PWM 功率放大管的输出电平等于电源电压，即$|U_{ab}|=U_c$。图 3.4 为电枢的电压波形和电流波形。在图 3.4 中，T 为 PWM 脉冲周期，T_p 为正脉冲宽度，T_n 为负脉冲宽度。从图 3.4 可看出，电枢两端的电流是一个脉动的连续电流，加快 PWM 的切换频率，电流的脉动就变小，结果近似于直流信号的效果，使电机均匀旋转。同时，如果改变 PWM 脉冲的宽度，电机中的平均电流也将变化，电机转速便随之改变，这就是 PWM 调速的原理。

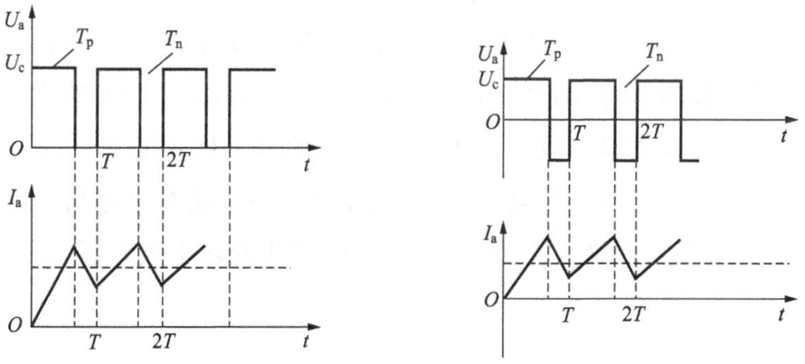

(a) 单极性PWM　　(b) 双极性PWM

图 3.4 电机电枢电压与电流波形

在图3.4中，PWM脉冲频率决定了电枢电流的连续性，从而也决定了电机运行的平稳性。如果脉冲切换频率选择不当，电机的低速性能有可能不理想，容易烧毁晶体管，而且由于电流不连续，电机可能产生剧烈振荡，甚至出现啸叫现象，这些都是不允许的。因此，在设计PWM功率放大器时，要慎重选择切换频率。为了克服静摩擦，改善运行特性，切换频率应能使电机轴产生微振，即

$$F_T < F_M = \frac{K_T U_c}{4 L_A T_S} \tag{3.1}$$

式中，K_T 为转矩系数，$K_T = C_m \Phi$（C_m 为电机电磁常数、Φ 为励磁磁通），U_c 为功放电源，L_A 为电枢电感，T_S 为电机静摩擦力矩。

另外，选择切换频率具体还应考虑以下几个方面：

(1) 微振的最大角位移应小于允许的位置误差。在伺服系统中，假设要求位置误差小于 δ，则要求切换频率满足式(3.2)。

$$F_T \gg \frac{R_A}{2\pi L_A} \tag{3.2}$$

式中，R_A 是电机电枢电阻。

(2) 应尽量减小电机内产生的高频功耗。PWM脉冲信号的谐波分量将引起电机内部的功耗，降低效率。因此切换频率应该足够高，使电机电枢感抗大大超过电枢内阻，即要求

$$F_T > F_\delta = \left(\frac{K_T U_c}{192 L_A J_\delta}\right)^{\frac{1}{3}} \tag{3.3}$$

式中，J 为电机及负载的转动惯量。

(3) 切换频率应当远远大于系统的固有频率，防止系统固有振荡。

实际设计时应综合考虑上述条件，在1000Hz至数万Hz的范围内选取PWM切换频率。特别需要强调的是，伺服电机的电枢电感较小，如果频率不够高，交流分量过大，很容易烧毁功放管。不过功放管的开关频率总有一个限度，对大功率功放管来说，开关频率越高，制造工艺难度越大，成本也越高。因此，用户要根据自己的实际需要确定有关参数，使自己构建的功率放大器有较高的性能价格比。

3.2.3 标准的PWM功率放大器

图3.5示出了一个实际的标准双极性PWM功率放大器。它是一个典型

的H型功放，四个功放管分别采用NPN型达林顿管TIP122和PNP型达林顿管TIP127。PWM脉冲信号通过光电耦合器件4N35加到晶体管的输入端。4N35的作用是把控制电源与驱动电源隔离，以免驱动器电源不稳定影响整个控制系统；同时，4N35的输出端还提供功放管的基极驱动电流。

系统工作过程如下：当PWM1端变为低电平且PWM2端为高电平时，功放管T2/T3导通，T1/T4截止，电流从电机两侧的B点流向A点，此时电机正转；反之反转。二极管D1、D2、D3、D4是续流二极管，在晶体管切换时提供电流通路，并联在二极管两端的电阻和电容也起续流作用。

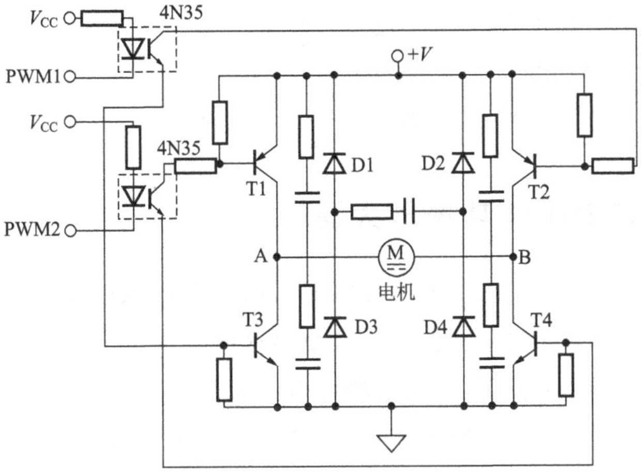

图3.5 双极性PWM功放电路

PWM1和PWM2是两路控制信号。如果加上如图3.6所示的信号，则构成单极性功放电路。PWM信号由8051单片机的定时器产生，由P1.0输出。P1.1的高低电平代表电机的正反转。四个功放管采用MOS管。当电机要求正转时，单片机P1.1输出信号高电平信号，该信号分成三路：第一路接与门Y1的输入端，使与门Y1的输出由PWM决定，所以开关管T1栅极受PWM控制；第二路直接与开关管T4相连，使T4导通；第三路经非门连接到与门Y2的输入端，使与门Y2输出为0，结果使开关管T2截止。从非门输出的另一路信号与开关管T3的栅极相连，其低电平信号也使T3截止。类似地，电机要求反转时，单片机P1.1输出低电平信号，各功放管的导通和截止与电机正转时正好相反。

双极性PWM电路中，PWM1和PWM2两路控制信号通常不是严格对称的，造成切换过程中有一个小的时间延迟 T_W，如图 3.7 所示。T_W 实际上是功率管的开关时间，考虑时间延迟的目的是为了防止 H 桥同侧的功放管在开关切换时短路。

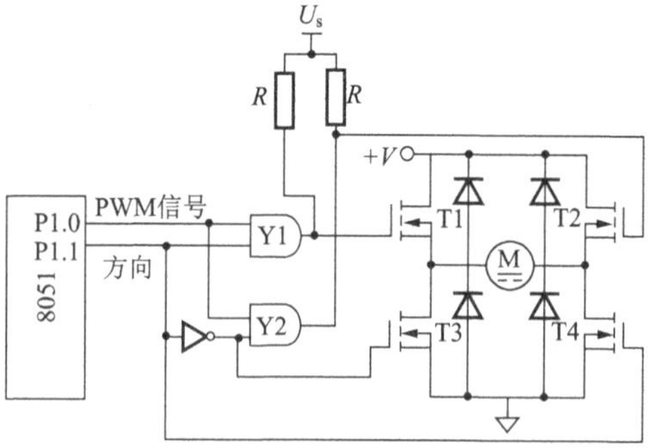

图 3.6 单极性 PWM 功放电路

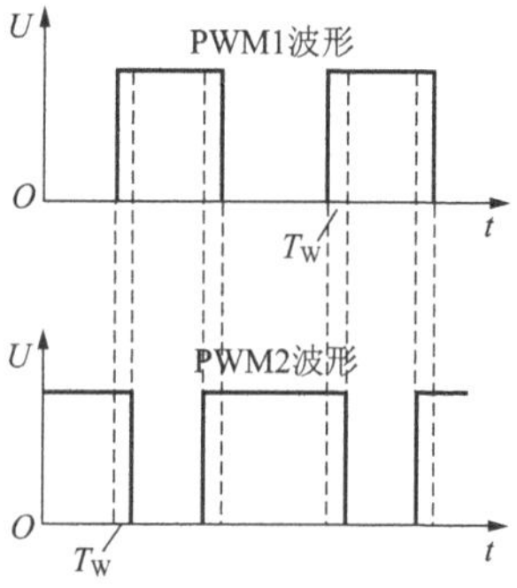

图 3.7 PWM 信号切换延时时序

3.2.4 集成 PWM 功率放大器

目前，针对中小功率的 PWM 功放电路已经有现成的集成分立器件，由于所有的 PWM 功能集成在一块芯片上，使得这些集成分立器件可靠性高、性能好、使用方便。对初学者而言，调定功放电路元器件各种参数既麻烦又需要经验，而集成 PWM 功放器件的出现简化了问题。下面以美国国家半导体公司的 LMD18245 为例说明一下。

LMD18245 是采用 DMOS 工艺的 H 桥 PWM 集成功放电路芯片，专供直流电机或步进电机驱动，共有 15 个引脚，T-220 封装。图 3.8 是该芯片的外形和引脚图，电源电压范围为 12～55V，额定电流为 3A，峰值电流为 6A。

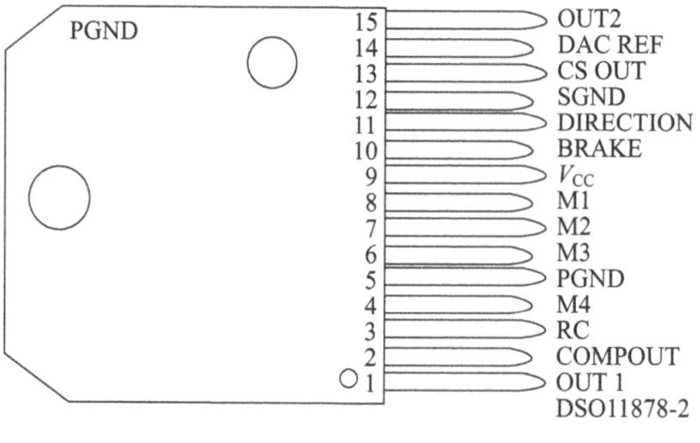

图 3.8 LMD18245 外形和引脚

图 3.9 是 LMD18245 的内部结构图。BRAKE 和 DIRECTION 两个控制信号的组合决定芯片工作于单极性 PWM 还是双极性 PWM。表 3.1 描述了这两种组合对应的 DMOS 管的导通情况。在表 3.1 中，MONO 为电流监测信号，如不考虑它的影响，在 BRAKE 端加上 PWM 信号，在 DIRECTION 端加上一固定电平，则 LMD18245 工作于单极性 PWM 方式；反之，如果在 BRAKE 端加上低电平，在 DIRECTION 端加上 PWM 脉冲，则 LMD18245 工作于双极性 PWM 方式。从图 3.9 的内部结构来看，该芯片内部带有电流反馈控制电路，为保证电流反馈电路正常工作，必须在 CS OUT 端接一个电流取样电阻到地，该电阻值 R 决定了电压比较器(COMPARATOR)“－”端电压值 U_-。该电压计算公式为

$$U_- = \frac{R}{\Omega} \times 250 \times 10^{-6}\,\mathrm{V} \tag{3.4}$$

电压比较器的“＋”端电压 U_+ 的计算公式为

$$U_+ = U_{\mathrm{DACREF}} \times \frac{D}{6} \tag{3.5}$$

式中，U_{DACREF} 是参考电压，D 是 0～15 的常数，由 M1～M4 决定。用户可根据需要来设置 M1～M4 的大小，从而限制电机的电枢电流。

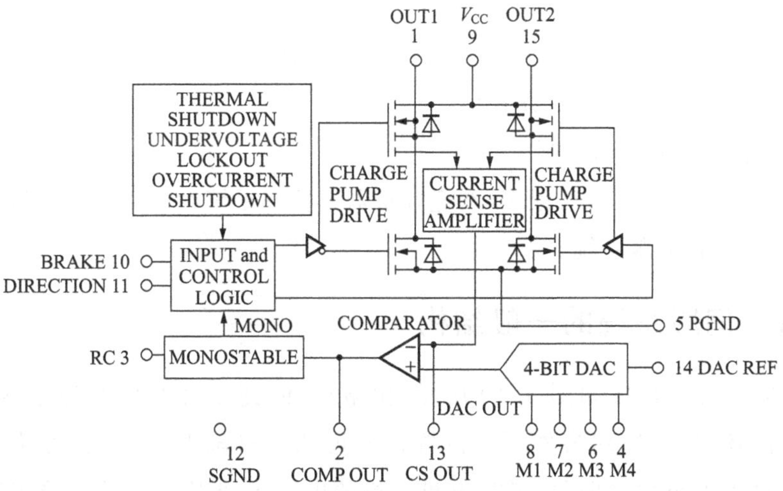

图 3.9 LMD18245 内部结构原理

表 3.1 中，MONO 表示单稳态触发器的状态。若电机电枢超过用户设定值，MONO 变为低电平；正常工作时，MONO 为高电平。

表 3.1　LMD18245 开关逻辑真值表

BRAKE	DIRECTION	MONO	导通开关管
H	X	X	S1,S2
L	H	L	S2
L	H	H	S2,S3
L	L	L	S1
L	L	H	S1,S4

3.3　直流电机的伺服控制

伺服系统又称为随动系统，是指目标值随时间变化的一类自动控制系统。伺服系统最简单的控制目标就是使系统的输出 Y 和系统的参考或指令信号 R 的差值($Y-R$)尽量小。伺服系统的特点是：

(1) 控制量是机械位移或位移的时间函数。

(2) 给定值在很大范围内变化。

(3) 属于反馈控制。

(4) 能使系统的输出量快速准确地随给定量变化。

(5) 输入功率小，输出功率大。

(6) 能进行远距离控制。

伺服控制的分类方法很多，在竞赛机器人控制系统设计时首推直流小功率(100W)数字式伺服系统。

3.3.1　伺服系统的一般结构

伺服系统的构成如图 3.10 所示，由电流环、速度环和位置环组成，电流环称为内环，位置环称为外环。位置信号可从电机轴上取出，也可从负载上取出。对于中小功率伺服系统，电机电枢的电阻大或者允许过载的倍数较高(如小惯量电机)，可以不必过多地限制动态电流。为提高系统的快速性，也可以不设置电流环和速度环，只采用位置反馈的单闭环结构，此时称之为位置随动系统。

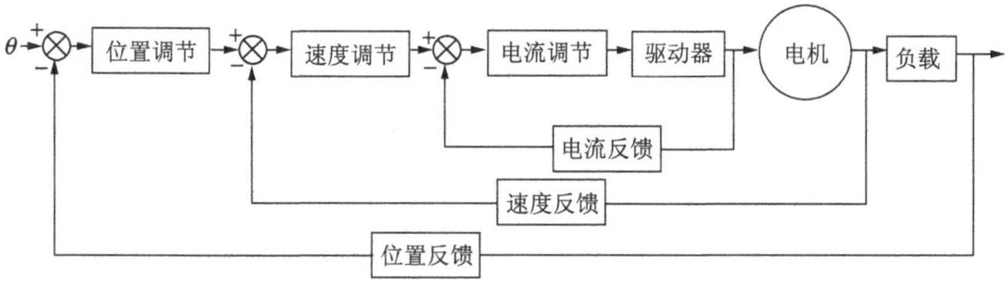

图 3.10 伺服系统的结构框图

3.3.2 全数字伺服系统

传统的伺服系统的输入量是给定一个模拟位置量，其经过位置调节器、速度调节器、电流调节器等一系列的硬件电路后输出给功率放大器，驱动电机运动。反馈装置采用伺服电位器或测速发电机。高速微处理器芯片的普及使伺服发展为全数字技术，即以微处理器为核心，以 PWM 功放电路为驱动器，以光电编码器为反馈元件构成电机伺服系统。其中位置、速度、电流等调节器的功能都是由微处理器实现的，速度反馈由计算机根据位置反馈量计算出来。图 3.11 示出了以微处理器为核心的全数字伺服系统结构框图。

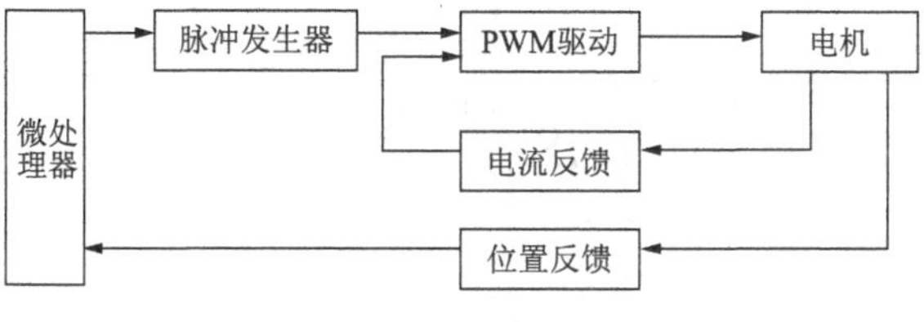

图 3.11 全数字伺服系统结构

位置随动系统响应速度快、定位准确、结构简单、成本低，因此在竞赛型机器人控制中使用较为合适，下面将详细介绍这种系统的构成。图 3.12 是基于 MCS-51 单片机 8051 的全数字伺服系统原理电路。

8051 单片机是一种通用的集成微处理器，属于标准 8 位机。它价格低廉，功能强，使用方便，适合 C 语言编程。单片机在系统中完成运动规划、位置检测、PID 调节等功能，并把计算出来的电机运动位置和速度变成一定的频率值输出给 8253 定时器/计数器。

8253 是一种通用的 16 位可编程定时器/计数器。每个 8253 备有 3 个可独立工作的定时/计数通道，每个通道又有 5 种可编程工作方式。在图 3.12 所示系统中，将8253的通道0编程工作于单稳态工作方式，即能产生在固定频率下脉冲宽度可调的PWM脉冲。8253每个通道有一个GATE控制端，当工作于单稳态方式时，GATE端的信号频率就输出PWM脉冲频率，PWM脉冲宽度由8051单片机给出。

全数字伺服系统都在一定的伺服周期下工作，即微处理器采集反馈信号后，经过运算，直到给出下一个控制量的时间。8051单片机的伺服周期为1～2ms。高速微处理器的周期短至几十个μs。显然，伺服周期越短越好。

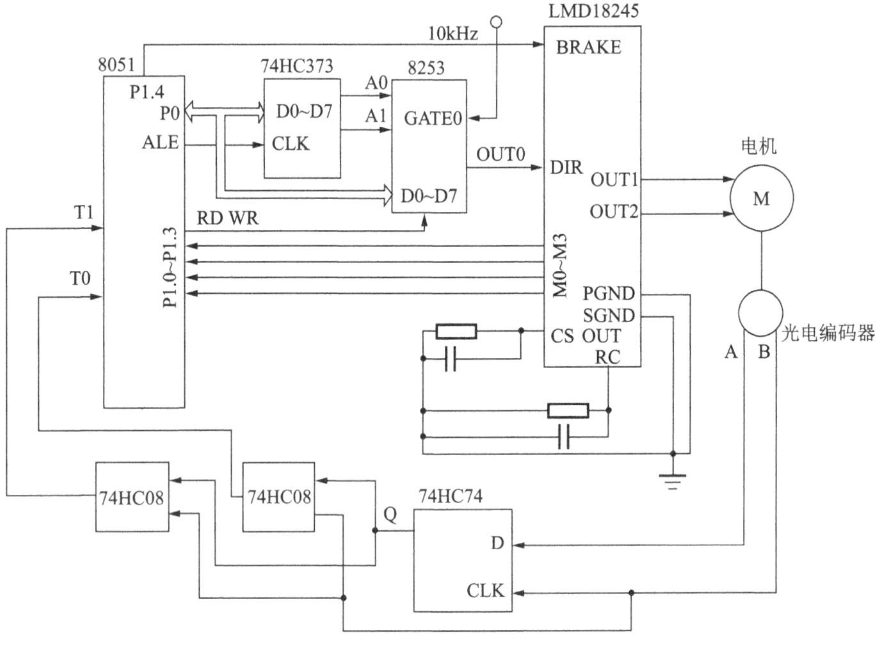

图3.12 全数字伺服系统电路

由8253发出的PWM控制脉冲加到PWM功放电路LMD18245的DIRECTION端，如果此时LMD18245的BRAKE端电平为低，则它的OUT1和OUT2输出端将有电流通过，驱动电机运转。LMD18245的M0～M3连接到单片机的P1.0～P1.3，作为电流反馈的给定值。电机的实际位置值由与电机输出轴相连接的光电编码器检测输出。光电编码器采用增量式相对编码器，编码器的A、B两相正交脉冲输出给D触发器74HC74的D端和CLK端，由74HC74的输出端Q输出。电机正转时的方向识别波形如图3.13所示。当电机正转时，B相脉冲超前于A相脉冲90°，Q端输出为高电平；电机反转时，Q端输出为低电平。因此Q端的电平反映了电机的转向。

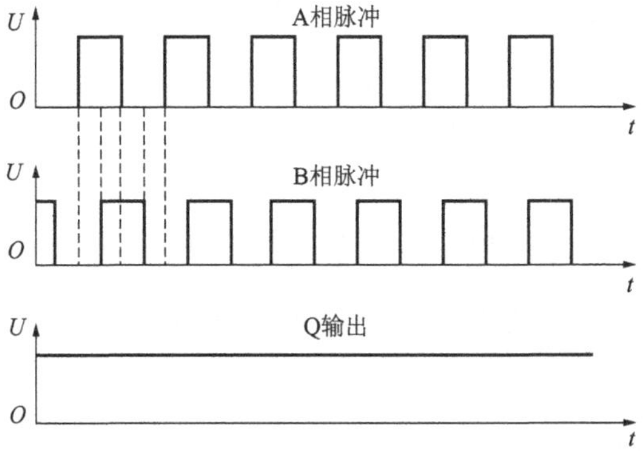

图 3.13 电机正转方向识别波形

Q端输出与B相脉冲经"与"运算后分别输出正转脉冲和反转脉冲,该两路脉冲可以实时记录编码器的脉冲数,从而确定电机的位置。它们连接到单片机的计数器/定时器T0和T1端。也可以把它们设置成外部脉冲计数方式,脉冲将引起单片机中断,完成一次计数。两计数器的差值便是电机的实际位移。

3.3.3 伺服系统的数字PID算法

1. PID控制器原理

全数字伺服系统中,微处理器完成电机闭环控制系统的位置、速度等调节器的所有功能,它将编码器来的反馈值与指令值进行比较,再按一定算法计算电机下一步的位置速度值,并把此值换算成8253需要的频率值。目前电机控制中较为普遍且实用性较好的算法仍是PID算法。

按偏差进行调节的PID调节算法是连续系统中技术最成熟、应用最广泛的一种调节器。它的结构简单,参数易于调整,不需要知道控制系统确切的数学模型。在模拟控制系统中,PID控制器是通过运算放大器以及一些电阻电容搭接成的电路构成的,称为模拟PID控制器。后来,由于计算机运算速度快,参数整定方便,而且通过输入输出的图形化可以很直观地显示PID调节的效果,于是数字PID控制器取代了模拟PID控制器。图3.14是PID控制系统原理图。

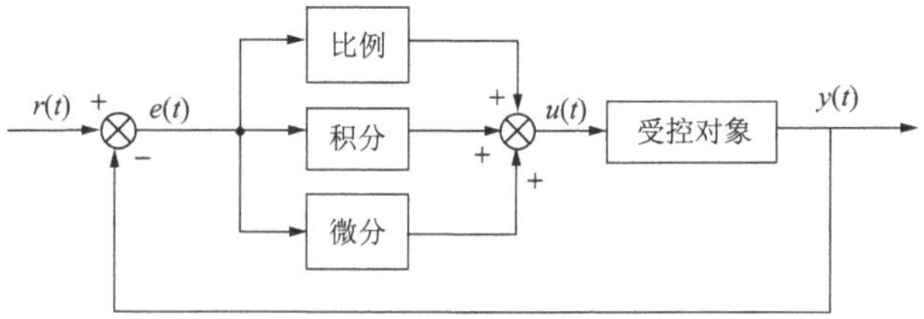

图 3.14 PID 控制系统原理

在图 3.14 中，$r(t)$是给定值，$y(t)$是控制系统最终的实际输出值，给定值与输出值的偏差为

$$e(t)=r(t)-y(t) \tag{3.6}$$

$e(t)$作为 PID 控制器的输入，$u(t)$作为 PID 控制器的输出，所以 PID 控制器的控制律为

$$u(t) = K_P\left[e(t) + \frac{1}{T_I}\int_0^t e(t) + T_D\frac{de(t)}{dt}\right] \tag{3.7}$$

式中，K_P 为比例系数，T_I 为积分常数，T_D 为微分常数。

在 PID 控制器中，比例环节的作用是对偏差瞬间作出快速反应。偏差一旦产生，控制器立即产生控制作用，使控制量向减少偏差的方向变化。控制作用的强弱取决于 K_P 的大小，K_P 越大，控制作用越强，但过大的比例系数会使系统不稳定。

积分环节的作用是将偏差累积起来输出。在控制过程中，只要有偏差存在，积分环节的输出就会不断增大。直到偏差 $e(t)=0$ 时，输出 $u(t)$才能维持在某一常量，使系统趋于稳态。因此，积分环节能消除控制系统的稳态误差。但积分环节的存在将使系统到达稳态的时间变长，限制系统的快速性。

实际控制系统除了希望消除稳态误差外，还强调调节过程的快速性。在偏差变化的瞬间，不但要对偏差量立即作出反应，而且要根据偏差的变化趋势预先给予适当的纠正。微分环节能起到这种作用，它能阻止偏差的变化，根据偏差的变化趋势进行控制，偏差变化越快，微分控制器输出量就越大，并能在偏差值变大之前进行修正。微分作用的引入将有助于减小超调量，克服振荡，使系统趋于稳定，加快系统的跟踪速度。但微分的作用对输入信号的噪声很敏感，在噪声较大的系统中一般不用微分环节。

2. 数字 PID 控制器

可以用软件来实现 PID 控制，即数字 PID，它可分为位置式 PID 算法和增量式 PID 算法。由于计算机控制只能离散地输出控制量，即采样和输出控制值不是连续的，有一定的时间间隔，所以通常形式的积分项和微分项不能直接使用，必须进行离散化处理。离散化的处理方法为：以 T 作为采样周期，k 是采样序号，则离散采样时间 $k_{\mathrm{T}}(k=0,1,2,\cdots)$ 对应着连续时间 t，用增量代替微分，用求和代替积分，就可以构造数字 PID 控制器的算法。采样周期 T 越小，结果越精确。采样时间是和计算机运算速度有关的常量。具体内容不在此赘述，请参考其他书籍。

3. PID 参数的整定

若已知被控对象的数学模型，就可以用常规方法获得 PID 控制参数。但有些系统很难获得较为精确的数学模型，这时可通过实验来确定 PID 参数。一般有两种方法。

(1) 过渡过程响应法。这种方法又称反应曲线法，是指控制变量作阶跃变化时，被控变量随时间的变化曲线。根据各控制参数对系统的影响改变参数，反复实验，直至得到满意的结果。实际调试过程如下。

- 首先只调整比例参数，将比例系数由小到大改变，观察对应的阶跃响应曲线，直至得到响应快、超调量小的响应曲线为止。如果此时系统的静态误差已在允许范围内，并且超调量衰减到最大超调量的 25%，则系统采用比例调节即可。

- 在比例调节的基础上，若系统静态误差不能满足要求，则需加入积分环节。积分系数由大到小调节，同时比例系数也应做一些调整，直到消除稳态误差且动态响应曲线也合适为止。

- 若经上述调整动态响应仍不令人满意，可以再加入微分环节，将微分系数由小到大变化，观察响应曲线，直到达到满意的效果为止。

(2) 临界稳定测量法。这种方法由 Ziegler 和 Nichols 提出。其基本过程是：首先采用比例环节对被控对象进行控制，然后逐步加大比例系数，直到系统处于临界稳定状态，即系统开始出现振荡，测出此时控制器的比例系数 K、振荡周期 T，PID 参数便可根据表 3.2 确定下来。这种方法调试较为简单，但只是一种参数的近似结果，通常还需要人工做最后的细调。

表 3.2 利用临界稳定调整 PID 参数

控制器类型	K_P	T_I	T_D
P	0.5K		
PI	0.45K	0.85T	
PID	0.6K	0.5T	0.12T

3.3.4 使用集成电机控制器构成的电机伺服系统

在使用单片机以及 LMD18245 构成的数字伺服系统中，单片机仅完成 PID 算法和反馈采样处理。一般 MCS-51 系列单片机较难胜任诸如运动轨迹规划等复杂的运算任务，必须借助更高速的微处理器或多个处理器协同工作，这样显然将带来系统成本的上升和复杂化。另一种选择是采用专用集成运动控制芯片来构成伺服系统。这种集成芯片如 LM628/629 能完成运动控制的大部分工作，使系统结构大为简化。LM628/629 是美国国家半导体公司的产品，专用于全数字伺服系统的运动控制。LM628 输出 8 位或 12 位 D/A 数据，LM629 直接输出 PWM 信号。因此，采用一片 8051 单片机、一片 LM629、一片 LMD18245 和一台带增量式光电编码器的直流电机就能构成一个伺服系统，能驱动 150W 的直流电机。下面以 LM629 为例说明这种控制芯片的用法。

LM629 是专用运动控制处理芯片，结合使用增量式编码器作位置反馈信号的各种直流或无刷直流伺服电机可以方便地构成精度较高的伺服机构。LM629 主要有以下几个突出特点：

(1) 32 位位置、速度、加速度寄存器。

(2) 16 位可编程数字 PID 滤波器。

(3) 可编程微分采样间隔。

(4) 伺服周期短(对于使用 8MHz 的 LM629 伺服周期为 256μs)。

(5) 8 位符号和幅值 PWM 输出信号。

(6) 梯形速度图发生器。

(7) 位置与速度两种控制方式。

(8) 实时可编程的多种中断方式。

(9) 8 位并行、异步 I/O 接口。

(10) 内部 4 倍频增量式编码器接口。

图 3.15 是 LM629N 和 LM629M 的引脚分配图，LM629N 是双列直插 DIP 封装，LM629M 是表面贴片封装。以 LM629N 为例说明如下。

(1) 引脚 1～3 是增量式编码器输入信号 IN、A、B。

(2) 引脚 4～11 是数据口 D0～D7。

(3) 引脚 12、13、15 分别是控制线 CS、RD、WR。

(4) 引脚 16 是 PS：PS=1 读写数据，PS=0 读状态和写命令。

(5) 引脚 17 是 HI：HI=1 时向 CPU 申请中断。

(6) 引脚 18 是 PWM SIGN，控制电机方向。

(7) 引脚 19 是 PWM MAG，PWM 信号输出端，控制电机速度。

(8) 引脚 26、27 是 CLK 和 RST 端，低电平复位。

(9) 引脚 14、28 是电源端 GND、V_{DD}。其余引脚不用。

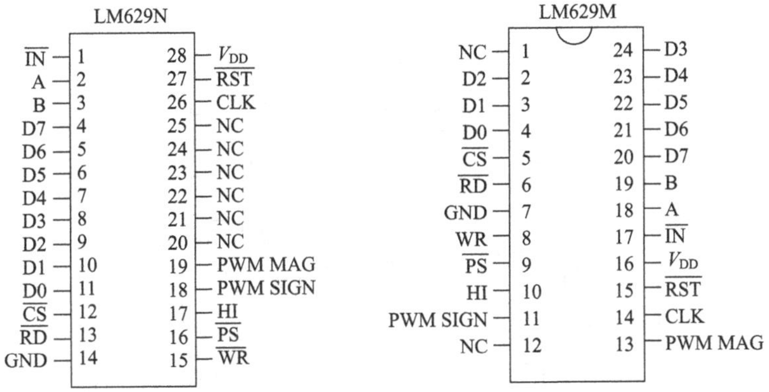

图 3.15 LM629 引脚分配

LM629 输出的控制量是两根信号线的 PWM 信号：一根信号是 PWM 幅值信号(8 位分辨率)；另一根是符号线。所以，LM629 输出单极性 PWM 信号，与 LMD18245 接口时，LM629 的 PWM SIGN 连接到 LMD18245 的 DIRECTION 端，而它的 PWM MAG 连接到 LMD18245 的 BRAKE 端。其引脚 19 (PWM MAG)输出不同占空比的波形，如图 3.16 所示。

LM629 的典型应用框图如图 3.17 所示。如果图 3.17 中的主处理器采用单片机，则接口电路十分简单，它通过数据总线与单片机通信，输入运动参数和控制参数，输出状态信息。PWM 的输出信号连接到 H 桥驱动器如 LMD18245 上。直流电机的反馈采用增量式编码器，编码器的 A、B 两相正交信号经

LM629 的内部电路完成 4 倍频。C 相信号是电机每转一圈产生的脉冲信号，用于电机的精确回零。图 3.18 是 LM629 生成的速度轨迹。

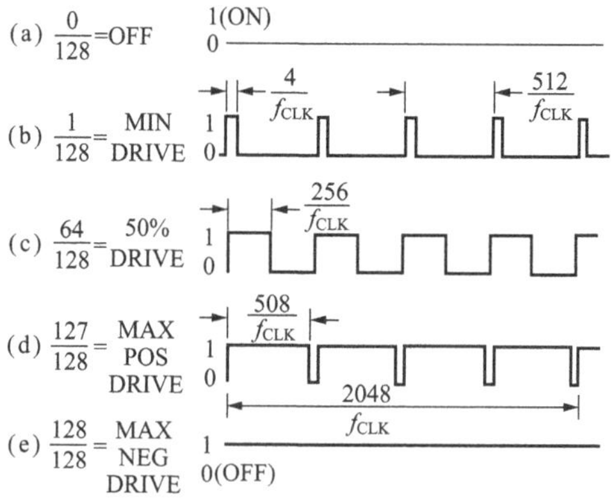

图 3.16　LM629 输出的 PWM 波形

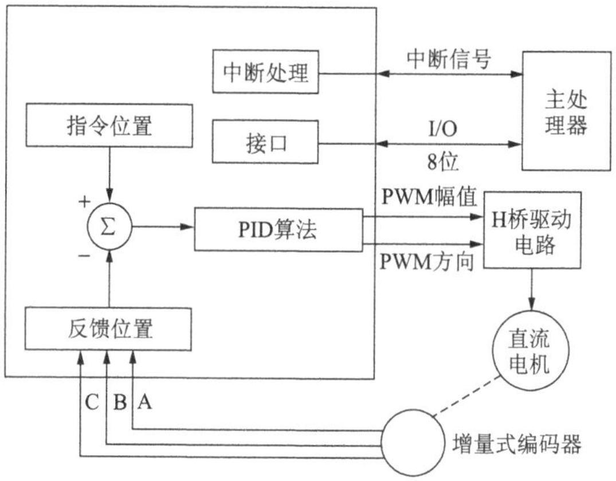

图 3.17　LM629 的典型应用框图

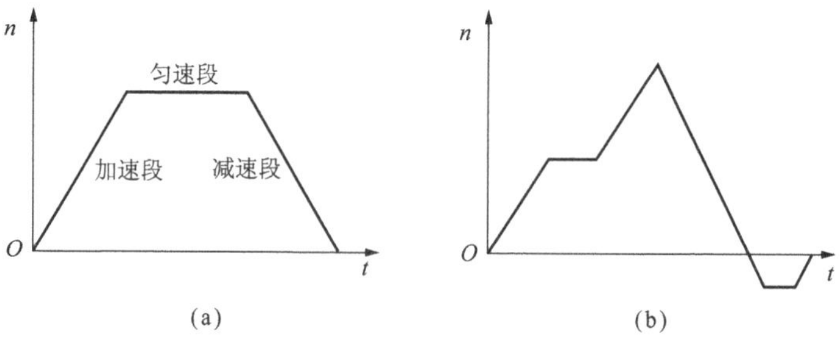

图 3.18　LM629 生成的速度轨迹

3.3.5 多轴电机运动控制器简介

1. PMAC 多轴运动控制器

机器人一般应有多个关节，需要多个电机驱动。它们可以采用上述电机控制器分别驱动控制，再通过某种方式将各独立控制器与主控制器联系起来。各独立控制器在整个系统中又称为从控制器，负责各自电机的运动控制，而主控制器协调整个机器人的运动，也就是协调各电机的运动。主、从控制器通过串行总线或并行总线相连接，构成所谓的分布式控制系统，分布式控制系统采用模块化结构，连接方便，易于维护，但通信协议较复杂；如使用串口通信则存在通信速度的问题。分布式控制系统在传统机器人控制中被广泛采用，因为这种系统成本低，易于制作，在竞赛型机器人控制中的应用也很多。

随着电子技术的发展，微处理器的速度越来越快，使用一片微处理器可以控制多个电机伺服系统，目前已经有以高速 DSP(Digital Signal Processor)为核心的单板多轴运动控制器。国外和国内的多轴运动控制器的硬件结构都差不多，区别仅在于控制软件功能是否完善。下面以美国 Delta Tau Data Systems 公司的 PMAC 为例简单地介绍多轴运动控制器的典型功能。

PMAC 多轴运动控制器有四种型号可供选择，分别为 PMAC-PC、PMAC-Lite、PMAC-VME 和 PMAC-STD，可与 ISA、PCI、VME、STD 等总线接口连接，也可脱机独立运行。该控制器可控制 4～8 个轴的电机运动，每个轴可独立运行，也可多轴联动。下面是它的一些主要特点。

(1) CPU 采用 Motorola DSP56001，24 位，定点运算，标准时钟19.6608MHz。

(2) 伺服循环时间：单轴 55μs，8 轴 440μs。

(3) 伺服算法：PID＋速度和加速度前馈＋阶式滤波器，24 位增益分辨率，双编码器(电机和负载)反馈，可选的 7 阶极点配置算法，35 个可自动调整项，并有容纳特殊用途下用户设计和安装的伺服算法的能力。

(4) 三维空间的直线插补和圆弧插补。

(5) 在样条模式和 PVT(位置-速度-时间)模式下，生成连续平滑的三次型位置曲线轨迹。

(6) 纯 S 曲线加速和减速。

(7) 位置计数长度为±32 位。

(8) 位置精度为±1个编码器输入脉冲。

(9) 多轴同步特性：一个PMAC的同一坐标系内的所有轴可同步到1个伺服周期内，可控制跟踪误差在同一个PMAC的不同坐标系内的轴可被同步到±1～±3个伺服周期内；在不同PMAC的坐标系共享同一个SYNC信号，可被同步到±1～±2个伺服周期内。

(10) 反馈通道可选用相对或绝对光电编码器及旋转编码器；差动或单端输入，1～4倍频，或脉冲及方向模式。

(11) 模拟输出DAC为16位分辨率，±10V输出，光电隔离。

(12) 附加模拟输入可达16个±10V输入，16位分辨率，13位精度，单端或差动输入，光电隔离。

(13) 串行RS-232/RS-422通信方式可选。

(14) 16位I/O。

(15) 编程语言：高级语言编程，提供完善的运动控制函数；能进行在线系统控制、程序可缓冲存储和标志、伺服参数初始化和诊断，并具有后台PLC。

2. 多轴运动控制芯片

PMAC多轴运动控制器采用DSP作为核心处理器，并以外部大规模集成IC作为反馈处理器，另带扩展ROM、RAM、DAC和ADC等电路，逻辑电路十分复杂，价格也比较昂贵。作为替代产品，例如ROVA公司生产的4轴运动控制专用芯片可以大大简化用户的设计调试工作，价格也可以接受，所以普通用户也可以用它设计制作多轴运动控制器。下面是ROVA公司的MCX314产品功能介绍。

MCX314是一款能够同时控制4个伺服电机或步进电机的运动控制芯片，它以脉冲串形式输出，能对伺服电机和步进电机进行位置控制、插补驱动、速度控制等。其功能如下。

(1) 4轴独立驱动：1枚芯片可以分别独立控制4个电机驱动轴的运动，每个轴都能完成定速驱动、直线加/减速驱动、S曲线加/减速驱动等。4个轴的性能相同。

(2) 速度控制：输出速度范围为1PPS～4MPPS(每秒脉冲数)，有固定速度驱动、直线加/减速驱动、S曲线加/减速驱动等模式。加/减速驱动使用自动和手控两种操作方法，脉冲输出的频率精确度小于0.1%(f_{CLK}=16MHz时)，允许在驱动中自由变更驱动脉冲输出的速度。

(3) S曲线加/减速驱动：每根轴可以用S曲线进行加/减速设定。使用S曲线命令还可以对抛物线加/减速驱动输出脉冲进行设定。此外，对于定量驱动使用独特的方法避免在S曲线加/减速中发生三角波形。

(4) 2轴或3轴的直线插补：允许选择4轴中的任何2个或3个轴进行2轴或3轴的直线插补驱动。插补坐标范围从当前位置一直到−8 388 607～+8 388 607。所指定的整个直线插补范围内插补精度为0.5LSB，插补速度范围为1PPS～4MPPS。

(5) 圆弧插补：允许选择4个轴中的任何2个轴进行圆弧插补驱动，插补坐标范围从当前位置到−8 388 608～+8 388 607之间，在整个指定的圆弧曲线插补范围内插补精度为0.5LSB，插补速度范围为1PPS～4MPPS。

(6) 2轴或3轴位模式插补：收到高位CPU上计算的位模式插补数据后，可以用指定的驱动速度连续输出插补脉冲，通过这种方式可以产生任何插补曲线。

(7) 连续插补：直线插补—圆弧插补—直线插补……以此方式周期地进行每个节点的插补驱动可得到连续轨迹。连续插补的最大驱动速度的频率为2MHz。

(8) 固定线速度控制：这是一种在插补驱动中保持插补轴合成速度的功能。当2个轴同时输出脉冲时，第2个轴可以设定为1.414倍脉冲周期；当3个轴同时输出脉冲时，第3个轴可以设定为1.732倍脉冲周期。

(9) 位置控制：每轴均有2个32位的位置计数器，一个位于芯片内部，是管理驱动脉冲输出的逻辑位置计算器；另一个是管理从外部编码器来的脉冲的实际位置计数器。

(10) 比较寄存器和软件限制功能：各轴均设2个32位比较寄存器，用于逻辑位置计数器或者实际位置计数器的位置比较。驱动时，从状态寄存器读出比较寄存器和逻辑/实际位置计数器之间的大小关系，关系变化时可产生中断，并且还可启动这两个比较寄存器充当软件限位。

(11) 由外部信号驱动：每个轴都可以用外部信号进行+/−方向运行的定量驱动和连续驱动。该功能在各轴手控操作时可减轻CPU的负担并且可以顺利运行。

(12) 搜寻原位输入：每轴均有4个输入信号，以便在驱动中完成减速和停止。这些输入信号可以运行原位靠近、高速搜寻、原位搜寻、编码器Z相搜寻。

(13) 伺服电机的各种信号：MCX314接收来自伺服电机驱动器的信号，如

2 相编码器信号、在位信号、报警信号等。

(14) 中断发生功能：可以由下述时刻产生中断，如加/减速驱动的定速启动、定速结束、驱动结束、位置计数器和比较器之间的大小关系发生变化时，以及连续插补或位模式插补发生下一个数据请求时。

(15) 实时监控功能：在驱动中可以实时地读出逻辑位置、实际位置、驱动速度、加速度、加/减速状态(加速中、定速中、减速中)。

(16) 8/16 位数据总线：有 8/16 位的数据总线都可以和 CPU 连接。

图 3.19 是这种 IC 的功能方框图，它包括相同功能的 X、Y、Z、U 轴控制部分和插补算术部分。插补驱动时在主轴(AXI)上产生基本脉冲振荡时序进行插补算术运算，也可进行定速驱动、加/减速驱动。图 3.20 是 MCX314 的单轴功能控制框图。

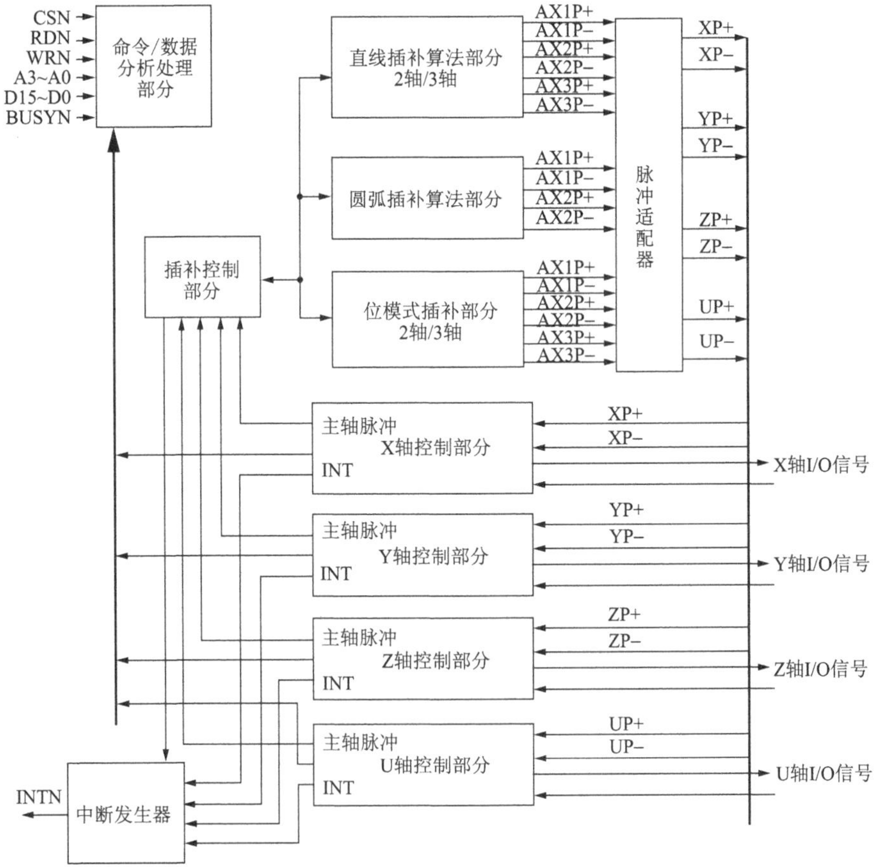

图 3.19　MCX314 功能方框图

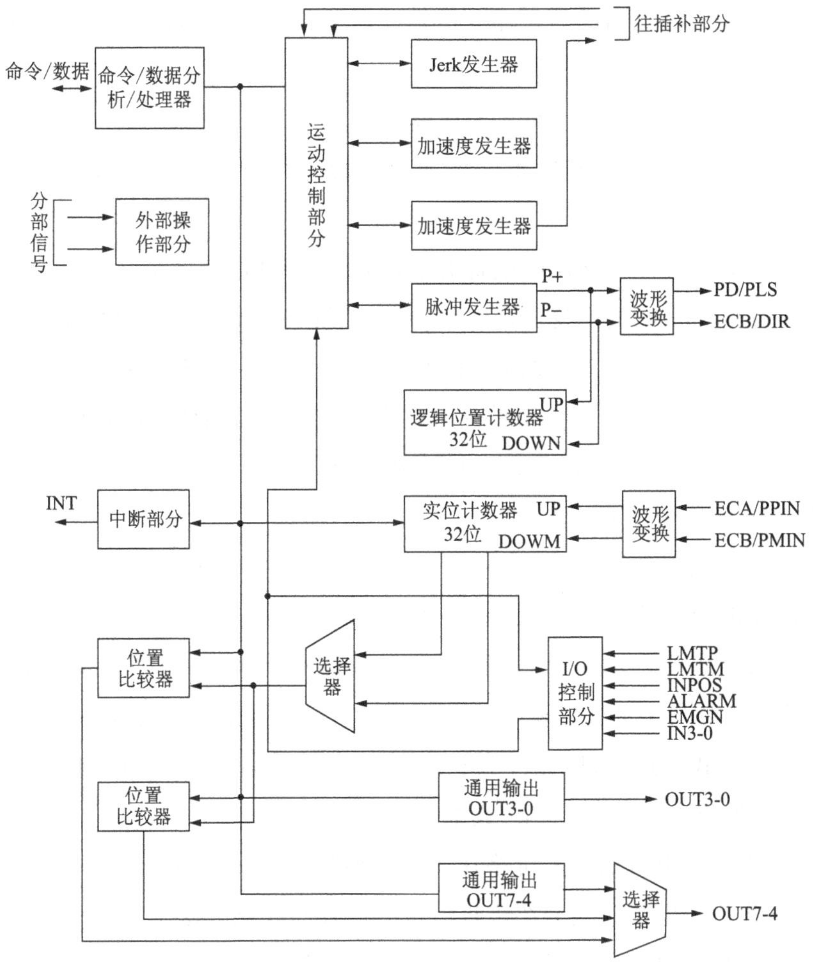

图 3.20 MCX314 单轴功能控制框图

3.4 步进电机控制

伺服电机控制系统对竞赛机器人的制作者来说，可能仍然显得复杂和昂贵。竞赛机器人质量轻，电机功率不大，因此经常采用廉价、控制简单的步进电机驱动。步进电机是纯粹的数字控制电动机，它将电脉冲信号转变成角位移信号，即给定一个脉冲，步进电机就转动一个角度，因此容易控制。步进电机有如下特点：

(1) 角位移与输入脉冲数成正比，故转一圈后无累计误差，跟随性好。

(2) 由步进电机构成的开环数控系统简单、廉价、实用,必要时也可构成闭环系统。

(3) 动态响应快,易于启停、转向及变速。

(4) 速度调节范围较宽,低速下能保持较大转矩,有时可免去减速器而直接驱动负载。

(5) 不能直接使用交流电或直流电,必须由脉冲电源驱动。

(6) 存在振荡和失步现象,必须对控制系统和机械系统采取相应的措施。

在竞赛机器人系统中,系统定位要求一般不十分严格,因此采用步进电机构成开环系统也非常合适。由单片机发出一定频率的相位脉冲,再配上功率驱动电路,就可以构成简单的步进电机控制系统。

步进电机分为下面三大类。

(1) 反应式步进电机:电机的转子由软磁材料制成,转子中没有绕组,结构简单,成本低,步距角可做得很小,但动态性能较差。

(2) 永磁式步进电机:电机转子由永磁材料制成,输出转矩大,动态性能好,转子的极数与定子极数相同,因此步距角较大,需供给正负脉冲信号。

(3) 混合式步进电机:综合了上述两种步进电机的优点,输出转矩大,动态性能好,步距角小,但结构复杂,成本高。

反应式步进电机的性能价格比高,驱动简单,在实际中应用非常广泛。下面以反应式步进电机为例介绍步进电机的原理与控制方法。

反应式步进电机由定子、转子两大部分构成。如图 3.21 所示,以三相步进电机为例,在定子上有 6 个极,每一极上缠有绕组。对称的绕组形成三相控制绕组,即 A、B、C 三相绕组。正是因为三相控制绕组的存在,使步进电机能产生启动力矩。在每个极上,面向转子的部分分布着多个小齿,大小相同,间距相等。转子的外部为齿状圆柱体,由软磁性材料制成。转子上的小齿和定子上的小齿形状相似,齿距相同。所以,定子上每一极的齿和转子的齿是对应吻合的。在定子的极上,中心线是齿的中心线,有些反应式步进电机中则是槽的中心线。

反应式步进电机的绕组通常由单极性脉冲供电,有时也采用双极性脉冲供电。所谓单极性供电指绕组的电流方向只有一个;双极性供电指绕组的电流方向有正负之分。

当步进电机以正确的方式通电时,转子受到定子电磁力的作用,运动到最大磁导率位置。一般而言，当转子的齿和步进电机定子的某一极的齿对齐时即达到最大磁导率位置。

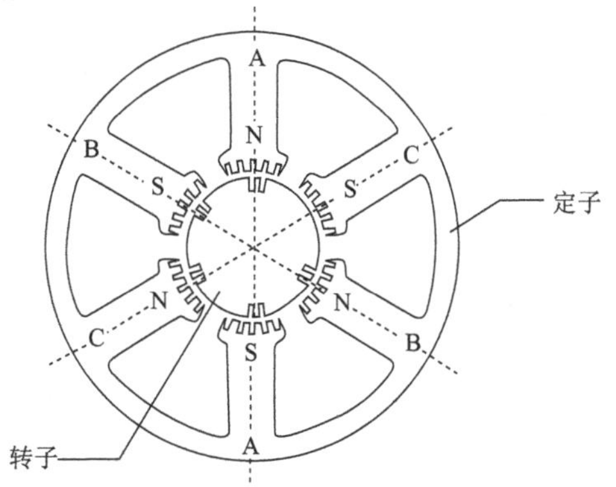

图 3.21　反应式三相步进电机

定子和转子的齿相互对齐称为对齿，反之称为错齿。错齿是步进电机能实现步进旋转的根本原因。用简单的例子来说明。三相步进电机的转子有 4 个齿，若 A 相磁极和转子的齿对齐（A 相磁极的中心线与转子某一齿的中心线重合），即 A 相对齿，由于转子的齿距角为 90°，而定子上相邻磁极相差 60°，因此 B 相和 C 相必然处于错齿状态，B 相磁极的齿与转子的齿相差 30°，C 相磁极的齿与转子的齿相差 60°，以图 3.22 分析工作状况。

在初始状态，A 相绕组通电，如图 3.23 所示，此时 A 相磁极和转子的 0、2 号齿对齐，而转子的 1、3 号齿和 B、C 相绕组磁极形成错齿状态。当 A 相绕组断电，B 相绕组通电后，由于 B 相绕组和转子的 1、3 号齿之间的磁力线作用，使得转子的 1、3 号齿和 B 相磁极对齐。而转子的 0、2 号齿就和 A、C 两相绕组磁极形成错齿状态。

此后 B 相绕组断电、C 相绕组通电，在 C 相绕组和转子 0、2 号齿之间磁力线的作用下，转子 0、2 号齿和 C 相磁极对齐，于是转子的 1、3 号齿和 A、B 相绕组磁极错齿。

当 C 相绕组断电、A 相绕组通电后，在 A 相绕组磁极和转子 1、3 号齿之间磁力线的作用下，转子 1、3 号齿和 A 相绕组磁极对齐，而转子 0、2 号齿和 B、C 相绕组磁极错齿。

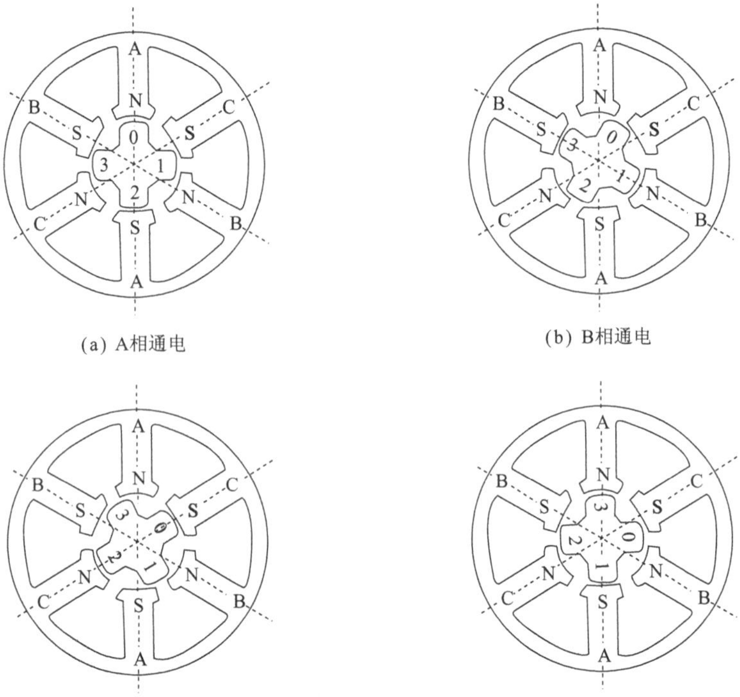

(a) A相通电　(b) B相通电

(c) C相通电　(d) A相通电

图 3.22 反应式三相步进电机单三拍工作方式步进过程

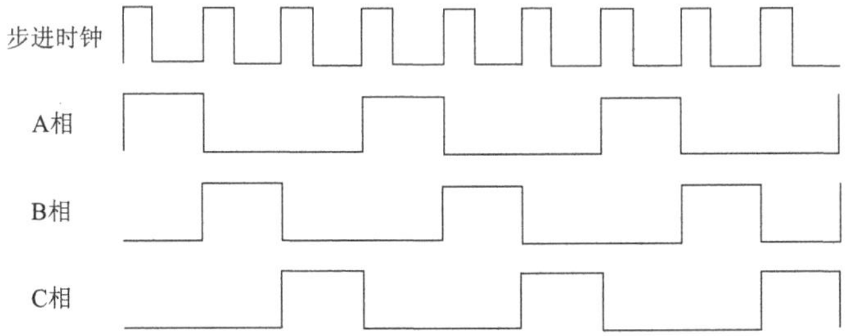

图 3.23 反应式三相步进电机单三拍方式通电相序

在上述过程中，按照 A→B→C→A 的相序依次通电，对应于每次换相通电，电机转动一个步距角 30°，一旦回到 A 相通电位置，电机就转动了一个齿距角 90°。这种通电方式称为单三拍方式。“单拍”指每次对单相通电，“三拍”指电机换相三次，磁场旋转一周，转子移动一个齿距。

就三相反应式步进电机来说，其工作方式还有双三拍和六拍。双三拍虽然也是在转动一个齿距时换相三次，但通电方式为 AB→BC→CA→AB，即每次换相都是两相通电，每一相都是每次连续通电两拍。通电相序如图 3.24 所示。

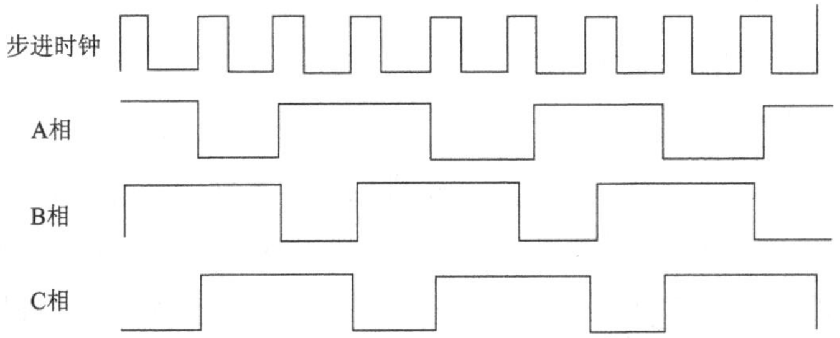

图 3.24 反应式三相步进电机双三拍方式通电相序

双三拍方式的步距角与单三拍方式一样，但前者每一步都是错齿的。这可以用图 3.25 来说明。

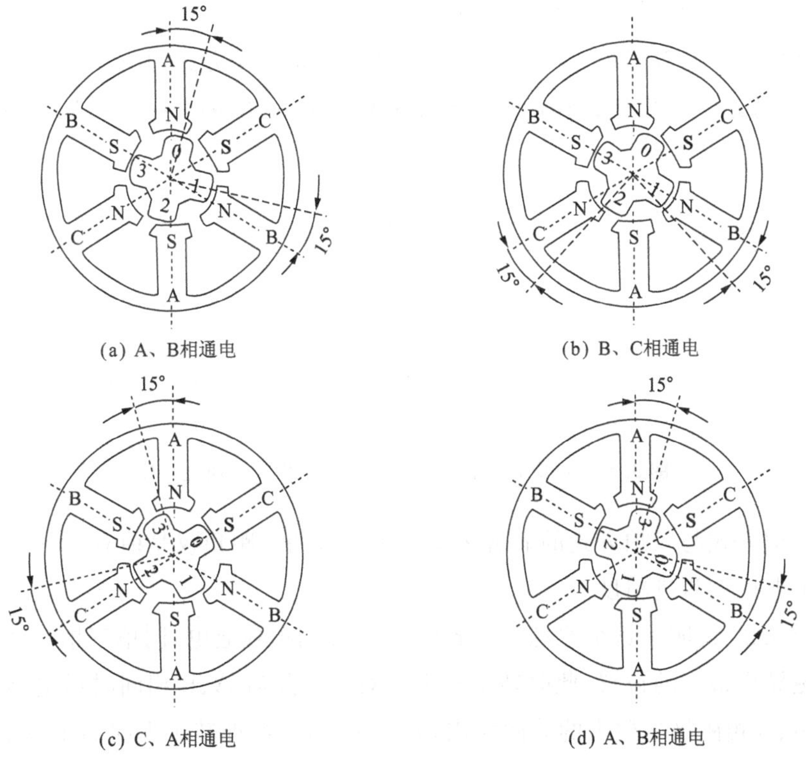

图 3.25 反应式三相步进电机双三拍工作方式步进过程

A、B 相同时通电时，步进电机既不发生 A 相对齿，也不发生 B 相对齿，而是取得二者的电磁力平衡;转子齿同 A 相磁极齿产生正差角 15°,同 B 相磁极齿产生负差角 15°。换相后,B、C 相同时通电,转子齿同 B 相磁极齿产生正差角 15°,同 C 相磁极齿产生负差角 15°。步进电机转动一个步距角 30°。此后,再经过 CA、AB 两次换相,转子转动一个齿距角 90°。

同单三拍相比,双三拍工作方式每拍都是两相通电,因此相电流大,转动力矩高得多。双三拍还不易产生失步。步进电机两相同时通电,由于两个激磁绕组中的电流幅值差异,作用的方向也不同,会出现相互干扰,造成电磁阻尼作用。绕组中的电流越大,电磁阻尼作用就越大,特别在低频区,这种阻尼作用的加强将有助于克服失步现象。对比之下,单三拍工作属于单相激磁,基本上无电磁阻尼作用,在低频区容易出现能量过度而导致失步。这也是很多用户选择双三拍工作方式的一个重要原因。

双三拍工作方式的缺点是,由于每一步均处于错齿,所以步进电机的步进位置是不稳定的,工作中容易引起振荡。

将单三拍与双三拍工作方式结合就产生六拍工作方式,其控制电流切换六次,转子转动一个齿距,通电方式为 A→AB→B→BC→C→CA→A,如图 3.26 所示。

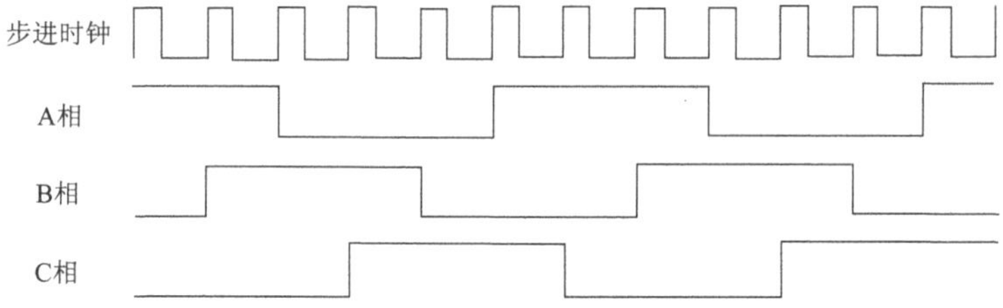

图 3.26　反应式三相步进电机六拍工作方式通电相序

六拍方式与三拍方式的显著区别在于后者的步距角仅是前者的一半,于是提高了电机的步进精度。

图 3.27 说明了这个原理。初始状态下 A 相单独通电,同单三拍一样,转子停在磁导率最大的位置,此时转子与定子对齿。随后 A、B 相同时通电,转子齿因受 A、B 相磁极电磁力的共同作用,处于折中位置,即转子齿同 A 相磁极齿产生正差角 15°,同 B 相磁极齿产生负差角 15°,也就是与 A、B 相同时形成错齿,电机转动一个步距角 15°。此后,B 相单独通电,转子转动 15°,同 B 相形成对齿。下面的步进过程依此类推,经过 A→AB→B→BC→C→CA→A 共六次换

相后,转子以 15°的步距角转动一个齿距角 90°。

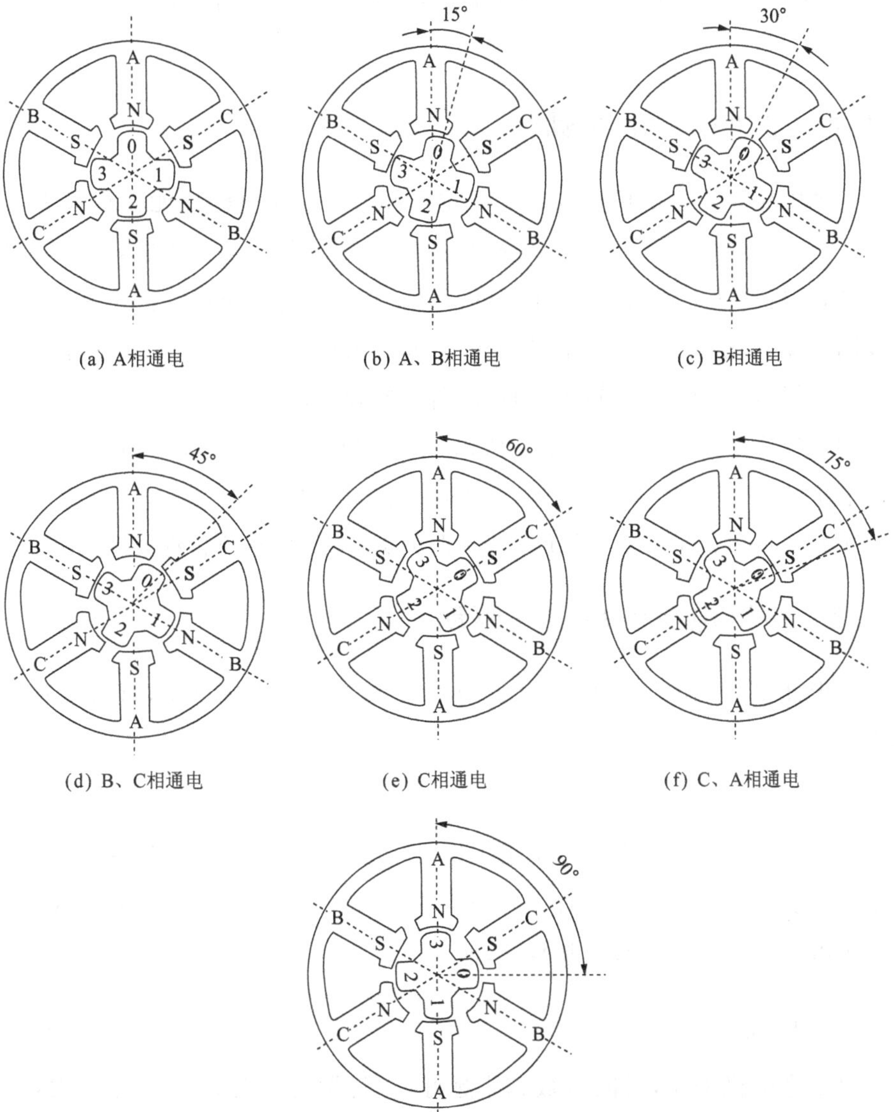

(a) A相通电 (b) A、B相通电 (c) B相通电

(d) B、C相通电 (e) C相通电 (f) C、A相通电

(g) A相通电

图 3.27 反应式三相步进电机六拍工作方式步进过程

六拍工作方式的步距角小,使运动过程具有良好的平滑性。与双三拍工作方式不同的是,六拍方式每两步中会有一步是对齿状态,因此在双三拍方式中容易引起振荡的缺点在这里得到了改善。

由上述可知，单三拍、双三拍以及六拍三种步进电机工作方式中，单三拍工作方式性能最差，六拍工作方式性能最佳，双三拍工作方式的性能介于二者之间。

3.4.1 步进电机的驱动

驱动电路是步进电机控制系统的重要部分。驱动电路性能在很大程度上决定了由步进电机构成的驱动系统的性能。步进电机由脉冲供电，随着脉冲频率上升，电机转速加快，输出转矩下降。这是因为步进电机中线圈电感的作用，使线圈电流变化需要上升时间和下降时间。若脉冲频率较低，绕组通电周期长，电流平均值较大，电机转矩也较大；若脉冲频率较高，绕组通电周期较短，电流平均值较小，电机转矩也较小。所以，步进电机驱动的关键是如何既能提高步进电机的运行速度，又能将输出转矩保持在较高的水平。

按照步进电机的特点，其驱动分为两大类：单极性驱动和双极性驱动。

3.4.2 步进电机的单极性驱动

单极性驱动电路有多种，它又分为单电压驱动、双电压驱动、斩波驱动等驱动方法。

1. 单电压驱动

单电压驱动是指步进电机绕组工作时，仅有一个电源对绕组供电，图 3.28 是单电压驱动原理图。它只有一个电源 $+V$ 供电，电路中的限流电阻 R_1 决定了电机电枢电流上升的时间常数 T，即

$$T=\frac{L}{R_1} \tag{3.8}$$

对步进电机来说，时间常数越小越好，这就需要增大 R_1，但 R_1 太大，会使电枢电流减小。因此，要根据实际情况选择 R_1。R_1 在工作中要消耗一定的能量，所以这个电路损耗大，效率较低，一般用于小功率步进电机驱动。

2. 双电压驱动

提高驱动电压能缩短电机绕组电流的上升时间，因此为了改善步进电机的动态响应，可以考虑双电源供电驱动电路，即在不同的情况下采用不同的电压供电。双电源驱动又可分为双电压供电法和高低压供电法。

如图 3.29 所示，电机在低频段工作时，给功放管 T1 的基极低电平，T1 关断，于是电机绕组由 U_1 供电；电机在高频段工作时，给功放管 T1 的基极高电平，T1 导通，如 $U_2>U_1$，则电机电枢绕组由 U_2 供电。

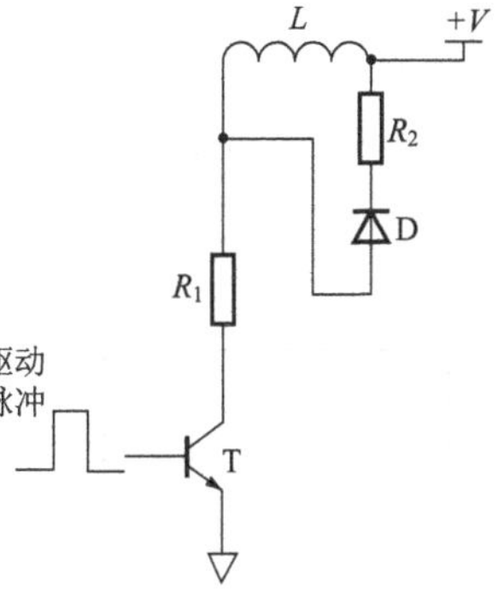

图 3.28 单电压驱动原理

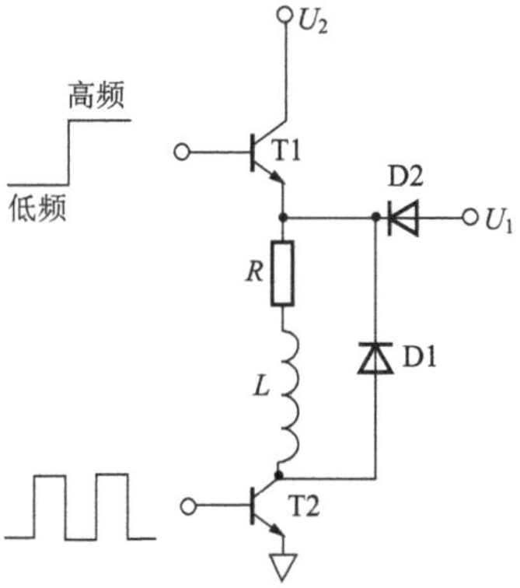

图 3.29 双电压驱动原理

双电压驱动使电机在低频段仍然保持单电压驱动的特点，在高频段也具有良好的动态性能，但在电阻 R 上的能耗依然较大。

如果不考虑电机的频率，在绕组刚通电、电流迅速上升时采用高压，然后用低压来维持绕组中的电流，即成为高低压驱动，如图 3.30 所示。高压管 T1 的输入脉冲 V_h 与低压管 T2 的输入脉冲 V_l 同步，可将 T1、T2 同时导通，由高压 U_2 给绕组供电，但是由于 V_h 脉宽很窄，绕组电流迅速上升后 T1 管立即截止，绕组改由低压 U_1 供电。从图 3.30 可以看出，绕组电流在开始阶段很陡，随后即变得平滑。

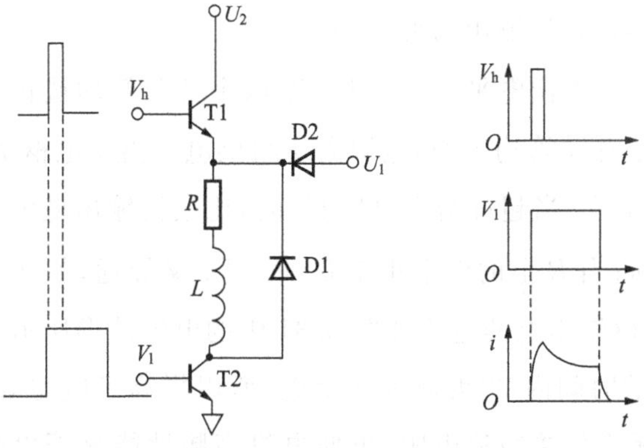

图 3.30 高低压驱动原理

高低压驱动是目前使用较普遍的一种方法，该方法改善了步进电机的动态性能，但在低频时噪声较大。

3. 恒流斩波驱动

高低电压驱动电路的工作电流从高到低突变是由电压切换引起的，它将导致输出转矩下降。另外，双电源供电系统结构比较复杂，不经济，于是有人提出一种性能更佳的恒流斩波驱动电路。图3.31介绍了恒流斩波电路的原理。

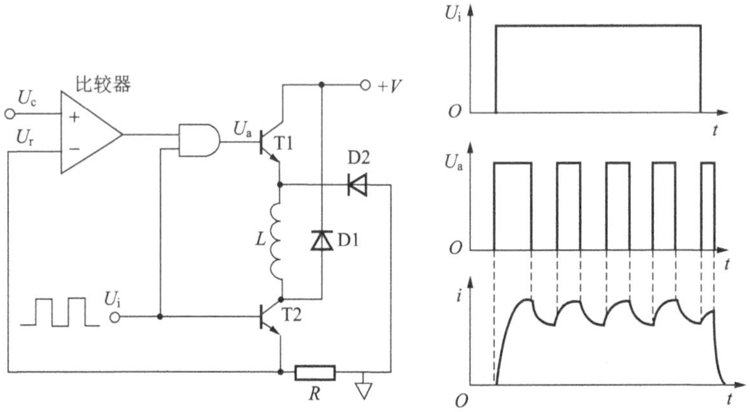

图3.31 恒流斩波电路原理

在图3.31中，T1是一个高频开关管。T2开关管接一电阻R到地，该电阻上的地电流实际上就是电机电枢电流，该电阻R也叫电流取样电阻。比较器的一端接给定电压，另一端接R上的电压U_r，当$U_c>U_r$时，比较器输出为高电平；当$U_c<U_r$时，比较器输出为低电平。

当控制脉冲U_i为低电平时，T1和T2两个开关管均截止；当U_i为高电平时，T1和T2两个开关管均导通，电源向绕组供电。由于电枢绕组电感的作用，R上的电压逐渐上升，当超过给定电压U_c时，比较器输出低电平，使开关管T1截止，电源被关断；当R上的电平小于U_c时，T1又导通，如此循环，直至U_i为低电平。电机电枢绕组上的电流如图3.31中的电流波形所示。

在T2导通的时间内，电源脉冲式供电，所以提高了电源效率，并能有效地抑制共振，由于无需外接限流电阻，也使电机高频性能显著提高。该方法的缺点是电流波形呈锯齿状，电机运行时有较大的电磁噪声。

3.4.3 步进电机的双极性驱动

二相和五相混合式步进电机的驱动方式目前大都采用双极性驱动。二相步进电机有两相绕组,每相绕组均需要正负向通电。图 3.32 示出了一种二相四线制的相位时序驱动原理。由图 3.32 可以看出,在一个脉冲周期内,必定有某一相电枢电流发生改变。

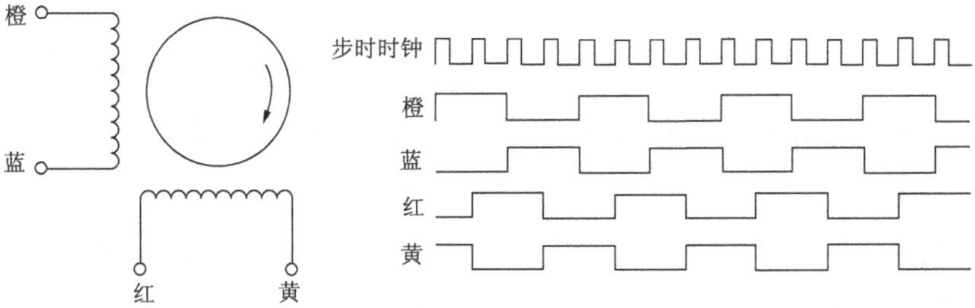

图 3.32 二相步进电机驱动原理

由于双极性驱动需要双向供电,因此驱动电路十分复杂。常用的驱动方法是采用由晶体管或 MOS 管构成的 PWM 驱动电路,每相绕组各由一个 PWM 电路控制,两相绕组就需要 8 个开关功率管,五相绕组需要 20 个开关功率管。对中小功率双极性步进电机而言,目前普遍采用集成 PWM 功率放大器构成驱动电路,以单片机作为相位控制器。图 3.33 给出了以 8051 单片机和 LMD18245 构成的二相双极性步进电机驱动电路。

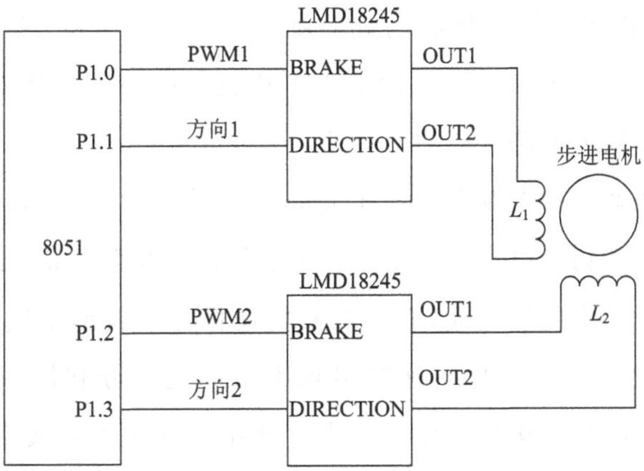

图 3.33 单片机控制的双极性步进电机电路原理

图 3.33 中，单片机的 P1.0、P1.2 产生 PWM 信号，它控制步进电机电枢绕组中的平均电流；P1.1、P1.3 控制绕组电流方向，如方向与图 3.32 所示一样，电机将按一定的方向转动。显然，方向控制端的切换频率决定了电机的速度，而 PWM 脉冲频率决定电机的输出力矩和动态响应性能。图 3.33 所示的电路结构简单，使用方便，在双极性步进电机驱动中被广泛使用。

3.4.4　步进电机的细分驱动

通常情况下，对应于一个电压脉冲，步进电机转子转动一步，即旋转一个步距角。按照电压脉冲分配方式，步进电机各相绕组的电流轮流切换，转子就步进旋转起来。

如果输入的脉冲每次仅改变对应绕组中额定电流的一部分，容易想象，转子就只能完成相应于原步距角的一部分的转动。额定电流划分成多少级别进行切换，转子就以多少步来转完原有的一个步距角。就是说通过控制绕组电流的数值便可调整步进电机步距的大小，也就是把步距角细分成若干步来完成，这种驱动方法称为步进电机的细分驱动。

将步进电机绕组电流进行细分，本质上是把绕组的矩形电流波供电改为阶梯形电流波供电。这样就要求绕组中的电流以若干个等宽的阶梯上升到额定值，或以同样的阶梯从额定值下降到零。步进电机细分驱动技术一直是研究的热点和难点。20 世纪 70 年代兴起的细分技术采用模拟电路实现，技术复杂，体积大；80 年代以单片机为核心构成的细分电路结构简单，性能可靠，现在已发展成为成熟技术。下面介绍一种基于单片机的四相单极性步进电机恒频脉冲调宽细分功率放大电路。

恒频脉冲调宽细分控制在本质上是斩波型的恒频脉宽调制方法与可变细分控制相结合的产物。可利用可变细分控制原理产生阶梯信号，再以阶梯电压信号控制功放管产生阶梯电流；而在控制电流信号的波形平稳时，则用恒频脉宽调制。由于恒频脉冲调宽细分控制利用了可变细分和恒频脉宽调制的特点，在实际应用中就克服了可变细分功放管在线性区工作效率低的缺点。这种方法还可避免数字脉宽调制中对阶梯电流上升时间、下降时间等的计算问题。

恒频脉冲调宽细分功放电路如图 3.34 所示。

在图 3.34 中，单片机内部定时器产生 20kHz 方波信号，输出端由单片机的 P1.0 送到 D 触发器的 CLK 端，作为恒频脉宽调制信号。由单片机控制的阶梯电压值首先以数字形式送入 D/A 转换器 MAX516。

MAX516 是一种大规模集成电路，内部集成 4 路 D/A，并且内部带有 4 路比较器。内部比较器把 D/A 输出与外部模拟量输入进行比较，比较结果输出到 D 触发器的 CLR 端。在图 3.34 中，外部模拟量输入是电流传感芯片 MAX471 输出的电压值，该电压值正比于电机电枢绕组中的电流值。

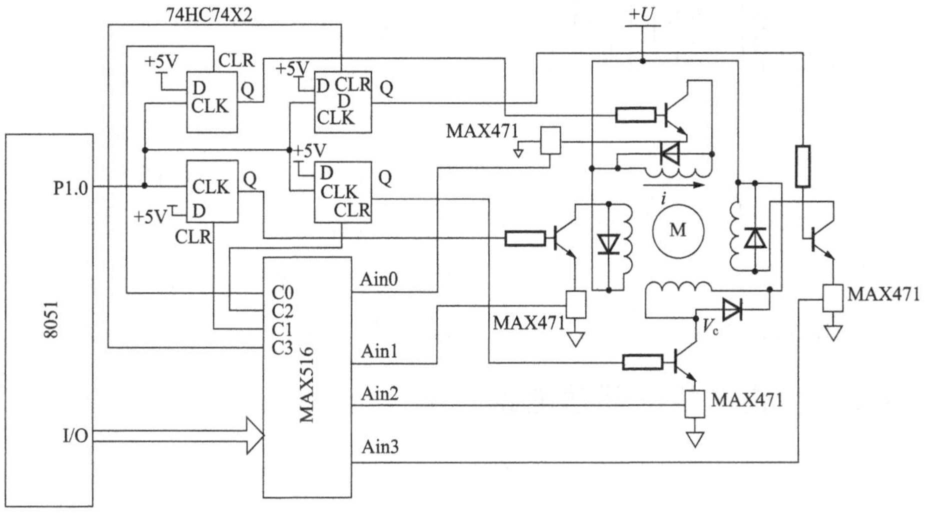

图 3.34 恒频脉冲调宽细分功放电路

MAX471 是一种把电流转化为电压值的传感器芯片，其特点是内部电流取样电阻值低，不受温度的影响，精度高，功耗低。

D 触发器用于进行恒频脉宽调制即阶梯控制的合成。晶体管构成电机绕组的功率放大。频脉冲调宽细分的工作原理是：设单片机设定的 D/A 输出电压为 V_{in}，V_{in} 为给定值，由 P1.0 送来的时钟信号 CLK 上升沿到来，则 D 触发器置“1”，D 触发器输出高电平，使功放管导通，电枢绕组中的电流 i 上升。当电流大到一定程度，MAX471 的输出电压就会大于 V_{in}，于是 MAX516 的比较器输出端输出低电平，导致 D 触发器清零。D 触发器清零后输出低电平，使功放管截止，绕组中的电流通过电感和二极管泄放，绕组电流 i 则下降，直至下一个

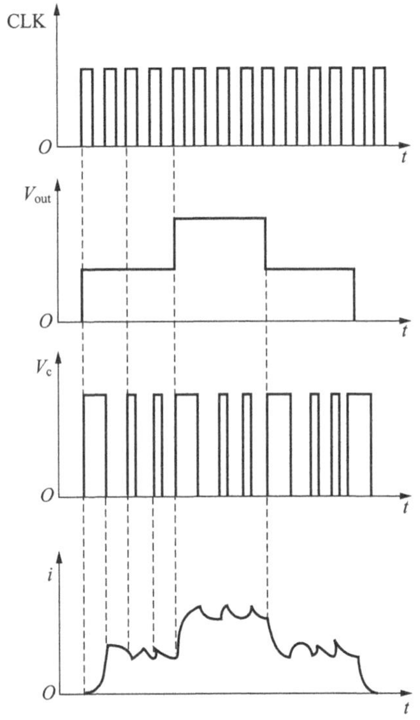

图 3.35 阶梯电流的形成

时钟信号 CLK 的上升沿到来，则上述过程不断重复。这样绕组中的电流可以保持在一个波动范围很小的稳定值。图 3.35 是阶梯电流形成的原理图，V_{out} 是指定阶梯电压，相当于 D/A 输出值。

无论阶梯电流上升还是下降，阶梯的边沿都会占用多个时钟 CLK 周期。在应用中，恒频脉冲时钟 CLK 信号同时用于各相绕组控制，故不会产生差拍现象，从而消除了电磁噪声。

单片机作为控制核心部件使系统具有极大的灵活性，利用它可编程的优点不仅可以随意改变恒频脉冲的频率，也可改变阶梯波形的阶梯级数，即改变步进电机的细分数，从而可以满足不同场合的工作需要。

3.4.5 步进电机的驱动电路举例

L298N 是 ST 公司生产的一种高电压、大电流电机驱动芯片。该芯片采用 15 脚封装，主要特点是：工作电压高，最高工作电压可达 46V；输出电流大，瞬间峰值电流可达 3A，持续工作电流为 2A；额定功率 25W。内含两个 H 桥的高电压大电流全桥式驱动器，可以用来驱动直流电机和步进电机、继电器线圈等感性负载；采用标准逻辑电平信号控制；具有两个使能控制端，在不受输入信号影响的情况下允许或禁止器件工作有一个逻辑电源输入端，使内部逻辑电路部分在低电压下工作；可以外接检测电阻，将变化量反馈给控制电路。该芯片的内部结构框图如图 3.36 所示。在本次设计中，使用三片 L298N 芯片分别驱动三个四相步进电机，以控制机械手的三自由度的活动。

在本系统中采用 L298N 电机驱动芯片的 Multiwatt15 封装形式，引脚排列如图 3.37 所示，图 3.38 为 L298N 驱动步进电机的电路，L298N 引脚功能说明如表 3.3 所示。

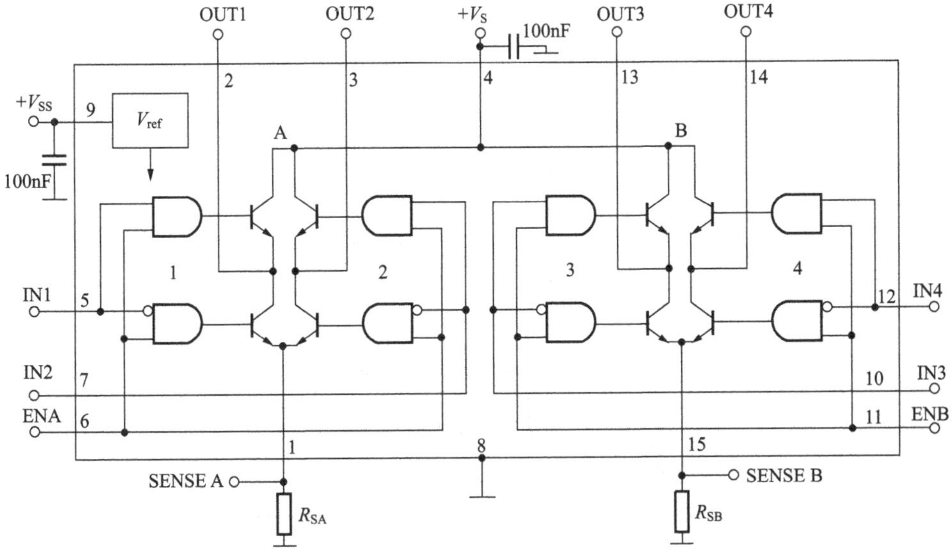

图 3.36 L298N 内部结构框图

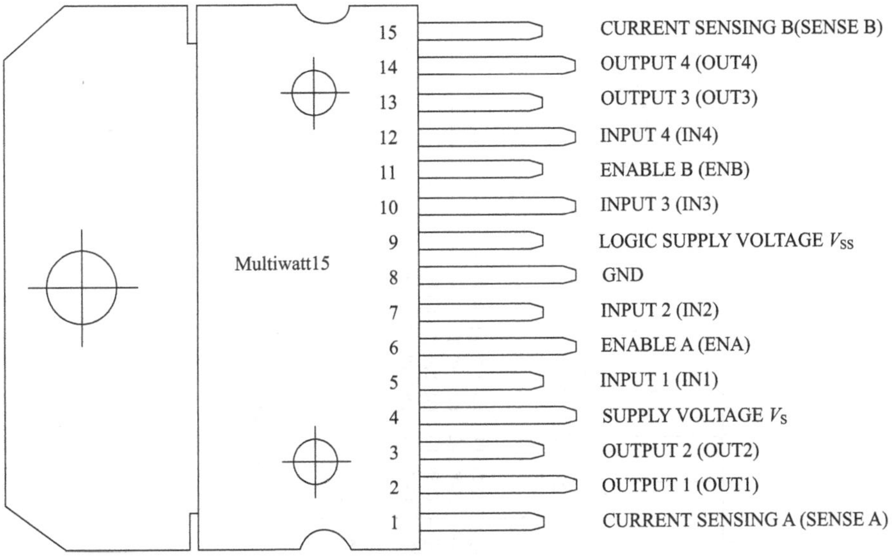

图 3.37 L298N 引脚排列

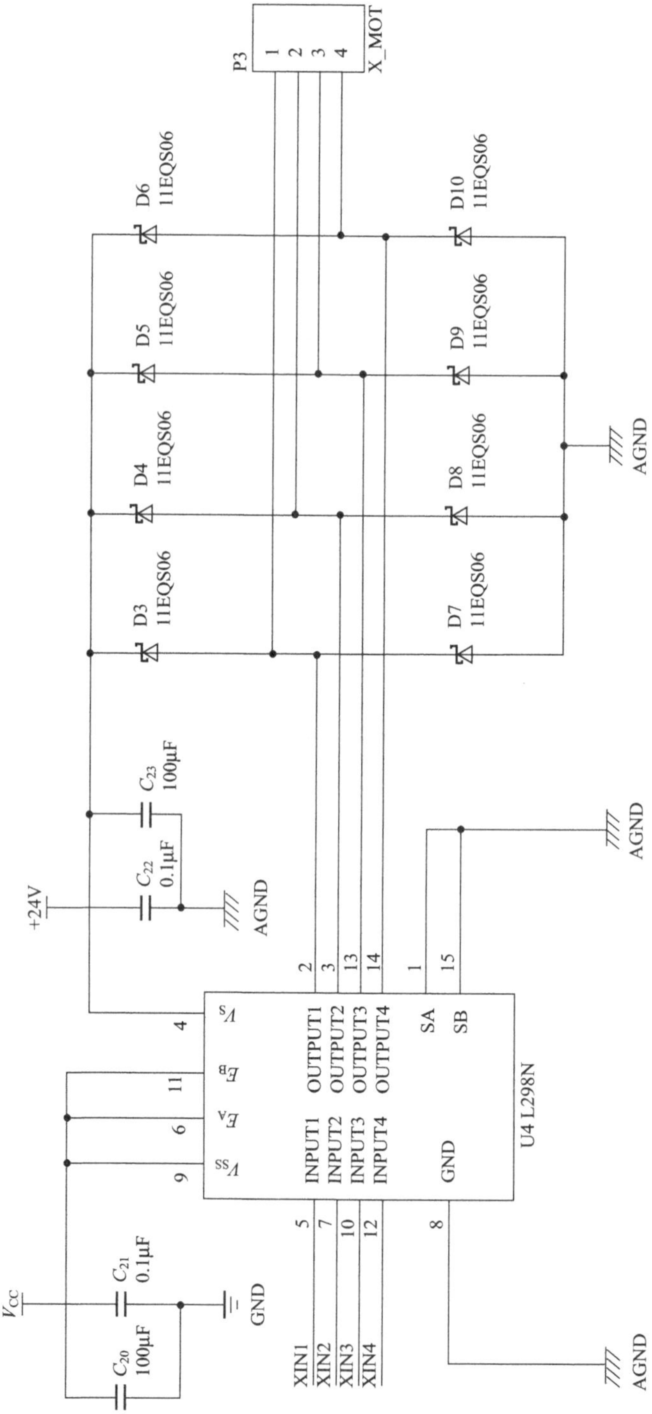

图 3.38 L298N驱动步进电机应用电路

表 3.3 L298N 引脚功能表

引脚	符号	功能
1	SENSING A	此两端与地连接电流检测电阻，并向驱动芯片反馈检测到的信号
15	SENSING B	
2	OUTPUT 1	此两脚是全桥式驱动器 A 的两个输出端，用来连接负载
3	OUTPUT 2	
4	V_S	电机驱动电源输入端
5	INPUT 1	输入标准的 TTL 逻辑电平信号，用来控制全桥式驱动器 A 的开关
7	INPUT 2	
6	ENABLE A	使能控制端，输入标准 TTL 逻辑电平信号，低电平时全桥式驱动器禁止工作
11	ENABLE B	
8	GND	接地端，芯片本身的散热片与 8 脚相通
9	V_{SS}	逻辑控制部分的电源输入端口
10	INPUT 3	输入标准的 TTL 逻辑电平信号，用来控制全桥式驱动器 B 的开关
12	INPUT 4	
13	OUTPUT 3	此两脚是全桥式驱动器 B 的两个输出端，用来连接负载
14	OUTPUT 4	

3.5 舵机驱动与控制

3.5.1 舵机的结构及工作原理

顾名思义，舵机是为轮船、飞机等的舵面提供动力与运动的机器。在制作竞赛机器人时，通常不必自己去开发它，可以直接从小型航空、航海、飞机模型制造商处购得现成的舵机。

图 3.39 为舵机的基本结构，主要包括直流电机、减速齿轮、位置反馈电位器、控制电路板。其中，控制电路板接受来自信号线的控制信号，控制电机转动，电机带动齿轮组，经减速后传动至输出轴。舵机的输出轴与位置反馈电位器相连，输出轴转动时，电位器输出一个电压信号至控制电路板，进行位置反馈，然后控制电路板根据所在位置决定电机的转动方向和速度，达到目标位置时停止。舵机的输入线共有三根：一根电源线，一根地线，这两根线给舵机提供电源；另外一根线是控制信号线，接收来自控制器的 PWM 信号。舵机的 PWM

信号周期为 20ms，脉宽为 0.5～2.5ms，其中舵机转角的大小与脉宽的对应关系如图 3.40 所示。

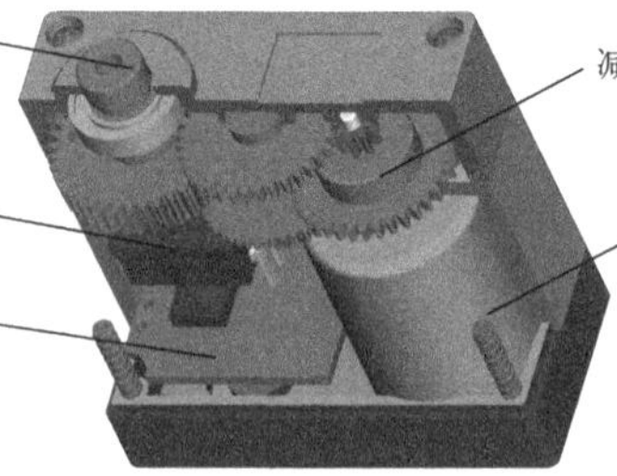

图 3.39　舵机的基本结构

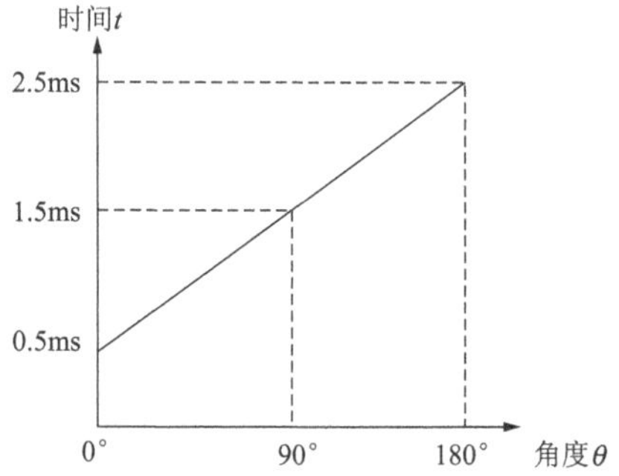

图 3.40　舵机转角与输入信号脉冲宽度的关系

3.5.2　舵机的驱动电路

这里介绍一种用于驱动舵机的功率驱动模块。该模块使用大功率 MOS 管作为功率器件，接线如图 3.41 所示。该驱动板是为通过 PWM 方式进行直流电机调速而设计的，适用于小型直流电机，最大输入电压 12V，最大输出电流 6A。CTRL 是前级控制信号输入端口，该端口上两条线的相对电平决定了输出端 OUT 上输出电压的正负。驱动板的核心是由四个大功率场效应管（IRF530、IRF9530）构成的桥式电路。前级由光电耦合器 TLP521-4 配合下拉电阻 R_3、R_4、R_5、R_6 驱动。光电耦合器左端四路分两组分别经限流电阻 R_1、R_2 与 CTRL 的两端相连。使同一桥臂上两个场效应管的通道分开，避免同一桥臂同时导通。6AL04 是大功率二极管（100V，6A），作用是降低 IRF530 的漏极电位，使其能够正常导通。IN 是电源输入，输入电压范围为 5～12V。OUT 接电机。

功率驱动模块在12V下正常工作，但是使用中发现在24V电源电压下不能正常工作。原因是IRF530和IRF9530的UGS必须小于20V。此时需要进行改装，利用LM2575T-5产生5V电压对MOS管进行控制。改装后增加了驱动板的适用范围，甚至在30V以下也可工作。

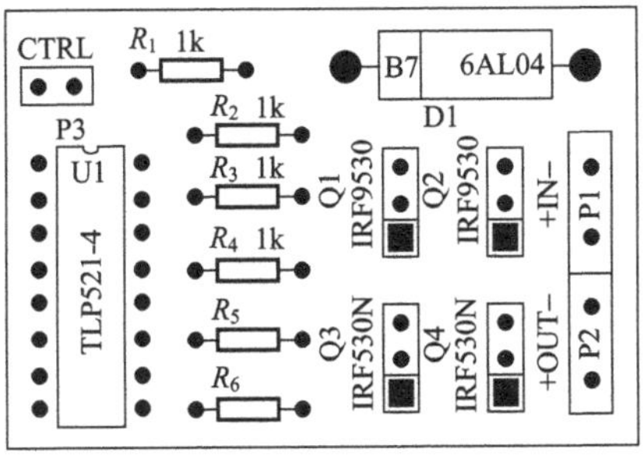

图3.41 功率驱动模块接线

3.5.3 舵机的控制电路

舵机的控制靠舵机伺服模块实现。伺服模块把接收机发来的信号与电位器上的信号进行比较，在直流电机的输出端输出一个PWM信号。当舵机功率较小时，可以从伺服模块将此输出引出来直接驱动直流电机；而当功率较大时，就需要对驱动模块的输出进行功率放大。

第4章 无线遥控收发装置

4.1 无线遥控的基本原理

无线电波是电磁波的一部分。无线电波的频率范围很宽,不同频段的无线电波特性也不尽相同,所以有必要按照频率或波长进行分类。表4.1是我国颁布的无线电频段划分表。从表4.1可以看出,只要条件允许,无线电遥控可利用的波段很多,实际应用时,应根据遥控设备的特点、允许功率的大小、天线的长短及实际控制的距离等因素选用相应的频率作为载波频率。

表4.1 无线电频段和波段命名

频段名称	频率范围	波段名称	波长范围
极低频	3～30Hz	极长波	$(100\sim10)\times10^6$m
超低频	30～300Hz	超长波	$(10\sim1)\times10^6$m
特低频	300～3000Hz	特长波	1000～100km
甚低频	3～30kHz	甚长波	100～10km
低频(LF)	30～300kHz	长　波	10～1km
中频(MF)	300～3000kHz	中　波	1000～100m
高频(HF)	3～30MHz	短　波	100～10m
甚高频(VHF)	30～300MHz	米　波	10～1m
特高频(UHF)	300～3000MHz	分米波(微波)	10～1dm
超高频(SHF)	3～30GHz	厘米波(微波)	10～1cm
极高频(EHF)	30～300GHz	毫米波(微波)	10～1mm
至高频(VHF)	300～3000GHz	丝米波(微波)	1～0.1mm

无线电遥控器是一种用电磁波传递控制信号的控制器。无线电遥控器由发射机和接收机组成。发射机是发送控制信号的装置，接收机则是接收控制信号的装置。一般情况下，控制信号不能被直接发送和接收，而是用高频信号将控制信号调制后通过发射机发送出去，接收机则是先将接收到的高频信号解调，然后从中取出控制信号。发射机与接收机之间大多利用天线来发射与接收信号。

发射机根据不同用途可分为单通道和多通道、开关式和比例式等多种工作方式。按照控制对象的功率，可分小功率、中功率和大功率几种。发射机载频的调制方式有调频(FM)制和调幅(AM)制。调频是使载频的频率按指令信号的规律变化，调幅则是使载频的幅度按指令信号的规律变化。

对于发射机，可制成袖珍式(微型)、台式(固定大功率)等。调制方式、调制信号可以是调频送话(对讲机)、编码(数字信息传递)及无调制(振幅键控，即以有无载波反映信息)方式。

对于接收机，可分为超再生式、超外差式等类型。工作过程可归纳为选择信号、放大信号和解调信号三个过程。

4.2 无线遥控收发模块

4.2.1 无线遥控接收模块

由于大规模多功能集成电路已逐步代替分立器件，在一些先进的接收机电路中，仅采用两块集成电路即可构成功能很强的接收机，使其制造大为简化。美国摩托罗拉公司生产的对讲、遥控接收机专用集成电路 MC3357、MC3359、MC3361、MC3362、MC3367 及 MC3372 等广泛应用于各类无线电遥控器中，以它优良的产品性能深得用户喜爱。作为例子，下面介绍 MC3357 的典型电路。

MC3357 是调频中频专用集成电路器件，内部包括振荡器、混频器、限频放大器、鉴频器、有源滤波器、静噪触发电路和音频放大器等，采用双列直插塑封形式封装，具体应用电路参考图 4.1。混频器送出 455kHz 信号，经 JT 五端陶瓷滤波器滤波后，由引脚 5 输入到内部限幅放大器，放大后的中频信号由引脚 8 输入进行鉴频，随后信号由内部音频放大器放大从引脚 9 输出。引脚 14 内部接静噪电路的开与关(引脚 14 输出 1 或 0 控制信号)。有信号时，引脚 14 与地断开,外部功放电路工作;无信号时,引脚 14 与地接通,整个接收电路处于“静噪”状态。MC3357 的工作电压为 5～8V,其他参数详见 MC3359 的接收电路。

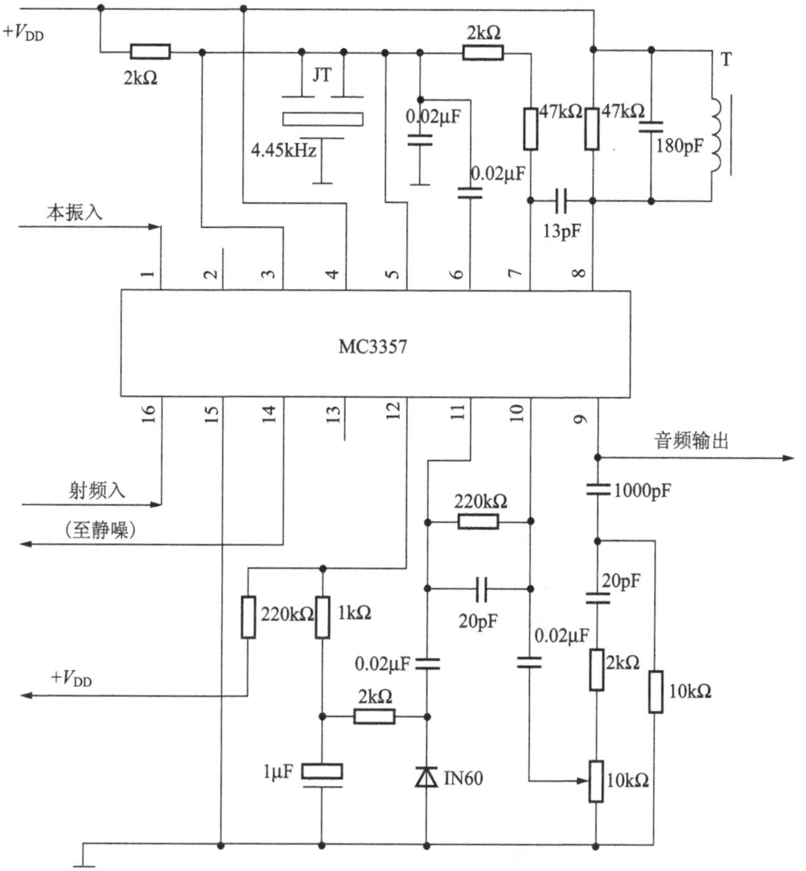

图 4.1　MC3357 应用电路

4.2.2　无线遥控发射模块

随着电信技术的日益发展,调幅式遥控器已经被后来居上的调频(FM)式遥控器所代替。FM 式遥控器具有频带宽、抗干扰能力强、传送质量高、小型化、高性能、功率大等优点。为了适应这种发展趋势,美国摩托罗拉公司推出了发射专用集成电路 MC2831 和 MC2833。下面以 MC2831 发射电路举例说明。

MC2831 发射专用集成电路具有电压供电低、功耗低等特点,与 MC33XX 系列接收电路配合,可制成对讲机、电话机及无线遥控器等,另外也可用于其他小型 FM 发射设备。MC2831 有 DIP-16 直插式封装和 SO-16 贴片封装两种形式。主要技术参数如下。

(1) 工作频率:14～60MHz。

(2) 工作电压:3～8V。

(3) 工作电流:4mA(V_{CC}=4V 时)。

(4) 话筒放大器:当第 5 引脚输入为 1mV、f=1.0kHz 时,闭环增益为 30dB,输入为 30mV 时,失真为 0.7%。

图 4.2 是 MC2831 的内部框图,图 4.3 是 MC2831 的典型应用电路。

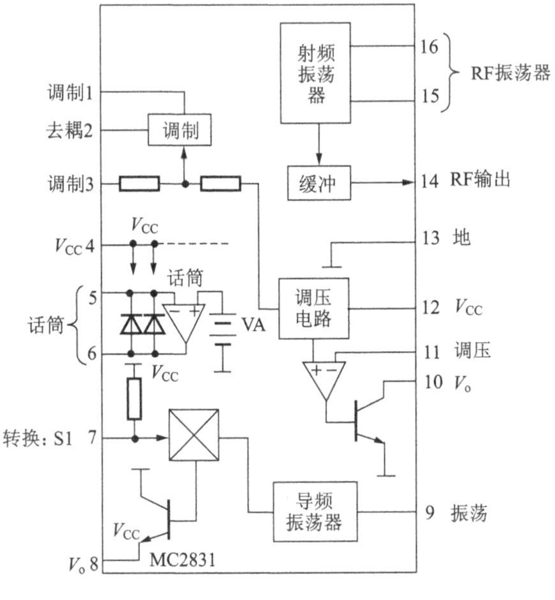

图 4.2 MC2831 内部框图

MC2831 集话筒放大器、导频振荡器、射频(RF)振荡器、调制器、射频缓冲器于一身。图 4.3 中 MC2831 引脚 5 直接接入动圈话筒。导频振荡器的频率由引脚 9 的外接电感和电容决定。当引脚 7 电位低于 1.4V 时,即能触发内部开关使导频振荡器工作。振荡信号由引脚 8 输出,经 C_0 与话筒混合。混合后的信号经 C_1 送入引脚 3 由内部变容管进行调制。射频振荡器工作在 16MHz,已调制的 16MHz 射频信号送入缓冲级进行倍频,并由 L_1、C_2 组成选频电路,最后送入由 L_2、C_3、C_4 组成的天线匹配网络,经天线发射出去。如欲加大发射功率,可增加一级功放电路。

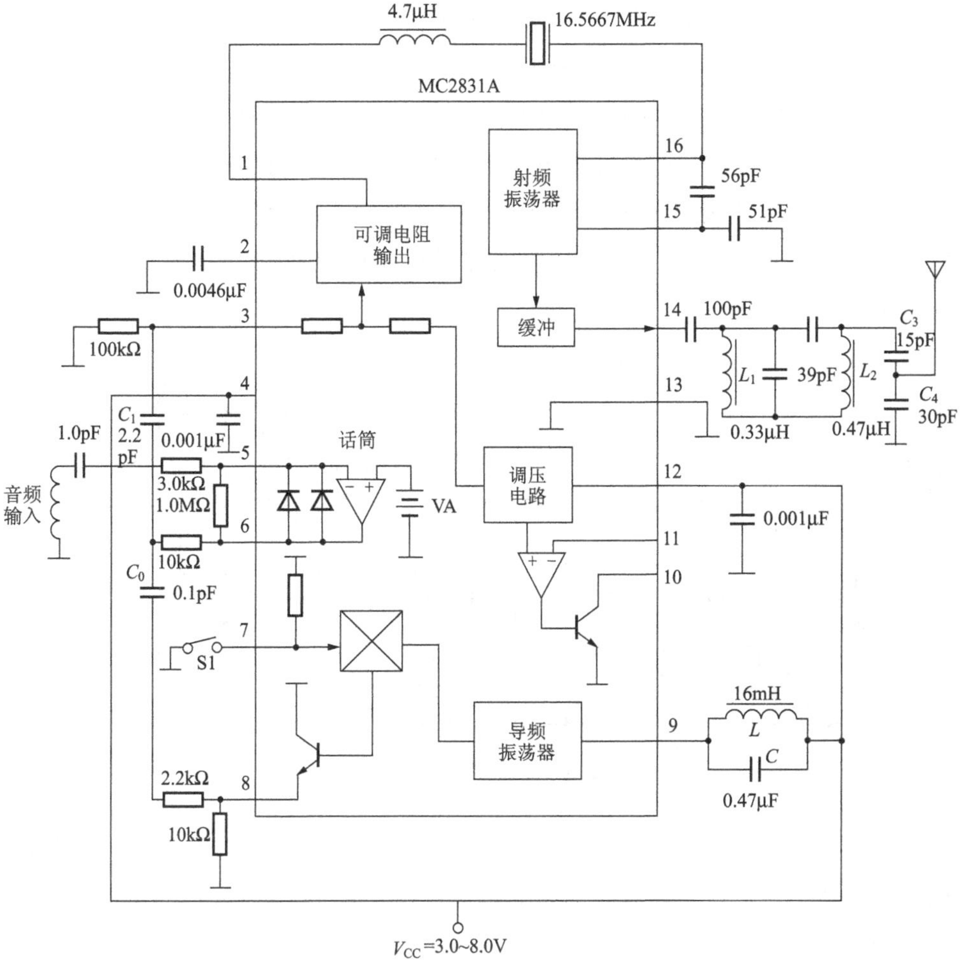

图 4.3 MC2831 的典型应用电路

4.3 无线遥控收发装置原理及应用

本书以遥控距离为 1000m 的三通道 IC 型无线遥控器为例，对无线遥控收发装置作一介绍。它可对三种电器设备同时遥控，电路简单可靠，制作方便。

1. 工作原理

图 4.4 是发射机电路。它由主振电路和高放电路组成。DF-27 是无线遥控器专用发射 IC，采用单列式 SIP-9 脚封装外形，允许最大功耗 600mW、最大

空载电流 18mA、9～12V 直流供电。在外开关的操作控制下，能产生受一定对应占空比方波调制的高频 27MHz 间歇波信号。DF-27 内部分为五个部分：调宽（占空比）电路、方波发生电路、高频振荡电路（OSC）、调制电路以及高频功率放大电路。调宽（占空比）电路由电流密勒电路（DF-27 内部）和开关电路构成，引脚 3 与引脚 4 外接按钮开关 S1、S2，根据开关的不同操作来改变内部开关电路的状态，从而改变引脚 2 外接定时电容器 C_2 的充电与放电电流比例，引脚 1 外接定时电阻器 R_1。

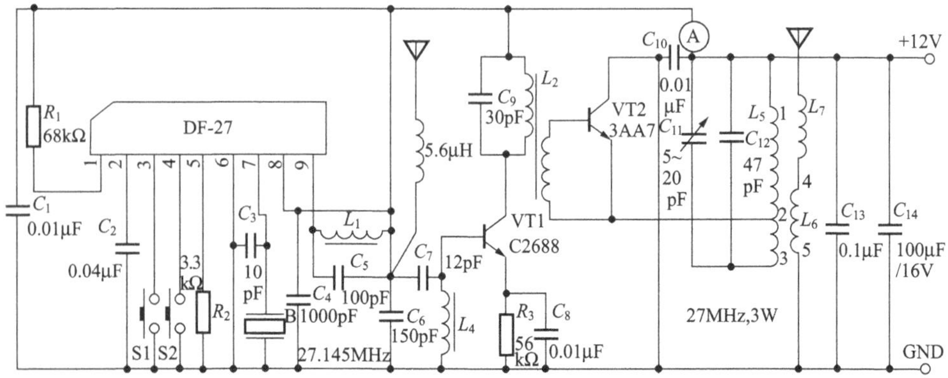

图 4.4　无线遥控发射机电路

高频振荡频率由引脚 6、7 外接选频元件晶振（B）参数决定，通常采用晶体振荡于 27MHz，这就是载波。调制电路是一种开关电路，载波信号由前述的方波控制，然后送到高频功率放大器放大后，由引脚 9 将高频信号送出去。

当按钮开关 S1 和 S2 处于开路状态时，方波发生电路输出为低电平“0”状态，这是无调制状态。载波信号直通混合电路开关到高频功放电路，这时引脚 9 输出等幅高频波。对应于其他三种开关组合状态，引脚 9 输出占空比分别为 25％、75％和 50％的间断高频波群信号。

DF-27 的引脚 9 送出的高频信号功率很小，发射距离为数米至数十米，如满足不了要求，可进行功率放大。图 4.4 中的 VT1 是激励级，其作用是把输入信号放大，推动输出级。激励管工作于丙类共发射极状态，由 L_4（GZL）、R_3、C_8 构成自偏压电路。C_9、L_2 回路是集电极负载，谐振于工作频率，经 L_2 的次级将推动信号加到输出管的基极。

输出级晶体管也工作于丙类共集电极状态，由 L_5、C_{11}、C_{12} 组成的调谐回路接在发射极，管子的集电极处于低电位。放大后的信号经 L_6 通过 L_7 向空中发射。由于 VT2 发射管的外壳是集电极，可直接固定在散热片或金属机壳上，有利于散热。串接在输出级电源回路的电流表指示本级的工作状态，正常工作电流在 200mA 左右。电流表也可以省去不用。

图 4.5 是接收机电路。由晶体管 VT1 及 C_2、C_4、L_1、L_2 和 C_3 等组成超再生检波电路，把天线接收的高频信号中所含的调制方波信号检出，送往 DJ-27 接收专用电路引脚 2 输入再放大和比较判断。VT1 的电源由 DJ-27 的引脚 1 提供(约 5V)，产生超再生振荡，调整 L_1 使振荡频率接近发射机载频，即天线接收载频 27MHz。在这两种频率的差频差拍作用下，在 R_4 上产生出调制方波信号，先经 C_6、C_7、R_5 滤除高频成分，再经 C_9 耦合隔断直流，C_{10} 进一步滤波后加入 DJ-27 的引脚 2，在 DJ-27 内部经过放大、比较判断后输出。表 4.2 是 DJ-27 的状态表。

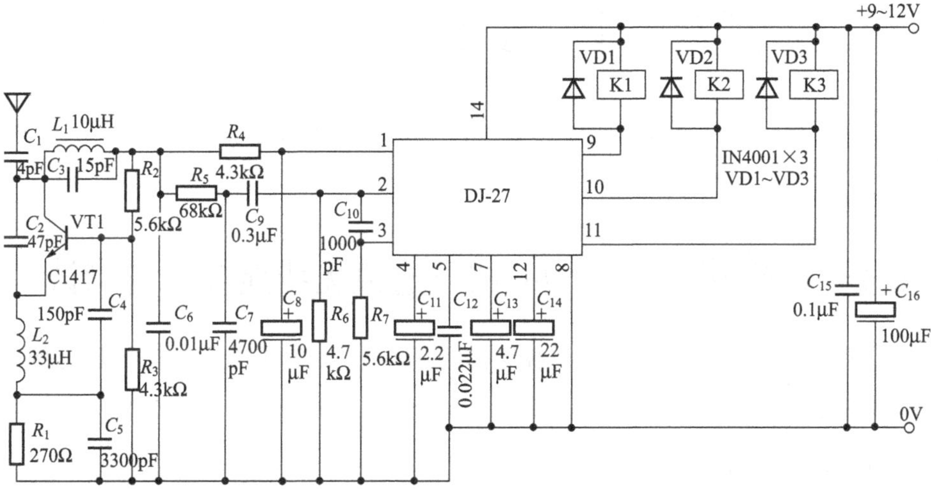

图 4.5 接收机电路

表 4.2 DJ-27 状态表

发射机 S1、S2 开关状态	DJ-27 的 2 脚波形占空比	DJ-27 输出引脚状态		
		9	10	11
S1、S2 均断开	等幅连续波	开　路	开　路	开　路
S1 闭合	75%	低电平	开　路	开　路
S2 闭合	25%	开　路	低电平	开　路
S1、S2 闭合	50%	开　路	开　路	低电平

2. 元器件的选择

发射机电路的发射专用 IC 采用 DF-27，是 SIP-9 型单列封装 9 脚集成电路，其外形及引脚排列如图 4.6 所示。电感 L_1、L_4 为调感式专用带磁芯电感器，其中 L_1 线圈数为 8.5，L_4 电感调至 33μH 即可。L_2、L_3、L_4、L_5 的制作方法是：L_2、L_3 用 Φ8mm 骨架，用 Φ0.96mm 漆包线将初级绕 14 圈、次级绕 4 圈。L_5、L_4 用 ϕ12mm 的骨架，用 Φ1.5mm 漆包线，初级绕 7 圈，次级绕 3.5 圈，L_5 的 2～1 间为 2～3 圈。接收机电路中电感 L_1 同发射机 L_1。L_2 用 33μH 色码固定电感即可。接收电路 IC 型号为 DJ-27，封装形式为 DIP-14 双列塑封，外形如图 4.6 所示。继电器 K1～K3 可用高灵敏型 JRX-13F、9～12V DC 继电器，或用指示灯表示。

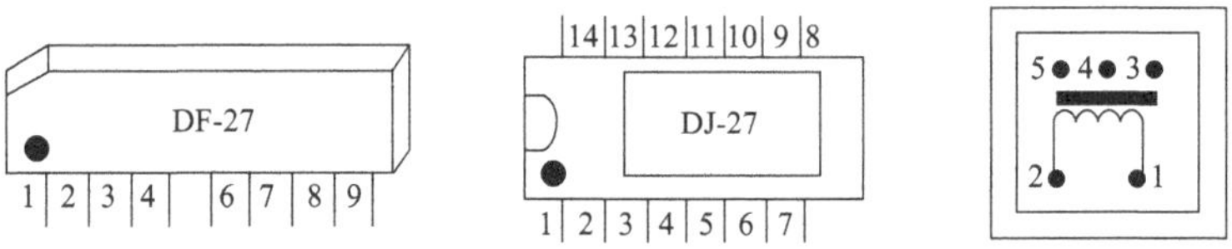

图 4.6 DF-27 和 DJ-27 的外形及引脚排列

4.4 遥控距离为 1000m 的三通道无线遥控器的调试

以图 4.4 和图 4.5 所示的遥控距离为 1000m 的三通道无线遥控器为例介绍无线遥控器的调试。

1. 发射机调试

由于采用 IC 控制及 27.145MHz 晶振稳频振荡，所以振荡级不必调试。将功率计接至 L_7 天线口及地之间，频率计(大于 30MHz)跨接在 C_6 两端，调节 L_1 的磁芯，使功率计指示有变化，频率计应准确显示 27.145MHz。再调节 L_2 的磁芯，使功率计指示最大，达 1W 以上(如达不到 1W，可调整 L_5、L_6 紧密程度，并将 L_1、L_2 统调好，切实保证输出达 1W 以上)。如果没有功率计，可用场强计检测，调整 L_1、L_2 使场强计指针达最大时为好，同时电流表 A 指示应为200mA 左右。如果手中无电流表，可用万用表电流挡代替或不用。

发射机使用软导线作天线时，其导线长度应为 1/4λ(一般为 2.5m 最佳)。

导线过长或过短将影响功率;使用拉杆天线时,应在 L_6 输出端加一个加感线圈 L_7(用软导线作天线时务必拆掉 L_7)。L_7 的做法是:用 Φ0.96mm 漆包线在 Φ8mm 的塑料管上密绕 35 匝。L_7 一端焊在 L_6 上端,另一端留取与所用拉杆天线长度等长的一段垂直悬挂于空中。通电后记录场强计指示值,然后自 L_7 上端逐渐减小其匝数并随即剪去垂直部分所增加的长度(以使垂直部分始终保持与所用拉杆天线的实际长度相等),直至场强计指示不再上升,L_7 的匝数便确定了,从 L_7 根部剪去悬空部分导线并引至拉杆天线根部即可。

如果当地无线电管理委员会不允许使用 1W 以上的发射机,或所控制的距离很近,可将功率放大器省去(C_7 以后电路全部不用),将一电感 5.6μH(色码固定电感)焊在 C_6 上端(C_7 不用),在 5.6μH 上端焊上天线。将场强计靠近天线,调节 L_1 使场强计指示最大即可。

2.接收机的调试

接收机的调试较为简单,只要调节 L_1 或电容 C_3(一般不调)使接收机灵敏度最高就可以了。

使用时,一定要对照表 4.2 进行操作,否则控制无法进行。

第5章 电源

移动机器人自身装载电源，甩掉牵引电缆，对提高机器人的性能，尤其是改进移动性能是非常有益的。因此，一般采用电池作为移动机器人的电源。

5.1 电池

电池分为一次性电池和蓄电池。

5.1.1 一次性电池

一次性电池不能充电反复使用。锰干电池和碱干电池是典型的、价格比较低廉的一次性电池。

锰干电池和碱干电池的放电特性如图5.1所示。随着放电时间的加长，电压呈S形曲线下降。放电初期和后期，电流下降的斜率很大，且电流越大下降

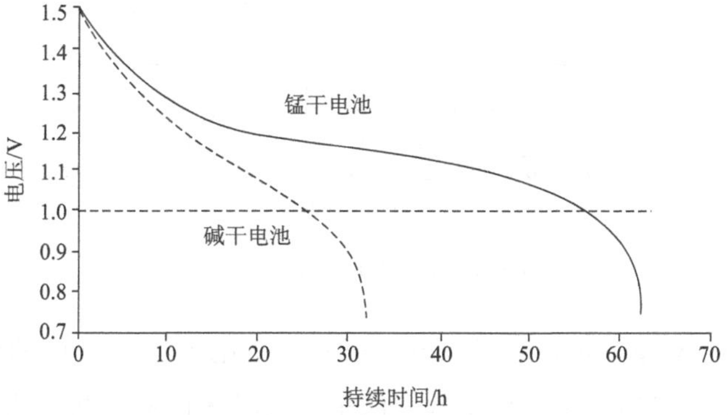

图5.1 锰干电池和碱干电池的放电特性

越快。与碱干电池比较，锰干电池的容量更小，仅适于小电流、间歇工作状态。碱干电池的容量和价格基本上是锰干电池的2倍，适合稍大电流的工作条件。

总之，一次性电池无法提供过大的输出电流，对电机的速度和电压进行适当的限制是必要的。在电机的选择上要下工夫，否则放电一段时间后由于电压和电流下降，可能发生CPU清除复位、机器人速度下降等问题。

5.1.2 蓄电池

蓄电池可反复充电，反复使用。与一次电池比较，虽然蓄电池的价格高，但是从长远看仍较经济。

蓄电池用安时(A·h)表示容量，指在规定温度、放电电流和终止电压条件下，完全充电的电池所能输出的标准电量。例如，1000mA·h表示该电池在1000mA放电电流的条件下具有可以连续工作1h的能力。图5.2表示放电电压和放电时间之间的关系，它们呈一族曲线，每条曲线放电电流的大小是恒值，用系数与电池额定容量C的乘积表示，但单位换成mA。如额定容量1000mA·h，则

$1C$对应的恒定电流为$1C=1\times1000\text{mA}=1000\text{mA}$。

$2C$对应的恒定电流为$2C=2\times1000\text{mA}=2000\text{mA}$。

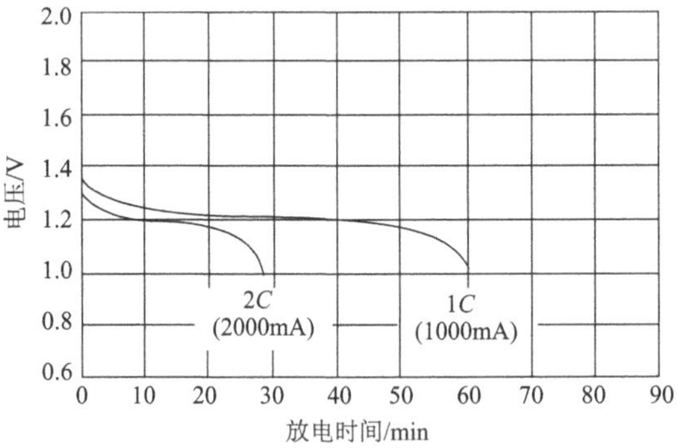

图5.2 蓄电池放电电压和时间

质量效率(weight energy density)是衡量蓄电池能量密度的指标，表示蓄电池单位质量的输出效率。质量效率的单位为A·h/kg。机器人使用蓄电池，虽然甩掉了电缆，却增加了负荷和体积，因此追求质量效率有实际意义。普通

蓄电池的质量效率不高，为 30～36A・h/kg，新型电池的质量效率可达 60～100A・h/kg。

下面分别介绍几种常用的蓄电池。

1. 镍镉电池

镍镉电池的正极为镍氧化物，负极为镉化合物，氢氧化钾作为电解液，反应式如下：

$$2NiOOH + 2H_2O_2Cd \longrightarrow 2Ni(OH)_2 + Cd(OH)_2$$

镍镉电池与干电池的放电特性比较如图 5.3 所示。镍镉电池可以充放电 500 次以上，其特点是能提供大放电电流（N 型为普通型，连续最大放电电流可以到 3C；P 型为快速充电、大电流放电型，连续最大放电电流可以到 25C）。电压-放电时间特性曲线的大部分区段比较平直和稳定。镍镉电池对使用条件不太讲究，是一种很耐用的电池，能较好地适应大功率输出的机器人，目前在竞赛机器中广泛采用。不过它的放电电流越大，所能输出的电量越小。

镍镉电池的缺点是所谓的“记忆”效应，基于化学反应原理的电池都避免不了这个缺点。“记忆”效应指电池部分充电（只要一组电池中某单个电池的放电终止电压高于 1.1V 就被提前充电）或长时间连续充电后完全放电，放电电压曲线部分或整体地下降，容量降低。这种现象可以矫正：只要经过数次重复充放电后（每次放电终止电压应低于 1.0V）就可以得到恢复。镍镉电池还有一些缺点，如充电次数有限、快速充电对电池的寿命有影响等。

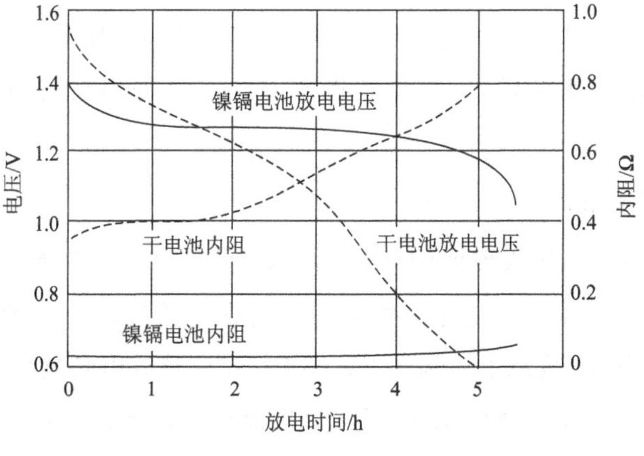

图 5.3 镍镉电池与干电池放电特性比较

两点建议：一是推荐购买专卖店销售的封装电池，而非盒式电池，因为盒式电池过长时间工作后接触电阻增加，电压下降，可能造成单片机清零复位；二是最好同时用配套的充电器。

2. 镍氢电池

镍氢电池的正极为镍氧化物，负极为储氢合金，电解液为氢氧化钾水溶液。它能存储同外形尺寸 N 型镍钢电池 2 倍的容量，最大放电电流至 3C，因此最近在机器人上用得越来越普及。但镍氢电池不如镍钢电池耐用。镍氢电池与镍镉电池放电特性的比较如图 5.4 所示。

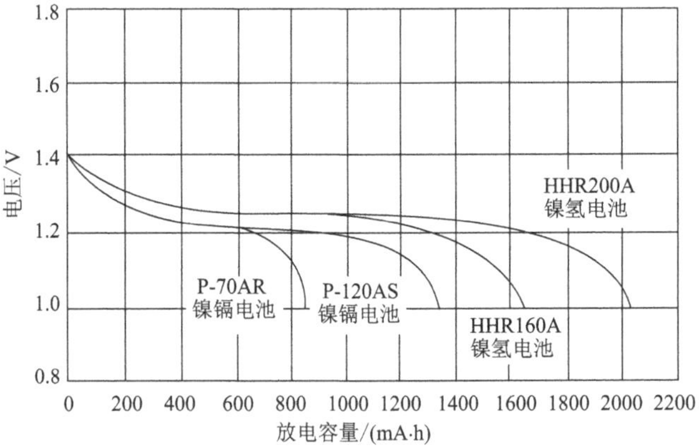

图 5.4 镍镉电池与镍氢电池放电特性的比较

镍镉电池和镍氢电池都是碱性蓄电池，内存碱液。当碱液外泄溅到皮肤或衣服上的时候，请立即用清水洗涤。尤其一旦接触到眼睛将会导致失明，此时应毫不迟疑地用清水冲洗，并立即找医生救治。另外不要将电池投入火中或加热。

3. 锂离子电池

锂离子电池是英国人发明的。它不依据化学反应原理，而是依据图 5.5 所示的物理过程。银离子向正负极移动就是充放电的过程。银产生－3V 电压，钴产生＋1.2V电压，故总电压为 4.2V。图 5.6 是其放电特性。从图 5.6 可知，随着放电过程的进行，初始电压逐渐下降。锂离子电池的特点是：

(1) 充放电效率高达约 100%，而其他类型的电池充电效率低，化学反应的部分能量消耗为热能。

(2) 无"记忆"效应,因为离子电池不依赖化学反应。

(3) 理论上可无限次充电,如数千、数万次。

(4) 储能多,容量大。

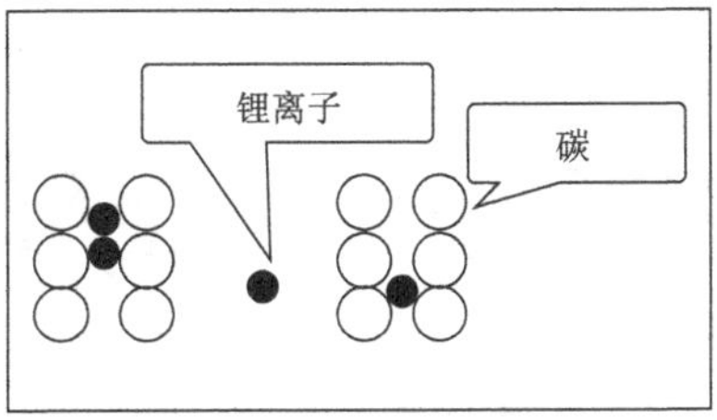

图 5.5 锂离子电池的原理

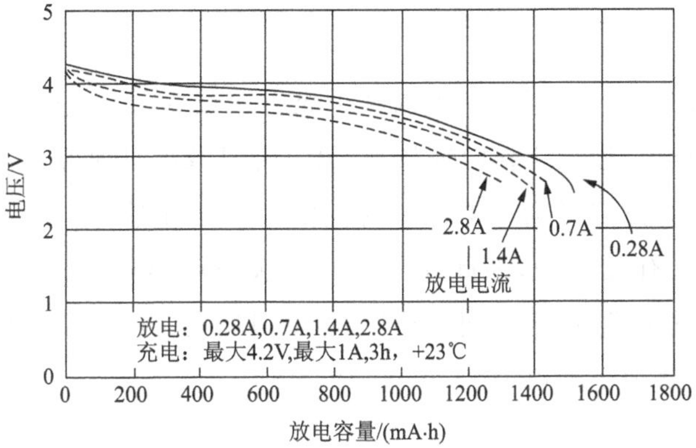

图 5.6 锂离子电池的放电特性

需要注意锂离子电池的充电方法。充电过程过快会导致锂离子积聚在碳极周围,使充电过程无法充分完成。故需要慢速充电,一般大约需要花费 2h。如果采用精细陶瓷作电极,则其疏松的程度决定了可以将充电的时间缩短多少。有一种办法是,可以在最初快速充电,后期慢速充电。当然,这样需要专用的充电器。

5.2 电池的选用方法

从图 5.2 的比较可知,对于机器人应用来说,蓄电池比一次性电池更合适,单个镍氢电池与镍镉电池的电压为 1.2V,所以往往需要多个电池串联将电压升高至 5V、12V、24V、36V 后供机器人使用。一般不推荐使用电池盒串联,因为它的电阻大，连接不可靠。也不要用锡焊将电池串联起来，因为在钎焊时若操作不当，受热不均，容易造成碱液外泄。推荐直接购买市场上出售的现成的电池组，它们有图 5.7 所示的 F 型（沿轴向）和 L 型（沿径向）两种排列形式，而且往往附有热保护器件。

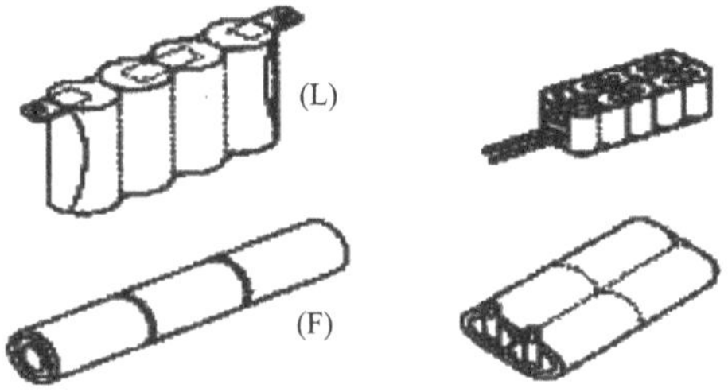

图 5.7 电池组的排列形式

选用电池的方法有两种：一种以减少充电次数为目标，可以选用大容量的电池，其一次充电后连续工作时间较长；另一种以减小电池容量为目标，可以减轻电池的质量，当然以增加充电次数为代价。竞赛机器人的质量一般有限制，比赛的时间也只有几分钟，因此在实战时都选用小容量、质量效率高的电池。不过在整机调试阶段，运行时间比较长，能量消耗大，可以暂时使用备用的大容量电池，避免频繁地更换电池。

5.3 充电器/放电器

以镍镉电池的充放电为例。镍镉电池充电器本身附带放电器，应当先放电再充电以克服电池的“记忆”问题。单节电池的电压低于 1.0V 就可视为达到完全放电而排除了“记忆”的影响。镍镉电池一般用 0.1C 的电流，充电 16h，充入 160%的电量（即完全充电），才可以输出电池 100%的容量。充电方式有以下几种。

1. 标准稳定电流充电方式

这是镍镉电池的标准充电方式。在直流电源与电池之间接入电阻，得到 0.1C 的稳定充电电流。此时电池不发热，也不需控制电流的大小，经 15～16h 即可完成充电过程。充电器结构简单，价格便宜。

2. 定时充电方式

按照时间的进程充电。开始以0.2C大小的电流充电，由IC计时器控制直至相当于120%电量的时间，然后切换成0.05C的小电流充电。整个过程约需要6～8h。这种充电器结构比较简单，成本低廉。

3. $-\Delta V$控制充电方式

这是最常用的快速充电方式。以0.5～1C大小的恒定电流充电，电池电压将随充电进程升高并在结束期(约120%电量)达到峰值，其后电池电压反呈下降趋势。这个峰值特性不受放电量、环境温度等因素影响。$-\Delta V$控制充电方式就是基于这一现象，若检测发现出现$-\Delta V$，即表明电池电压已经越过峰值下降，充电过程可以结束。这一方法是实现充电过程控制、判断充电结束的有效手段。

$-\Delta V$控制充电方式所需的充电时间一般为1～2h。充电电流的大小请勿超过1C。否则电池内部可能产生大量气体，增高电池内部的压力，造成电池破裂、碱液外泄等危险状况。另一个注意事项是选用的充电器应与电池配套。

镍氢电池与镍镉电池充放电的方法相同。

镍镉电池常用于移动手机、笔记本电脑和录像机。如前所述，若放电不充分即行充电，就会留下“记忆”，从而缩短电池的工作时间及寿命。最近锂离子电池已经有了代替镍镉电池的势头，但由于其能量密度高，每次充电的时间也延长了。

5.4 CPU用5V电源电路

机器人一般需要准备两类电源。一类是供给数字IC、单片机、传感器工作的电源，通常为+5V，约数十～数百mA。另一类为电机(如DC电机)驱动电源，根据电机不同，电压为3～24V，电流在数百mA至数A之间。两类电源当然可以分别供电，但是往往不经济，并可能存在安装空间上的困难。用一组电池时，5V电源可经三端子稳压器件变换后获得。图5.8中输入电压为14.4V，电源芯片μPC24M12HF和μPC24A05HF分别从电池处取得12V和5V两路电压输出。其中，5V电压的供电最好选用μPC24A05HF，而非TA78005AP。区别在于前者最小输入电压是6V，后者是7V。当电机启动或电机大电流导致内阻压降增加而使驱动电源本身电压下降时，前者受输入电压回落的影响小，有利于避免逻辑电路因为电压降过大而出现误动作。μPC24M12HF 和 μPC24A05HF 的输出电流为 2A。

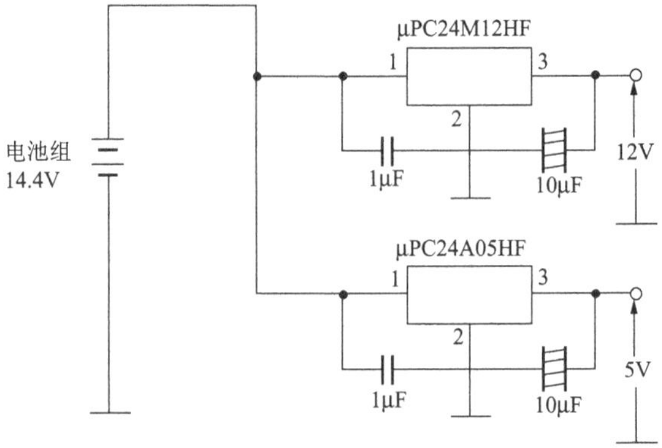

图 5.8 三端子稳压器件原理

还可以采用 DC/DC 变换器供电。DC/DC 靠开关原理得到高电压，可以方便地整流得到目标电压。可使用 Bellnix 公司生产的封装的 DC/DC 变换器，表 5.1 给出该器件的规格。

表 5.1 三端子稳压器件规格

名 称	最小输入电压/V	输出电压/V			特 点
		最 小	标 准	最 大	
TA78005AP	7	4.8	5.0	5.2	最大额定输入电压 35V，电压输出精度 4%，输出电流 1A
TA78012AP	14.5	11.5	12.0	12.5	
μPC24A05HF	6	4.9	5.0	5.1	最大额定输入电压 36V，电压输出精度 2%，输出电流 2A
μPC24M12HF	13	11.75	12.0	12.25	

第6章 机器人的感觉

6.1 五官与传感器

传感器在一定意义上可以理解为人的五官，或将其功能扩大的信号转换器件。人和动物靠感觉器官得到环境信息、自身内部的状况，然后传到大脑处理，形成手足运动的命令。而自动机械装置和系统则依靠传感器收集对象、环境信息及自身内部的状况，信息经由导线（或无线）传至计算机，由计算机决定各个关节的动作命令。所以，传感器就相当于机械装置的感觉器官。

传感器技术从仿生的角度出发，一般经历表6.1所列的三个研发阶段，最终实现满意的功能。这三个阶段是：单纯模仿阶段、性能差但基本可用阶段以及实用阶段。

表6.2是与人类的感觉器官功能对应的半导体传感器的类型。其功能的强弱姑且不论，有趣的是人类的感觉器官的功能与半导体传感器几乎都可以一一对应。

表6.1 传感器发展的三个阶段

项目	第一阶段	第二阶段	第三阶段
结构	模仿生物体结构	探索合理结构	结构优化
技术	未形成机械体系	形成独立的体系	成熟
性能	较生物体差	与生物体大致可比	超过生物体

表6.2 人的感觉器官与半导体传感器的对应

感 觉	器 官	相关物理量	半导体传感器
视 觉	眼	可视光、图像	光-电转换器件:光导器件、光敏晶体管、光敏二极管、CCD摄像头
听 觉	耳	声波、振动	压力-电转换器件:压电器件、压感二极管
触 觉	手指、皮肤	压力、位移	位移-电气转换器件:压电器件、压敏器件、应变片
温 度	皮肤	传热、放射、温度	温度-电气转换器件:红外线敏感器件、红外光敏晶体管、热敏电阻
嗅 觉	鼻	扩散、吸附	气体传感器、温度传感器
味 觉	舌	溶解、吸附	离子检测FET

6.2 感知与认识

若从测量范围、精度、灵敏度等几方面与人类感觉器官比较,可以笼统地说,视觉和听觉传感器相对较强一些,触觉传感器基本可比,味觉和嗅觉传感器则明显不如人类的感觉器官。而对于人所无法感知的各种波动和物理场如红外、放射线、电磁场,传感器则明显占优。当然,前面所说视觉和听觉传感器较人的眼、耳稍强,也仅仅指灵敏度和波长,在几何形体的识别和音色、音质(谁发声)的辨识方面,传感器显然不如人类器官。

感觉包括物理的和信息的两个层面:前者指对对象有无的判别,或对对象所发出的信号的检测与转换,涉及物理量的变换;后者指状态的认知与识别,属于智能的范畴。目前,在机器人竞技赛事中常见的传感技术一般停留在已知模型的单个物理量的计算或信号转换上,即尚处在物理层面的水平上,还未达到真正意义上的机器人智能。

6.3 机器人的传感器

如前所述,目前单点物理量的检测和信号转换的水平已经相当不错了,但是人们随后便发现一旦向广度和深度发展,传感技术就远不及人的能力了。在实现自动化系统的过程中就曾遇到过这样的问题。例如,轧钢自动化,虽然现在能够控制钢板的厚度和板材的成分，但是，在板材表面缺陷检查和位形控制技术方面的差距却相当大，原因是处理对象从点拓展到了面。在机器人中应用传感器，这种差距暴露得更加明显。当试图用机器人替代那些原本依赖操作工人的视觉和触觉作业的工序时，机器人真正能胜任的任务不多。让机器人真正具有智能，瓶颈在于感知，需要在传感器上下很大的工夫。

受到造价的限制，往往无力购买价格昂贵的传感器，所以比赛机器人中一般都选用比较廉价的常用于玩具中的传感器。下面介绍一些比赛机器人中常用的传感器。

6.4 开 关

比赛机器人中常用的开关有按钮开关、数字开关和接触开关几种。接触开关在机器调试阶段可以方便地提供人工输入。数字开关一般用于 CPU 的输入选择，如速度等级、行走模式、格斗策略等，通常是 8 个为一组。接触开关则用来检测是否触碰，检测的对象有对方机器人、场地界线和场地上的道具等，一般用微动开关即可。

6.5 巡线传感器

所谓巡线是指在带白色引导条带的深色场地(或相反)环境下，沿条带指示的路径实现跟踪运动的过程。检测赛场界线、引导条带等是比赛机器人的重要感知项目。其基本原理是采用光电传感器，通过反射信号的有无来控制移动载体的运动。机器人比赛场地一般粘贴白色条带(宽 30～50mm)，与场地的底色(绿色、浅绿色、黑色、棕色等)形成反差，以便将场地划分成若干区域，易于识别，引导机器人行进。巡线光电传感器就是基于对场地及线路反射光的处理结果来识别路线的一类光电传感器(图 6.1)。根据巡线采用的光电传感器原理不同，可分为两种类型。

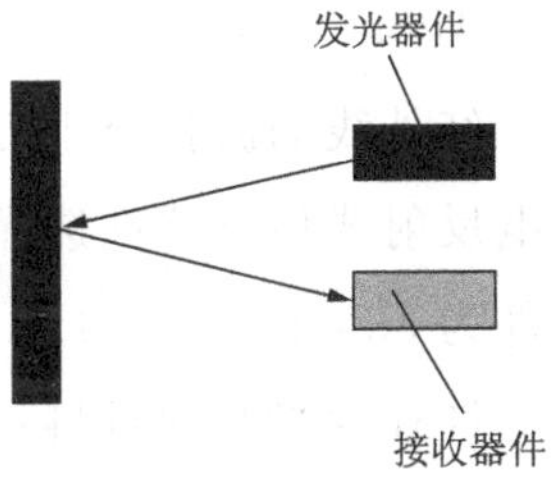

图 6.1 光电传感器

1. 红外光电反射式传感器

这种传感器根据反射光强度巡线。光电传感器由一个发射光源和一个接收器(光敏二极管)组成。基于白线与场地底色反射光强的差异,导致输出电压不同,从而识别白线。

2.辨色传感器

当条带与场地底色的反射性能区别不明显时,根据反射光强识别线路的效果不会很好,这时可以通过色彩识别来巡线。辨色传感器的功能比较强、应用面广、工作稳定、识别效果好,但是元件多、电路复杂、成本较高。比赛机器人对巡线传感器的要求大致如下。

(1) 抗干扰性:比赛场地可能存在各种形式的强光干扰、电磁干扰、颜色干扰,必须有较好的抗干扰能力。

(2) 可调性:比赛场地上机器人的运行环境可能有别于当初调试的环境,即使同是赛场,可能出发位置、灯光光照角度、日光光照情况均会变化,必须留有调节各种参数的环节,使传感器工作在最佳状态。

(3) 稳定性和快速性:一旦传感器移动到引导条带边缘,传感器应当及时、快速、稳定地触发,不允许有状态的抖动,否则会引起机器人的摇晃。

(4) 成本低廉:对于比赛机器人,价格是一个重要的因素。尽管市售产品中有性能很好的光电传感器,但是一般还是以参赛者自己开发制作为宜。这样一方面可以得到实践的锻炼,另一方面价格便宜。

6.5.1 红外光电反射式传感器

1.原　理

红外线的波长介于可见光和无线电波之间,为 0.76～1000μm。一般红外光电反射式传感器都选择工作在近红外区,即 0.76～25μm 段内。大多数发光器件为 880nm、930nm 两个系列。880nm 较易受到外界光的干扰。

红外发光管的材料一般为砷化钾(GaAs)半导体。发光波长范围为 0.76～1.5μm。小功率(小于 100mW)的管压降为 1.0～1.3V,平均工作电流为 20～50mA。红外发光管有指向角、光轴、波长、辉度等性能指标。

常用的光敏器件是光电二极管(也称光敏二极管)和光电三极管(也称光敏三极管),均为近红外线接收管。它们接收到光的变化之后转变成电流的改变,再经过放大及相关处理,用于各种控制目的。

光电二极管是最常用的光-电转换器件,当光照到 PN 结上时,它能吸收光能并将之转变为电能。它有两种工作状态：

(1) 加反向电压时，二极管中的电流随光照强度的大小而改变，光照强度越大，反向电流越大。

(2) 不加电压时，PN 结受光照射作用，产生正向电压，可充当微型光电池。

在无光照情况下，光电二极管的正向电阻约为 10kΩ，反向电阻为∞；有光照时，反向电阻随光照强度的增加而减小，阻值可达几 kΩ 或 1kΩ 以下。无反压时，正向电压与光照强度成比例，一般可达 0.2～0.4V。

光电三极管也是靠光的照射量来控制电流的器件，可等效为一个光电二极管与一只晶体三极管的结合，具有放大作用。详情可查阅光电传感器的相关资料。

2. 基于反射光强度测量的红外光电反射式传感器电路

部分光电传感器电路都是基于反射光强度测量原理工作的。具体的应用场合有距离、平面倾斜度、反射率和透射率参数的测量等。图 6.2 示出了一种简单的巡线光电传感器电路。光电二极管工作在反压下，当无反射光照射或光照较弱时，电阻为∞，此时三极管工作在放大区，输出电压很小；而当在反射光照射使电阻下降到几 kΩ 时，三极管工作在截止区，输出电压接近于 5V。调节电阻 R_2 可以得到更好的区分效果。市面上所出售的光电传感器的电路基本与此相同，由于其简单、容易购得，因此在机器人比赛中得到广泛应用。图 6.3 是另外一种使用光电三极管的简单光电传感器电路，它采用带运算放大器的放大电路，稳定性、线性度及增益误差等均比晶体管放大电路好。图 6.4 给出一种使用运算放大器的放大电路，在光电二极管下方连接了一个接地的电阻，有利于消除暗电流的影响，由于采用电容耦合，无法对直流成分放大。

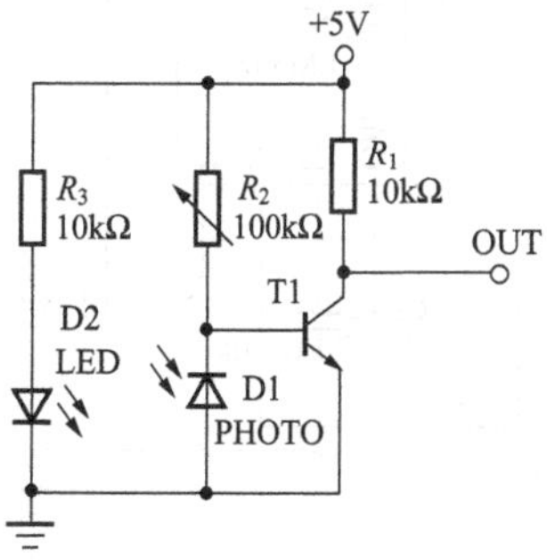

图 6.2 简单光电传感器电路(一)

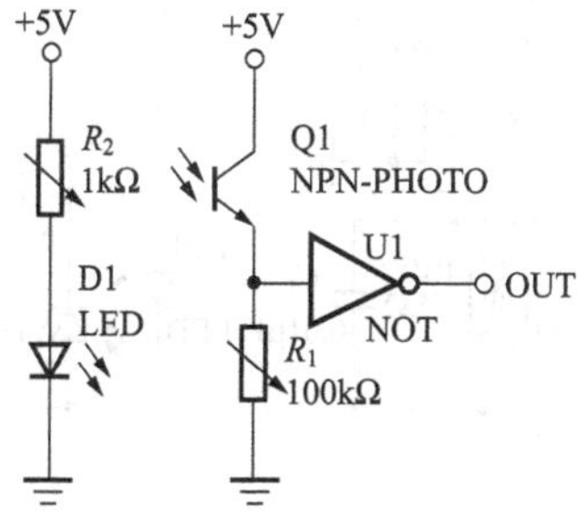

图 6.3 简单光电传感器电路(二)

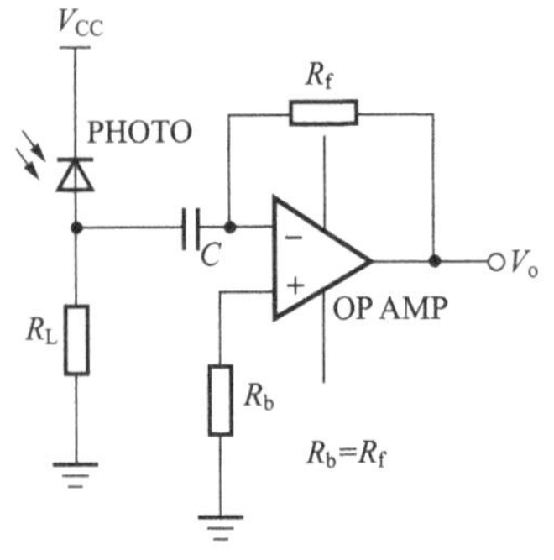

图 6.4　运算放大器电路

3. 调制型光电传感器电路

光电传感器抗外界光干扰的能力对保证机器人正常可靠地工作很关键，为此可附加调制电路来抑制传感器中暗电流（无照电流）的变化。使用调制型的反射式光电传感器时，抗光干扰的能力变强。图 6.5 给出了一种较为实用的调制型光电传感器的电路。

(1) 电路的基本原理：发射部分采用一块四与非门集成电路 CD4011，构成一个多谐振荡器（RP1，振荡频率可微调），并对脉冲进行整形放大，然后接到三极管 9013 上驱动红外发射管。接收部分由红外接收管 VDZ 和运放 LM393、LM567 组成。VDZ 接收红外控制信号并进行光电转换后，由 C_2 耦合到运放 LM393 作电压放大。运放输出的信号由 C_3 耦合至 LM567 进行音频译码（选频）。RP3 及 C_6 决定 LM567 的谐振频率。当 LM567 的引脚 3 输入与其自身的振荡频率相同的信号时，引脚 8 输出低电平，否则输出高电平。LM393 的另一个运放用来构成施密特比较器，将 LM567 的引脚 8 的信号接入比较器比较后输出。

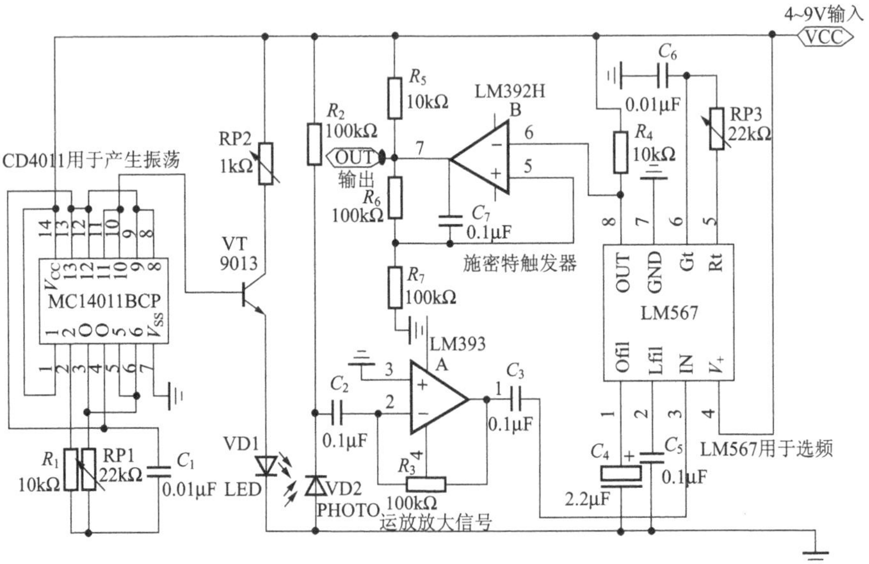

图 6.5　一种调制型光电传感器的电路

(2) 元器件选用及调试:红外发射管接收管型号不限(如 PGK125 型光电发射接收管),但是性能(波长范围等)应该一致。电路安装好以后使传感器对着白纸,调节 RP1 或 RP3,使输出为高即可。RP1 用来调整传感器的功率,调节 RP3 可以改变工作频率。

(3) 传感器的特点如下。

· 抗干扰性好:由于通过脉冲发光,仅仅读出光的变化部分,所以不受外部光干扰。另外,LM567 为锁相解调器,灵敏度高,抗干扰性强,只是对于捕捉带(可以调整电路改变)内的有用信号发生响应,对于捕捉带外的信号,即使其强度再大也不会响应。所以,它具有优越的抗外部干扰光的性能,甚至可以在阳光下正常工作。再次是抗电磁干扰性能好,不受电机工作影响,如果加电磁屏蔽可以更放心地使用。

· 可调性好:利用调整环节可以方便地调节功率及工作频率,适应不同的场地环境和不同的工作要求。

· 稳定快速性好:施密特比较器具有回差滞后特性,即使处在线条的边缘,传感器信号也不抖动,再利用加速电容 C_7,可使状态转换加快。

· 价格便宜:该传感器的平均成本为十几元人民币。

以上介绍了自制调制型光电传感器的基本原理。如果用户欲选用集成度更高的电路,建议选购日本滨松公司的 S4285 或 S7136 系列光电传感器,或美国霍尼韦尔公司的 SDP80 系列,只是价格都比较昂贵,采购也有一定困难。

6.5.2 辨色传感器

半导体辨色传感器由三个光电二极管和三种颜色的滤光器构成。各个光电二极管上分别装有红(R)、绿(G)、蓝(B)滤色器,将来自物体的反射光分解为三种颜色。色信号经过放大电路处理,根据不同组合进行逻辑处理后得到实际的颜色输出。图 6.6 和图 6.7 分别是色信号放大电路和一个辨色电路实例。

更为精确的颜色识别方法是三基色测量方法。其原理是根据三基色的波长特性(波长、峰值、位置各不相同),借助峰值波长滤色器和硅光电二极管(光谱灵敏度覆盖整个可见光域),将输出经过多级放大并进行 A/D 转换得到最终结果。

在辨色传感器的实际使用中，最重要的问题是照明电源和聚光系统，且辨色元件的面积应尽可能小，以便有效地在物体上形成照明点。用白炽灯作光源最为方便。至于聚光系统，则必须注意聚光镜的焦距以及照明点的直径。

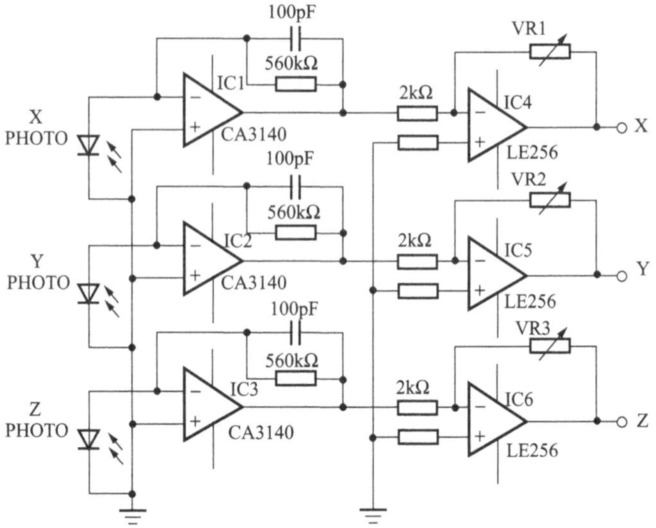

图 6.6　色信号放大电路

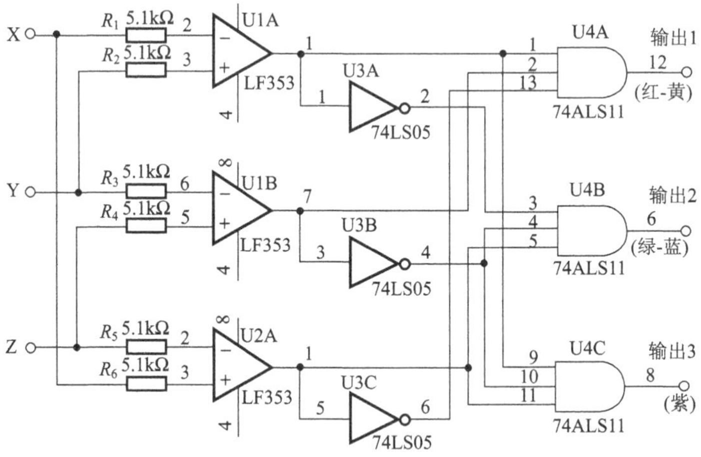

图 6.7　辨色电路实例

目前在市场上还很少见到辨色传感器的商品，价格也比较昂贵，因此在大学生机器人的制作和比赛中不推荐使用这种传感器进行巡线条带的识别。从实践来看，红外光电反射式传感器完全可以满足使用要求。

6.5.3 安装与调试

如上所述，用于巡线引导的光电传感器可以从现成的产品中选购，也可以自制。将多个光电传感器连接成横排、圆形、方形或陈列形状使用时，安装和调试就显得特别重要。理由有两个：第一，正因为巡线是多个传感器协同工作，因而传感器的一致性至关重要；第二，还要考虑环境条件的影响。环境因素主要是来自于外界光的干扰，如赛场灯光、从窗户入射的日光、摄影照明光、照相机和摄像机自动调焦的红外光等；场地表面敷设的深色聚乙烯板和白色聚乙烯条带颜色不均匀、高低不平坦，以及灰尘、纸屑、污垢等也会加剧干扰。所有干扰因素的综合会导致光电传感器电平输出漂移，出现误动作。除了使用调制型光电传感器增强器件自身的抗干扰性外，在安装和调试阶段采取若干克服干扰的措施也是必要的。

1. 提高器件的一致性

一是发射、接收器件的波长特性一致。有几个衡量特性的指标，如波长灵敏度特性、方向灵敏度特性等，如图 6.8 所示。二是发射、接收传感器组对时，各方面性能应尽量接近。三是机载安装状态的一致，如各对传感器的间距、高低、偏角等。这些因素都会影响光的反射与接收。

2. 安装位置和外罩

光电传感器应尽量靠近地面，以便减少外界光源对传感器的入侵。推荐垂直高度距离为 5～10mm。离地面过远，光反射效果差，信号不强；离地面过近，会导致反射角度太大，加剧光漫射干扰的影响，故高度应当适当，以保证传感器具有最佳的反应。另外，还可以将传感器安装底板加大，喷涂黑底色，甚至在周围包裹黑色海绵，尽量遮断光线的接收。晶体管都存在关断时间滞后的现象，受漫射影响有时甚至无法关断，必要时可进行遮光处理，即在发光管的头部加装导光管或栅格将它们隔开，避免相互之间的影响。

3. 增加调定环节

实际使用过程中总会遇到意想不到的问题，因此调试环节很重要。实际调试时可以先让传感器分别在两种不同颜色的区域工作，观察其正常电压输出，应当调整到两种电压有明显区别的效果；然后让传感器在工作状况下反复通过两种颜色的边界区，即由一个颜色区进入另一个颜色区，观察输出变化的幅度和响应的灵敏度。可通过调整发射光强度、各个传感器与地面的距离和位姿、输出放大倍数或增加调制电路，获取最佳效果。比赛现场调定也是改善光电传感器性能重要的一步，因为比赛现场与学校中模拟现场的条件总会存在差别，要在电路中备留临时可调整环节。

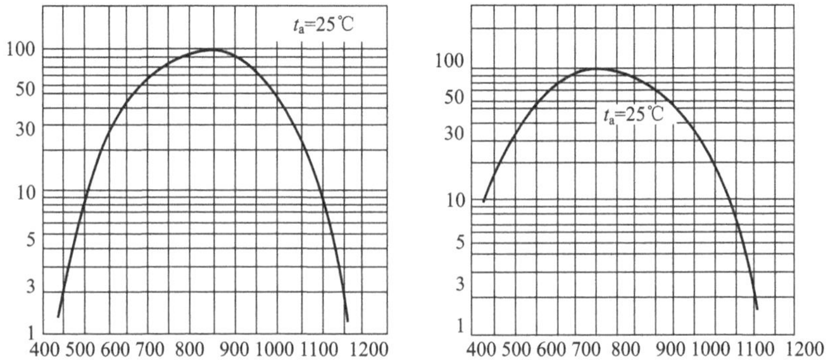

(a) 波长灵敏度特性

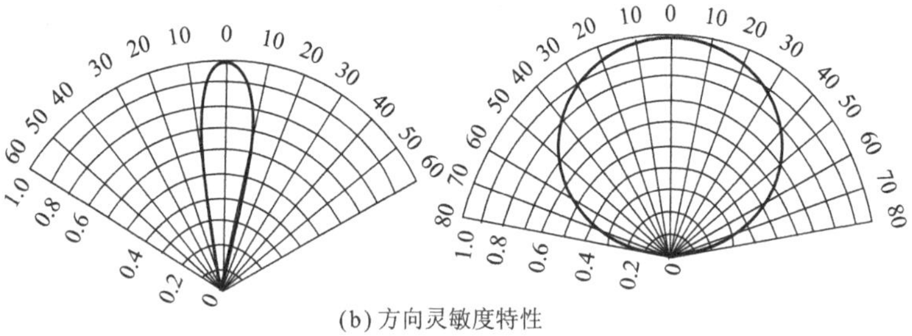

(b) 方向灵敏度特性

图 6.8　光电传感器的特性

4. 传感器布局

光电传感器的布置及线路设置与使用传感器的目的有关。若只是要求机器人不偏离路线，在行走方向的两侧各安装一个或一组(3～5 个)传感器以控制机器人的左右偏转即可；若要求机器人时刻记录巡线信息，可将光电传感器排成一条线(直线形或弧线形皆可)，由传感器的返回信息可以判断哪个在线上，通过计算就可以求出偏离的大概方位；若要求机器人从任何方向或多个方向接近路线时都能计算出位置信息，则可将传感器安装成圆形，结合机器人的旋转角度就可计算出相对于路线的位置。使巡线导航控制成功还有一些技巧，如：

(1) 速度适当(不过快)。

(2) 传感器接近驱动轮,最好位于其正下方。

(3) 在感知到条带后,电机立即反转。

(4) 左右传感器的间距不要过于狭窄。

(5) 安装传感器的底板要尽量大,且喷涂成黑底色。

(6) 条带线不可过窄。

6.5.4 加大检测距离的方法

有时由于各种原因(如安装需求)需要加大传感器的检测距离(例如增加至20mm),一种常用的方法是增加传感器的发射光强度或增大发光量。

如果发射光强一定,可以增加光敏器件的数量和密集程度,例如采用两个光敏二极管串联。改善检测物体的表面状况也可达到同样的效果,适当时候可以增加聚光系统。

从电路上也可进行改进,例如增加放大倍数,采用性能更好的元器件,均可改善加大检测距离后的测量效果。值得注意的是,上述方法同时会降低传感器的可靠性,增加外界光源的干扰,因此,必要时可以增加光调制电路和滤波器电路。当然检测距离不可以无限制地加大,要尽量在传感器最敏感、性能最好的距离范围内使用它们。

在调制型光电传感器电路中,发光器采用脉冲发光,平均电流取得很小。若要增大发光量,则需要外加晶体管进行电流放大。图 6.9 给出了一种通过增大输出电流来使调制型光电传感器发光量增加的电路。另外,电路中还安装了两只发光二极管,提高了光通量。通过补加这些器件,可使检测距离成倍增加。此外,为了提高感光度,可在接收光器件前面安装透镜。

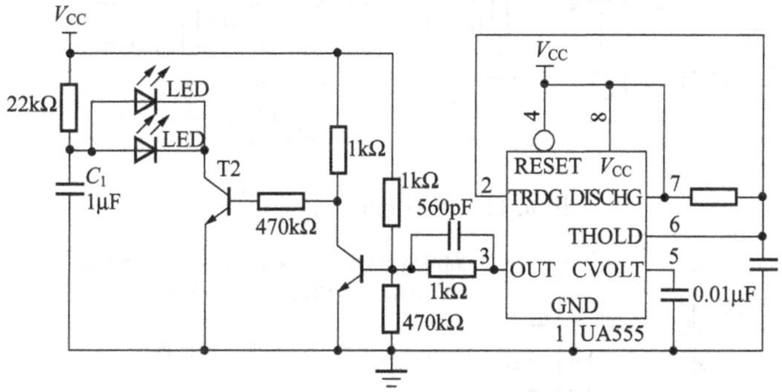

图 6.9 发光量变大的调制型传感器

6.5.5 由反射光的强度检测距离

光强度检测电路通常用一定的频率调制光源，并采用频率滤波器来选择感光信号，如图6.10所示。根据传感器距被测物体越近反射光强度越大的特点，可以在测定反射光强度的基础上检测距离。图6.11是一种用LED脉冲发光以及用光电二极管读出反射光强度检测距离的光电传感器电路。需要注意的是反射面的颜色必须一定，否则反射光通量将完全改变。

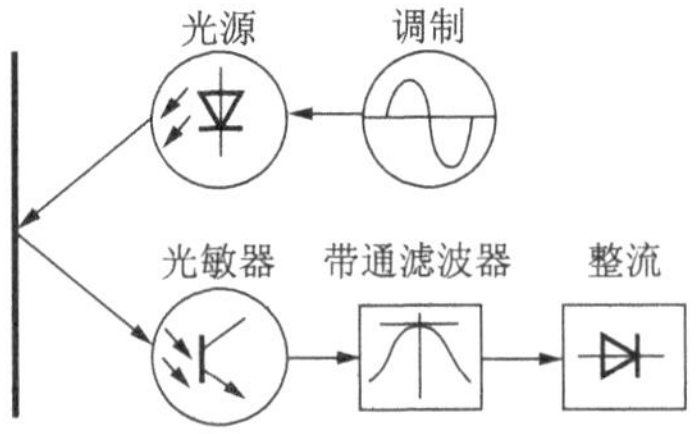

图6.10 常见的光强检测电路

在测量距离时，既可由A/D转换后的光强直接换算为距离，也可用相对测量的方法，原理如图6.12所示。在图6.12中，让光源对称设置，通过比值VA/VB来求算距离。这样可抵消表面倾斜和指向性的偏差。距离很大(仍在量程内)时VA/VB接近于1，距离越近，该比值越大。通常的具体做法是将输出电压值经A/D变换，在微处理器(如单片机)内进行处理求得比值，然后查表得到对应的距离值。

除了用于测量距离，上述电路还能有效地用于测量反射率、各种光强度、平面倾斜度及透射率等。

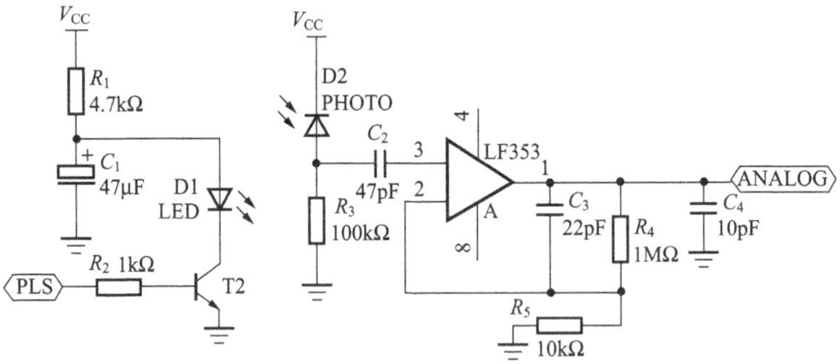

图6.11 测距光电传感器电路

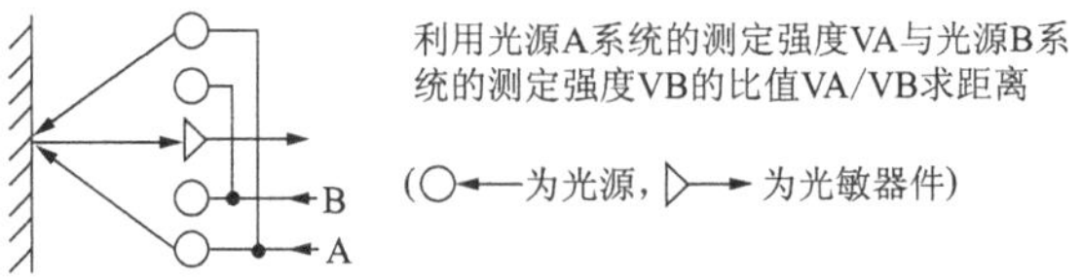

图6.12 距离相对测定原理

6.6 超声波传感器

6.6.1 超声波传感器的原理

声波是在空气、水或固体中传播的机械振动。人耳能听到频率范围在20Hz～40kHz的声波，称之为可听声波。超声波指人不能听到的高频声波。

超声波传感器由发射器件和接收器件组成。几乎所有的超声波传感器的发射器件和接收器件都是基于压电效应制成的。发射器件是将外加电场施于压电晶片产生振动（压电逆效应），而接收器件是在晶片上施加外力产生变形时，在晶片的两极产生与应变量相应的电荷（压电正效应）。若应变的方向相反则产生电荷的极性也相反。

利用超声波可以实现对远处物体的非接触式探测。机器人超声探测并非检测超声波本身，而是借助超声波反射测量空间物体的距离和位置。超声波距离传感器的检测方式有脉冲回波式和FM-CW（频率调制-连续波式）两种。脉冲回波式的检测原理如图6.13所示。将调制后的超声波脉冲发射出去，若能检测到被测物体反射回来的超声波回波延迟时间，即可计算出被测物体的距离。

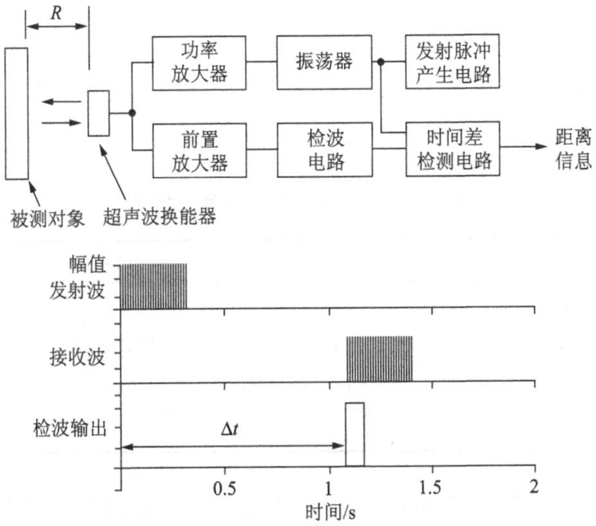

图6.13 脉冲回波式传感器的检测

$$R=v\times\Delta t/2 \tag{式 6.1}$$

式中，R 表示距离，单位为 m；v 为超声波在介质中传播的速度，如果空气温度为 T(℃)，则声速 $v=(331.5+0.607T)$m/s，常温 20℃下大气中的声速 $v=340$m/s；Δt 表示渡越时间，单位为 s。

FM-CW 方式采用连续波对超声波信号进行调制。该方式的电路比较复杂，在实际中应用不多。

超声波发射、接收器件的材料一般采用压电陶瓷，图 6.14 介绍了日本陶瓷公司的产品 T40-16（发射）和 R40-16（接收），电路如图 6.15 所示，其性能规格分别列于表 6.3 和表 6.4。发射器件由 40kHz 的发射电路、ON-OFF 控制器和驱动器组成。接收器件由放大器、比较器和积分电路组成。传感器与待测物呈直角布置效果较佳。可调电阻 R_3 用来调节发振频率，与接收端的共振点匹配。R_5 调节比较电压，以改变灵敏度。

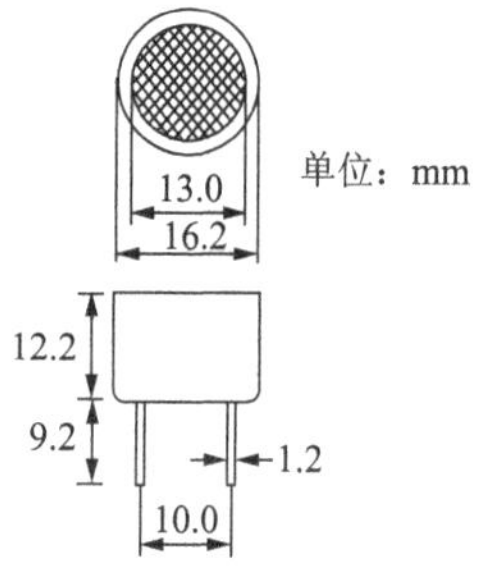

图 6.14　T40-16 及 R40-16 的外形

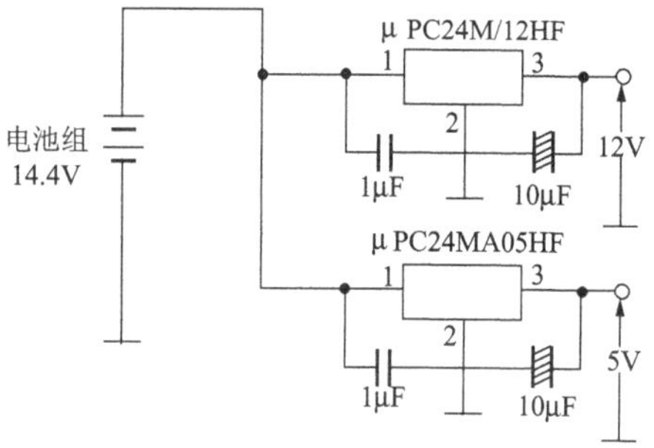

图 6.15　超声波传感器电路

表 6.3　超声波发射器件性能规格

项　目	T40-16	T40-18A	T40-24A
中心谐振频率/kHz	40±1	40±1	40±1
升压(中心频率处)(0dB=0.002μbar)	115dB Min.	115dB Min.	
带宽/(kHz/10²dB)	6.0Min(103dB)	6.0Min(103dB)	Min(103dB)
静电容量/pF	2400(1±25%)	2400(1±25%)	2400(1±25%)

超声波距离传感器的测量范围宽但分辨率低。它的响应速度在毫秒级，属于高速型传感器。另外，超声波不受被测物体的透明度、颜色、电导率的影响，但不适合测量海绵或棉织物等吸音材料。

表 6.4 超声波接收器件性能规格

项目	T40-16	T40-18A	T40-24A
中心谐振频率/kHz	40±1	40±1	40±1
灵敏度(中心频率处)/(dB·μbar/V)	−64Min.	−64Min.	−64Min.
带宽/(kHz/10^2dB)	6.0Min(−71dB)	6.0Min(−71dB)	Min(−71dB)
静电容量/pF	2400(1±25%)	2400(1±25%)	2400(1±25%)

6.6.2 超声波距离传感器的应用举例

超声波距离传感器具有小型化、价格便宜、使用简单、响应快速、信号处理简单等优点，因而在机器人研究中被广泛使用。特别是在移动机器人需要进行环境探测和导航避障时，常常使用超声波距离传感器作为信息来源。图 6.16 所示的村田机器人上安装了超声波传感器，用于机器人的障碍物检测和侧面墙壁的检测。一旦检测到障碍，机器人便会根据障碍的位置做出左、右绕行或停止的回避动作。

图 6.16 超声波传感器在日本村田机器人上的应用

单个超声波距离传感器在环境识别中的不便是不易辨别物体的方位信息。在实际应用中，常常将多个传感器配置在空间呈环状、排状或层状分布，如图 6.17、图 6.18 所示，以获得较准确的障碍物的立体信息，分辨是墙、柱或者是墙角。

图 6.17 传感器在赛车上的应用

图 6.18 环状分布的超声波传感器

超声波传感器的应用注意事项如下。

(1) 测距精度。如以 ms 为单位来测量声波的往返时间，则测距的分辨率为

$$\Delta=\frac{1}{2}\times 340\times 10^{3}\times 10^{-6}=0.17(\mathrm{mm})$$

但是这并不代表测量的绝对精度。决定绝对精度的因素有温度、气压、风等，以温度的影响最大。综合各种因素，声速的变动范围最大可达 5% 左右。此外还有超声波的反射波形和反射强度。总之，超声波传感器的绝对精度随远近不同，大约为 mm 至 cm 的量级。

(2) 最大测距范围。超声波在空气中的衰减与频率的平方成反比。所以频率高的超声波传不远。最大测距范围与发射波强度、被测物体大小尺度、对超声波的反射率、接收器的灵敏度及噪声水平等有关，一般在 10m 以内。

(3) 方位分辨率。超声波经换能器发射后有指向特性。频率越高，波束的指向越集中。一般只能以波束幅宽的精度测出物体在各方位上的取向和形状。

(4) 被测物体对超声波的反射特性。只要不是所谓的吸音体，就有反射波。问题在于反射的方向与材料表面的凹凸程度。仅有垂直入射波才能正对入射方向反射。因此，声呐图往往“失真”，需要修复后方能利用。

(5) 测距所需的时间。将一周扫描分成 256 个方向进行，设待测物体的距离为 5m，总共需要 75s 的时间。因此可知，与图像输入方式比较，超声波传感器获取数据的时间长，而处理数据的时间较短。

有人将超声波传感器与视觉传感器进行信息融合，以获取更多的环境信息。

6.7 旋转编码器

旋转编码器与旋转轴连接，用于测量移动的速度和距离。例如，日本 NEMICON 公司生产的 OMS-100/小型旋转编码器的外径仅 Φ12mm、100 线，它内藏 LED 和两个光敏三极管，由于封装在壳内，发光不必调制。光敏三极管的信号经变换器整形成矩形波输出。编码器可检测机器人各个关节的运动状态。若电机电流大，但编码器无输出，说明机器人撞到对方而无退让，己方机器人就需要调整战术。若电机欲前进，编码器反转，说明机器人受对方推堵而退

却。最近内藏整形电路直接以矩形波输出的编码器已问世，它可直接接入计算机。

市场出售的旋转编码器的价格一般比较高，从成本考虑，比赛机器人精度要求不太高，采取自制码盘的办法来解决关节速度与转角的测量问题也是可行的。图 6.19 介绍旋转编码器的原理与结构。在带有明暗方格的码盘两侧分别安置发光器件和光敏器件，随着码盘旋转，光敏器件接收的光通量与方格的间隔同步变化。光敏器件输出的波形经整形后变成脉冲。根据脉冲计数可以知道与码盘固接的旋转轴的角位移。码盘上有 Z 相标志信号。每转一圈输出一个脉冲。此外，为了判断旋转方向并得到提高系统分辨率的插补信号，码盘还提供相位相差 90°的 A 相和 B 相两路输出，如图 6.20 所示。A、B 两相信号中，当 A 相信号上升时，观测 B 相信号的电平即可根据哪个信号超前判断出码盘旋转的方向。另外，将 A、B 两相信号进行与/或运算就可以得到频率为原信号 2 倍的脉冲信号 C。进而将 C 和上升时的触发信号 C_r 和$\overline{C_r}$做与/或运算，又可以得到扩频 2 倍的脉冲序列 D。类似地，就可以借助电子学的手段提高物理角度的分辨率。

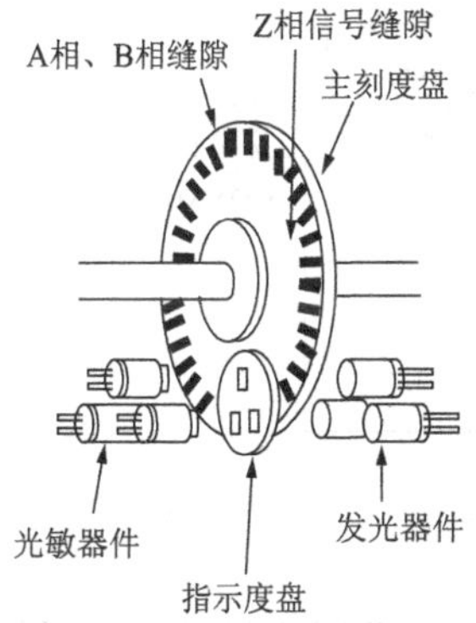

图 6.19 旋转编码器的结构

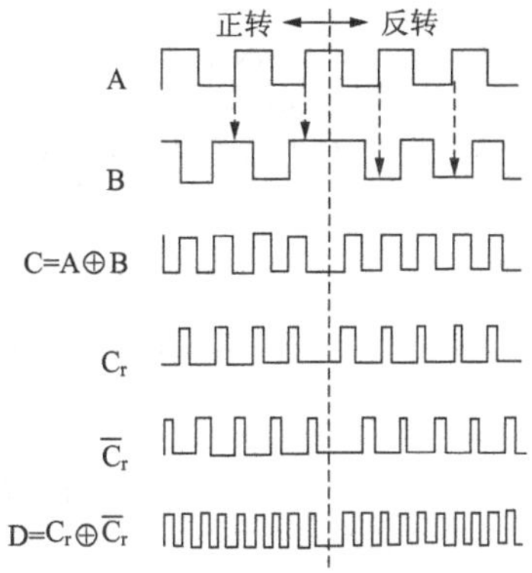

图 6.20 码盘 A、B 相的信号处理

6.8 陀 螺

陀螺是检测角速度的传感器。得到角速度的值后，通过积分便可以得到机器人在水平面内移动的方位角度，为机器人的路径导航提供依据。图 6.21 介绍了日本 TO-KIN 公司 CG-L33 陶瓷振子陀螺的结构原理(日本村田制作所制

造)。借助陶瓷振子敏感的振动变化可以检测出施加于机器人姿态转动的力,从而反映偏航角速度。陀螺要按图 6.22 所示的方位正确安装,因为它的安装对使用有影响。陀螺的输出需经放大后再送入 A/D 转换器读取角速度的值,放大电路如图 6.23 所示。有的公司也生产陀螺与放大器的集成器件。

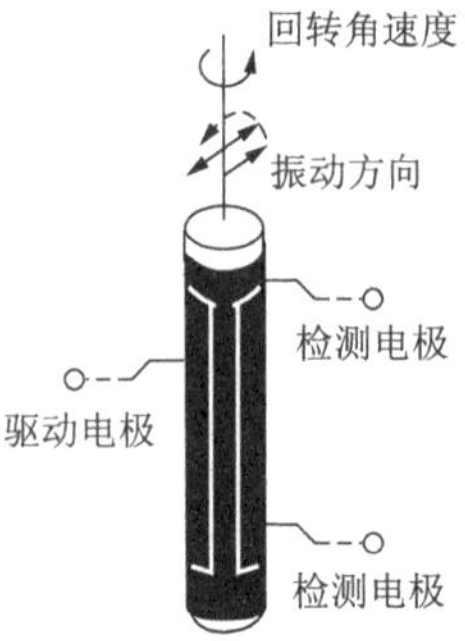

图 6.21　陀螺的结构原理

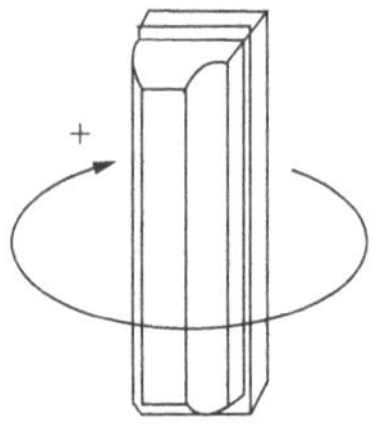

图 6.22　陀螺的外形

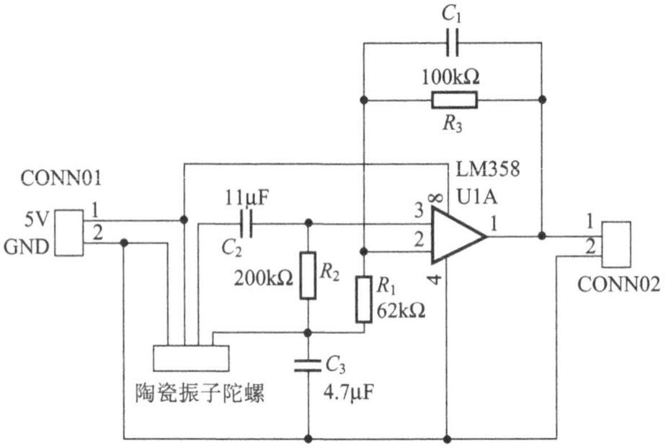

图 6.23　陀螺的放大电路

随原理、规格、用途不同,陀螺的种类有很多。机器人比赛的时间历程短、速度和精度不高、环境变化不激烈,因此对陀螺的要求也不高,不必使用价格昂贵的产品。表 6.5 给出了 ENV-05F-03 陀螺的性能与规格的示例。

表 6.5　ENV-05F-03 陀螺的性能与规格

项　目	性能与规格
输入电压	DC(5±0.5)V
最大供电电流	15mA

续表 6.5

项　目	性能与规格
最大角速度	±60°/s
输出(当角速度为 0 时)	DC(2.5±0.4)V
比例因子	25.0mV/(°·s^{-1})
分辨率	0.1°/s
比例因子温度系数	±10%(−30～+80℃)
线性度	±0.5%全量程
最大漂移	9°/s
最大带宽	7Hz
噪声水平	10m$V_{p\text{-}p}$(最大)
工作温度	−30～+80℃
存储温度	−40～+85℃
质　量	20g(最大)

6.9 加速度传感器

Analog Device 公司的 ADXL202 是一种二轴加速度传感器。它的原理是基于应变片变形，并将放大与温度补偿电路集成在芯片中。传感器输出数字信号，即占空比与各轴的加速度成正比。利用电阻可以在 0.5～10ms 的范围内调节信号输出的周期。加速度传感器的用途在于经积分后累计机器人速度、距离的变化量，目前主要用在人形机器人比赛当中，对机器人的姿态进行检测。

第7章 材料分选机器人设计案例

7.1 竞赛的基本介绍

本项目为团队比赛,参赛选手3人,模拟物流机器人的工作过程,实现工件的分类、运输和堆垛功能。要求参赛队在比赛现场先进行机器人的组装、调试,然后使机器人在比赛场地中完成两项任务:

(1) 从工件库中挑选出白色球形工件,并送入加工槽。

(2) 从工件库中挑选出红色立方形工件,送到仓库,堆垛排列。

7.1.1 比赛场地及道具

1. 场地示意图

场地示意图如图7.1所示。

2. 比赛场地规格

比赛的场地大小为长3000mm,宽2000mm,底色为黑色;机器人出发区为300mm×300mm红色区域;场地上有间隔为200mm、宽度为15~20mm的白色引导条,场地周围有高85mm、厚15mm的围栏。

场地设施主要有白色球形工件、红色立方形工件、仓库、机床、加工槽等,图7.1所示场地仅为示意图,正式比赛时,每轮次比赛的场地随机布置。

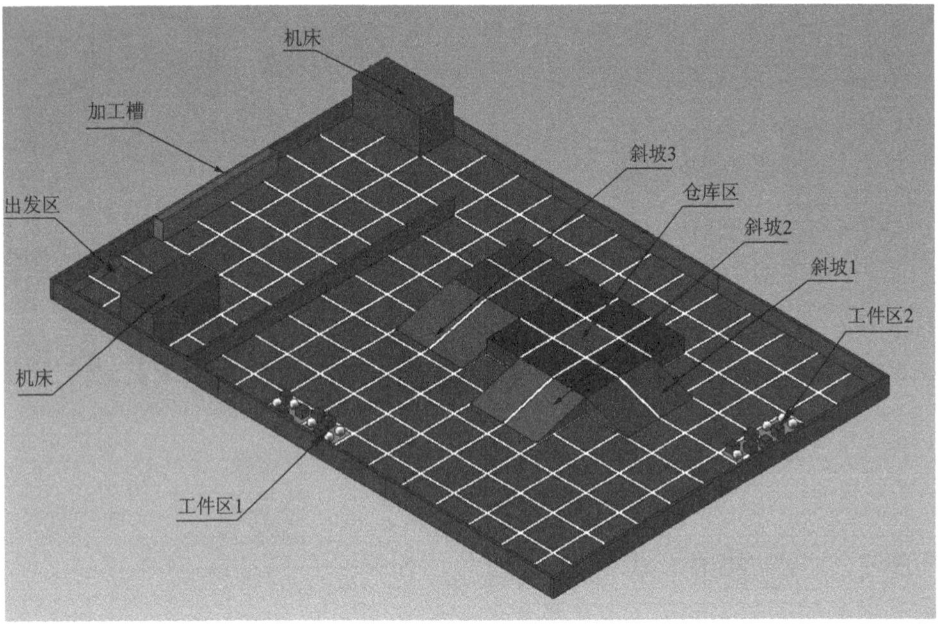

图 7.1 场地立体示意图

3. 道 具

(1) 球形工件：使用乒乓球，15 只，为红双喜正式比赛用球，颜色为白色，型号为 1840AY&1840A，如图 7.2 所示。

(2) 立方形工件：15 块，为长、宽、高都为 40mm 的正方体，材料为聚苯乙烯，重约 10g，颜色为标准红(RGB=255,0,0)。工件如图 7.3 所示。

图 7.2 红双喜乒乓球

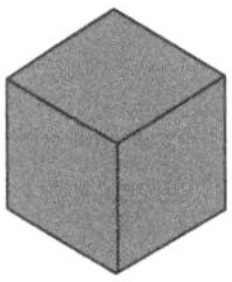

图 7.3 立方形工件

(3) 加工槽：1 块，为长 700mm、宽 60mm、高 100mm 的长方体，顶部有 90°角 V 形槽，槽底距顶部 20mm，供球形工件放入槽内，表面为橙黄色油漆。加工槽如图 7.4 所示。

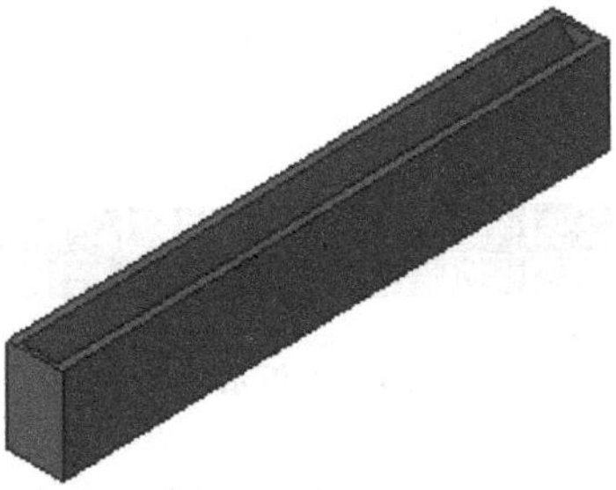

图 7.4 加工槽示意图

(4) 仓库区:1 块,为长、宽均为 600mm、高 30～100mm 的立方体,表面为深绿色油漆,上有间隔为 200mm、宽度为 15～20mm 的白色引导条,以及200mm×200mm 的堆放区。仓库区如图 7.5 所示。

(5) 平台:1 块为长、宽均为 400mm、高 30～100mm 的立方体,表面为深绿色油漆,上有间隔为 200mm、宽度为 15～20mm 的白色引导条。平台如图 7.6 所示。

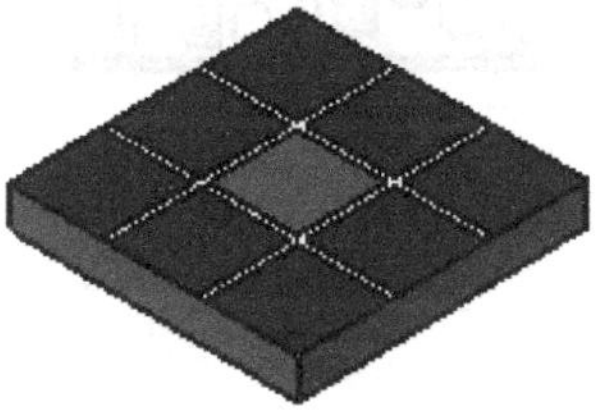

图 7.5 仓库区示意图

图 7.6 平台示意图

(6) 斜坡:2～3 块,长 300～500mm、高 30～100mm、宽 400mm,表面为黑色油漆,斜面正中间有宽度为 15～20mm 的白色引导条。斜坡如图 7.7 所示。

(7) 机床:2～6 块,长为 200～400mm,宽、高均为 200mm,是木质材料,表面为绿色油漆,随意摆放在场地上。机床如图 7.8 所示。

图 7.7 斜坡示意图

图 7.8 机床示意图

(8) 隔板：1块，可采用长200～1200mm、高85mm、厚15mm的围栏板，随意摆放在场地上，如图7.9所示。

图7.9　隔板示意图

(9) 出发区：为300mm×300mm红色区域。出发区如图7.10所示。

(10) 工件库区：2个，为长400mm、宽200mm的长方形区域，随意摆放在场地上，内部随意摆放了15个工件(既有球形工件又有立方形工件)，如图7.11所示。

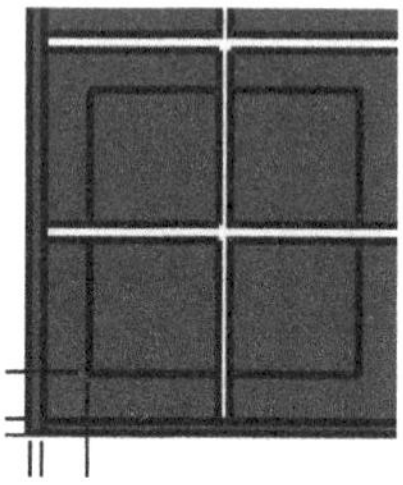

图7.10　出发区示意图

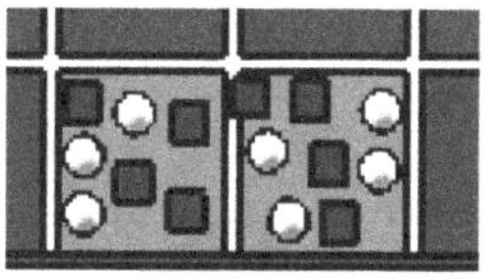

图7.11　工件库区示意图

7.1.2　机器人设计与器材要求

机器人设计与器材要求如下：

(1) 每个参赛队仅限用一台自主机器人完成任务，机器人机身上要有明显的本队标志。

(2) 比赛时机器人必须为零件形式，进行现场组装调试，由参赛队员在规定的时间内从零件开始现场组装、现场编程。所谓零件是指没有任何连接的单个机械部件，即电路部分的线路板之间、线路板与传感器、电机等执行器件之间没有导线连接。

(3) 机器人的电源为自备电源，不得使用电源线与场地外有任何连接，且输入电压不超过12V；机器人不得有任何遥控通信设施(如激光、红外、无线电等)。

(4) 机器人在出发时在场地上的最大投影必须在边长为300mm的正方形里面，出发后允许变形，但是在场地上最大投影必须在边长为500mm的正方形里面。

7.1.3　比赛过程

比赛分两天进行：第一天，参赛队组装调试机器人；第二天，根据比赛抽签次序，完成比赛任务。

第一天，组装调试机器人时间为7h。组装调试完成后，将组装完成的机器人封存。

第二天，开始任务比赛时，只能有2名参赛选手入场，由1名参赛选手进行操作。

机器人在起始线摆放的位置要求为：其身体的任何一部分不得超过起始边线；机器人一旦从起始区出发，参赛队员就不得接触机器人，直到裁判允许，否则取消比赛资格。

场地比赛采用两轮比赛方式进行，每场比赛时间为5min，两轮比赛之间间隔20min，取最好一轮比赛成绩为最终成绩；比赛中机器人在5min的比赛结束时计算得分，此时与机器人相接触的工件不计分。

7.1.4　计分和成绩评定方法

比赛总成绩分为整体设计、散件度评定以及任务完成得分三部分。

(1) 机器人整体设计分(含创新性、外观、自主设计制造等，30分)。

(2) 机器人散件度评定分(20分)。

(3) 任务完成分。

① 向加工槽成功运送一个球形工件(10分)。

② 在堆垛区成功堆放一个立方形工件：第一层10分，第二层12分，第三层15分，第四层及以上都是20分。

③ 机器人碰到机床，每次扣除3分。

(4) 如果比赛成绩相同，将按以下次序确定排名。

① 在仓库堆垛高度最高的排名靠前。

② 搬运的工件数量最多的排名靠前。

③ 机器人组装时间最短的排名靠前。

④ 由裁判根据现场文明竞赛情况裁定。

7.1.5 比赛要点

每队需尽可能快地捡起所有物料，有效进行分选，并将分选完的方块与球按要求摆放到指定位置即可得分。方块堆得越高，取得的分数越高。

7.2 机械结构设计

物流机器人的机械结构如图 7.12 所示。

图 7.12　物流机器人的机械结构

7.2.1 机构总体方案选择

1. 分拣法

分拣法是一般的常规方法，即机器人用手爪随机捡一个乒乓球或方块，然后把它运送到相应位置。由于比赛对时间有要求，只有 3min，用这种方法不可能把 30 个工件全部放至目标位置，所以得奖的可能性极小。

2. 归纳法

归纳法即采用批量处理的方式，机器人一次性地将所有的物料收起，然后进行分类、放料，如图 7.13 所示。

具体工作过程如图 7.14 中箭头所示：机器人行走到物料堆放区，通过取料器可以一次性地将所有料（包括乒乓球和小方块）全部装入机器人的储料层。

然后依靠分料器将料斗里面的乒乓球和小方块区分开来。然后机器人走到仓库区，通过方块下料器自动将方块码放整齐，机器人再走到V形槽边，通过乒乓球下料器一次性地把全部乒乓球下槽。要用这种方式完成任务，需要的装置主要有取料器、分料器、乒乓球下料器、方块下料器、导航底盘。

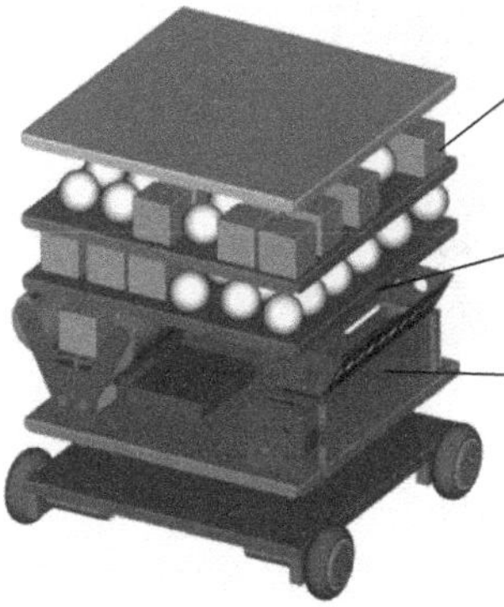

图 7.13 归纳法示意图

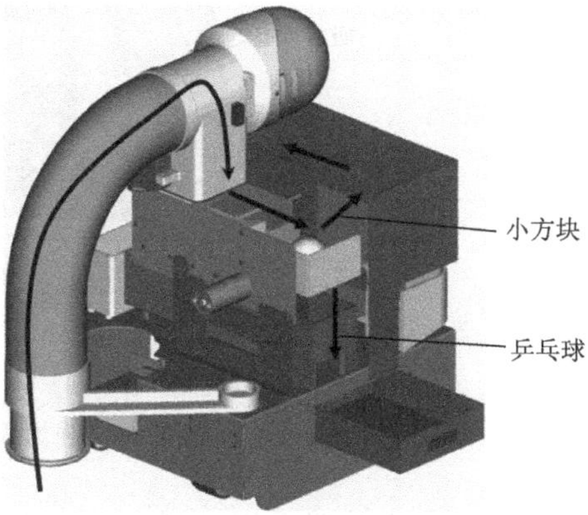

图 7.14 归纳法工作过程

7.2.2 取料器

常用的取料装置有手爪、铲子。手爪一次只能抓取一个工件，效率太低，不采用，所以可用铲子，但又需要专门的机构把铲起的工件抬起一定的高度以便分选及码放，这就增加了装置的复杂度及重量。如图 7.15 所示，采用龙门升降装置。

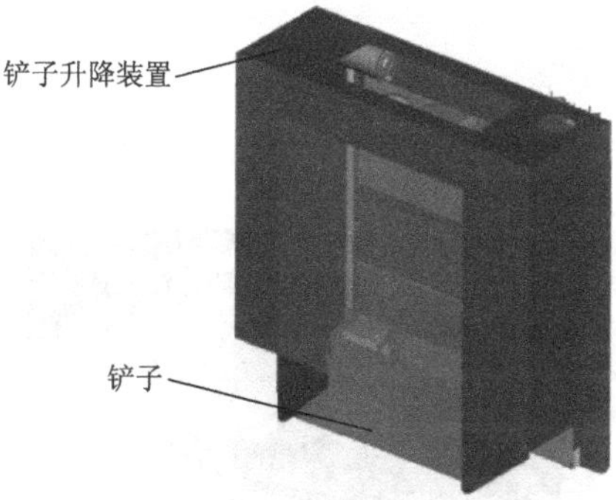

图 7.15 龙门升降装置

另一种比较特殊的方法是采用强力吸尘器装置采料。可设计强力吸气涵道进行吸取，这样可同时取料并将物料抬起至一定高度。具体结构如图 7.16 所示，主要包括负压产生装置、放料口及摇臂。其中，负压产生装置能产生足够的负压以便吸起物料；放料口用于将每次吸进来的物料放至储料层；摇臂用于摆动吸料管道，以便扩大吸料范围，吸起所有的物料。

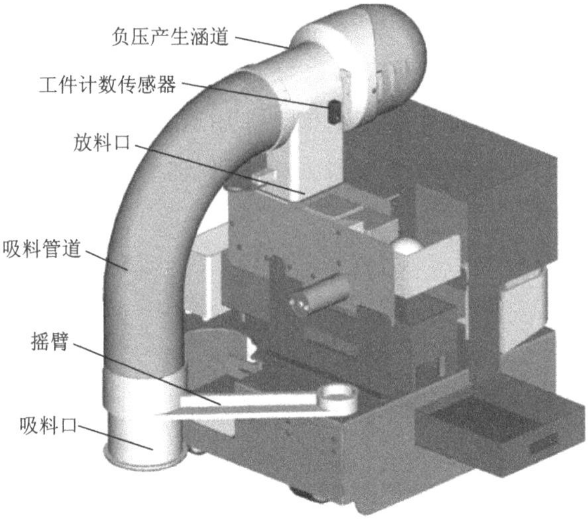

图 7.16　强力吸尘器采料装置结构

负压产生装置采用模型飞机涵道形式，详细结构如图 7.17 所示。

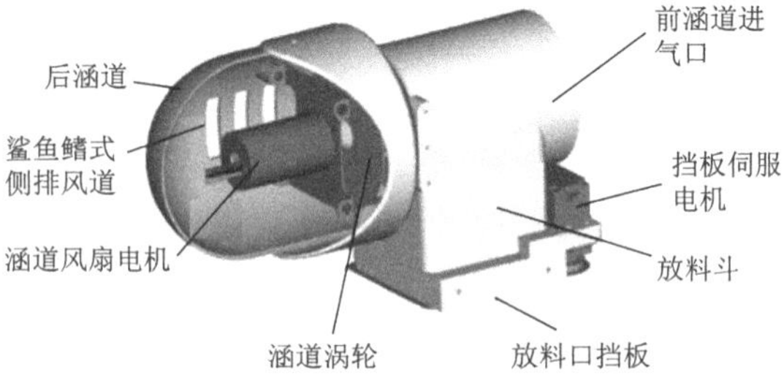

图 7.17　负压产生装置结构

图 7.18　风扇电机

风扇电机采用三相直流无刷外转子电机，最大转速可达 20 000 转，最大功率可达到 300W。用 60A 的超大功率电子调速器控制输出。电机带动涡轮旋转，在吸料管道内产生负压，从而吸起物料，如图 7.18 所示。

本比赛中，由于需将直径为 40mm 的乒乓球和边长为 40mm 的方块混合在一起，从吸气涵道的角度来看，如果物体的截面积为涵道截面积的 70%以上，效果最佳,那么如果让圆形管来吸方块,管子内壁要光滑,也要有一定的弹性,且该管子也要能够支撑得住涵道所产生的负压力,所以最终选择了在建材市场上极易购得的用于油烟台机管道的可伸缩的塑料管。

7.2.3 乒乓球分选机构及过程

乒乓球分选机构如图 7.19 所示,将多数混合料利用筛子的特殊形状将乒乓球和方块分开,该翻斗筛的中间是一个圆形的孔,乒乓球可以通过此孔落到下一层,而方块则不同;采用一个光电感器进行计数;乒乓球和方块分别被倒入不同的料库,去执行下一阶段的任务。

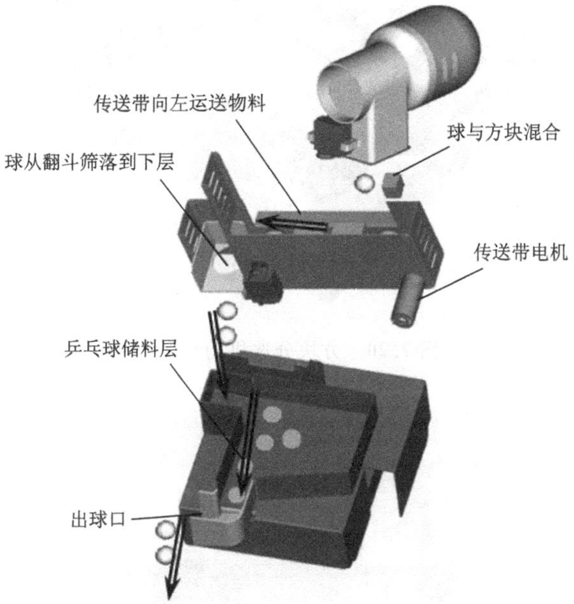

图 7.19 乒乓球分选机构

该翻斗筛由一个可以控制角度与转速的小型直流伺服电机驱动乒乓球。料桶里面可以一次连续放入 20 个乒乓球,有足够的空间与比赛规定接轨。

7.2.4 方块分选机构及过程

方块分选的过程如图 7.20 中箭头所示。翻斗筛每隔一定时间旋转 90°,把方块送到方块传送带上,机器人没有到达方块目标位置时,从翻斗筛分选来的方块堆于方块传送带上,因为传送带的宽度刚好能容纳两个方块,所以此时的方块是以两个为一排自动堆放在传送带上的。当机器人到达方块目标位置后，方块仓库门舵机转动，带动方块仓库门打开，方块会自动落入目标位置。实物图如图 7.21 所示。

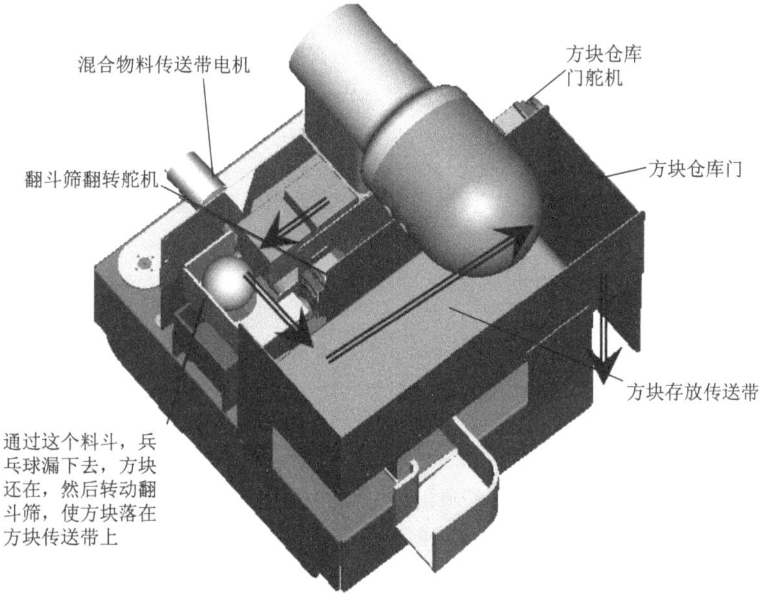

图 7.20　方块分选机构和过程

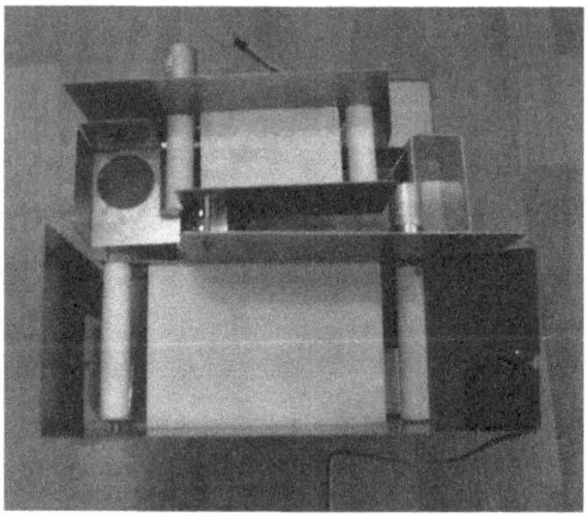

图 7.21　方块分选机构实物图

7.2.5　巡线底盘

采用两个直流减速电机作为动力源，机器人最快移动速度达 15m/min，可尽快地完成比赛任务。上体能承受 10～20kg 的压力，并且具有爬坡功能，如图

7.22 所示。底盘主要零件安装效果如图 7.23 所示。

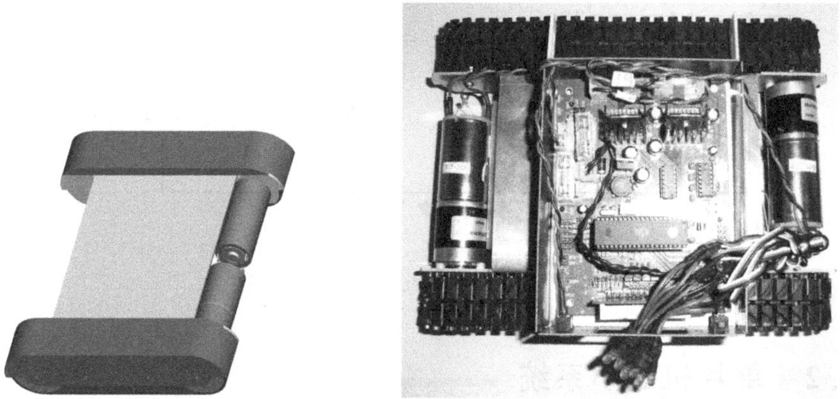

图 7.22 巡线底盘

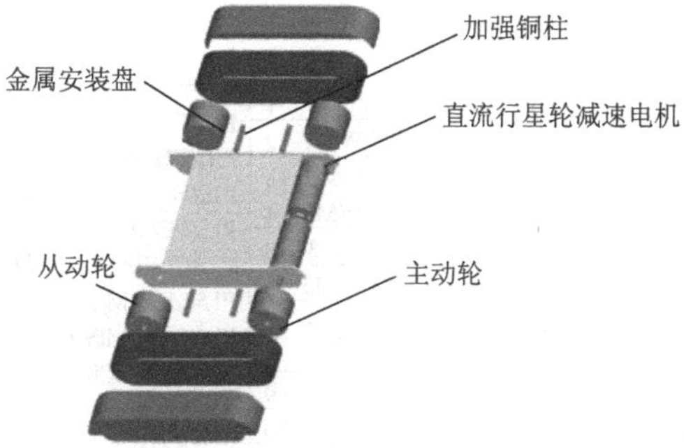

图 7.23 底盘主要零件安装效果

7.3 电子部分设计

7.3.1 供电模块

供电模块电路如图 7.24 所示。根据机械部分的设计要求，知道需要用到两种电池：7.4V 锂电池和 11.1V 锂电池。7.4V 主要是给舵机供电用的。11.1V 的电池为控制板供电，并且为电机提供能量。7.4V 和 11.1V 的电池共地。利用 LM2576 作为降压稳压器。

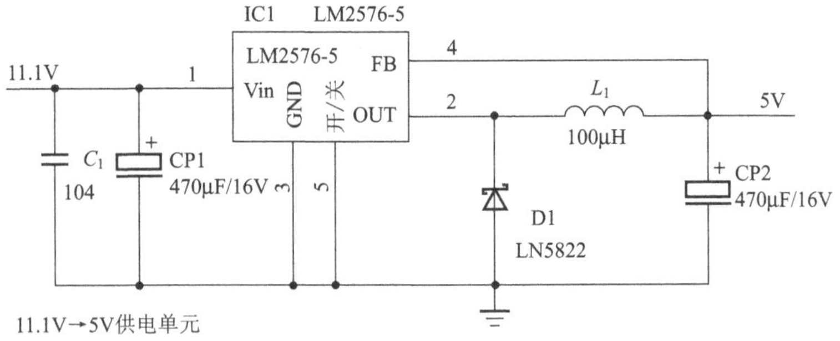

图 7.24　供电模块电路

7.3.2　单片机最小系统

使用 AT89S52 作为 CPU,用其构成的单片机最小系统电路如图 7.25 所示。

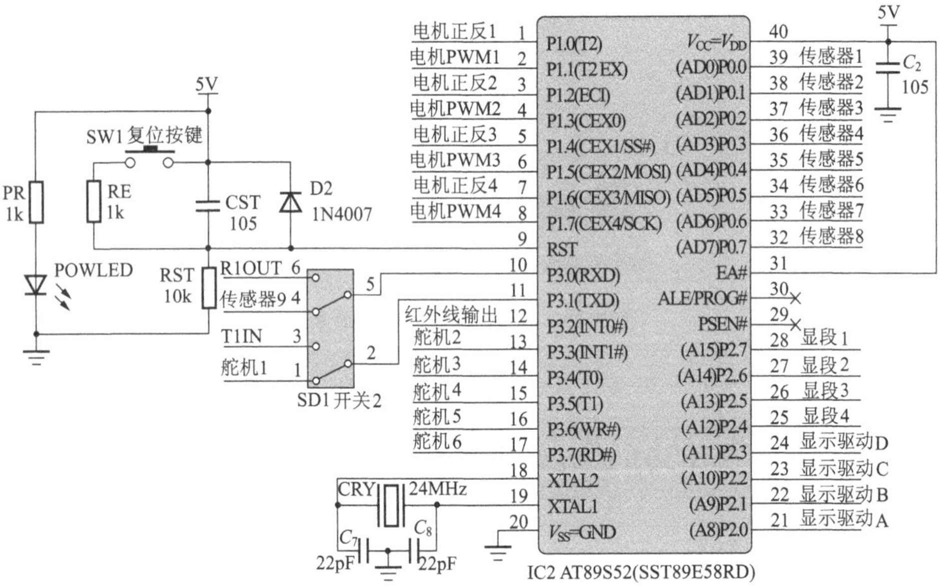

图 7.25　AT89S52 最小系统电路

7.3.3　传感器电路

电路板共留有九路传感器接口,每个接口有三个端子,分别为传感器输入端、5V 供电端、GND 接地端,如图 7.26 所示。这九路信号占用了单片机的

P0.0～P0.7 和 P3.0 口。

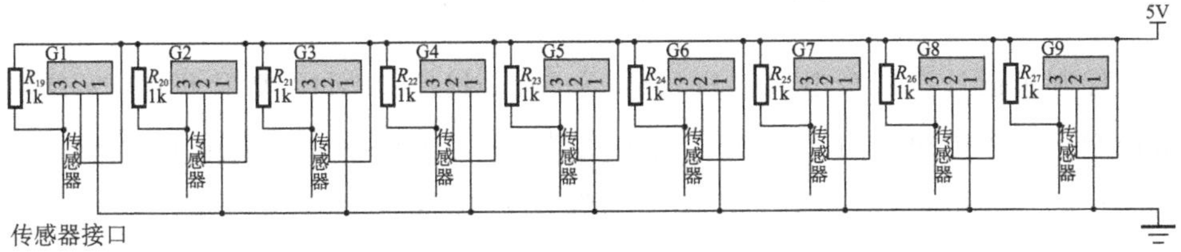

图 7.26 传感器电路

7.3.4 舵机接口电路

控制板设计有六个舵机接口，分别占用 P3.1～P3.7 六个端口，一共可以控制六个舵机，采用 7.4V 电压供电。具体电路如图 7.27 所示。

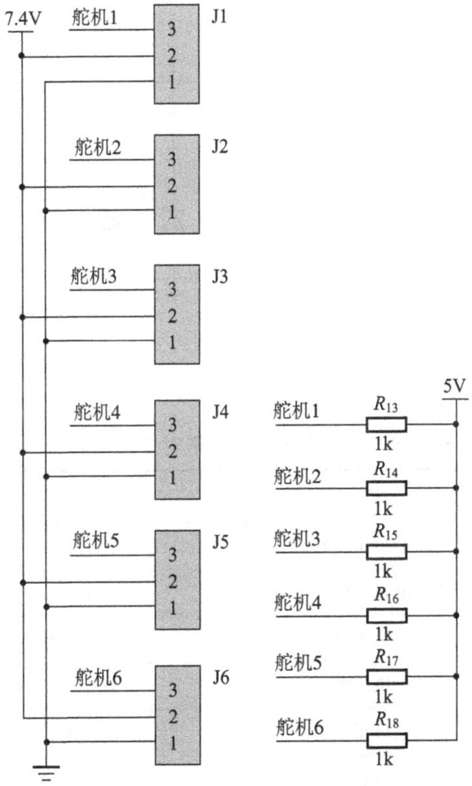

图 7.27 舵机接口电路

7.3.5 电机驱动及接口电路

控制板设计有四个电机接口，分别为 M1、M2、M3、M4。单片机的 P1 口用来控制这四个电机。每个电机有两种属性：正反转和启停。采用 LM298N 电机驱动芯片，具体电路如图 7.28 所示，端子对应关系如表 7.1 所示。

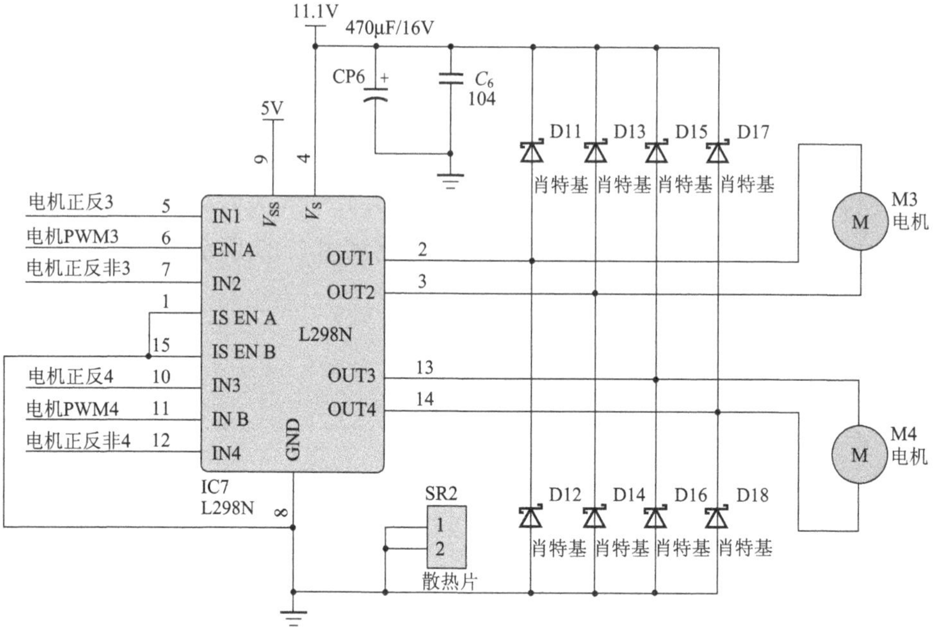

图 7.28　电机驱动电路

表 7.1　电机驱动端子对应关系表

端　口	功　能	备　注
P1.0	M1 电机正反转	置 1 正转，置 0 反转
P1.1	M1 电机启停	置 1 转，置 0 停
P1.2	M2 电机正反转	置 1 正转，置 0 反转
P1.3	M2 电机启停	置 1 转，置 0 停
P1.4	M3 电机正反转	置 1 正转，置 0 反转
P1.5	M3 电机启停	置 1 转，置 0 停
P1.6	M4 电机正反转	置 1 正转，置 0 反转
P1.7	M4 电机启停	置 1 转，置 0 停

7.3.6 八段码显示电路

另外还有有数码管显示接口电路，如图 7.29 所示，用于显示当前工件的数量等。本控制板共可以显示四位八段码。使用扫描方式可以同时显示四位数字，使用整个 P2 口控制数码管显示。采用 74LS47 作为数码管译码器/驱动器，用于将 BCD 码转化成数码块中的数字，直接将数字转换为数码管的显示数字，从而简化了程序，节约了单片机 I/O 口的开销。具体定义如表 7.2 所示。

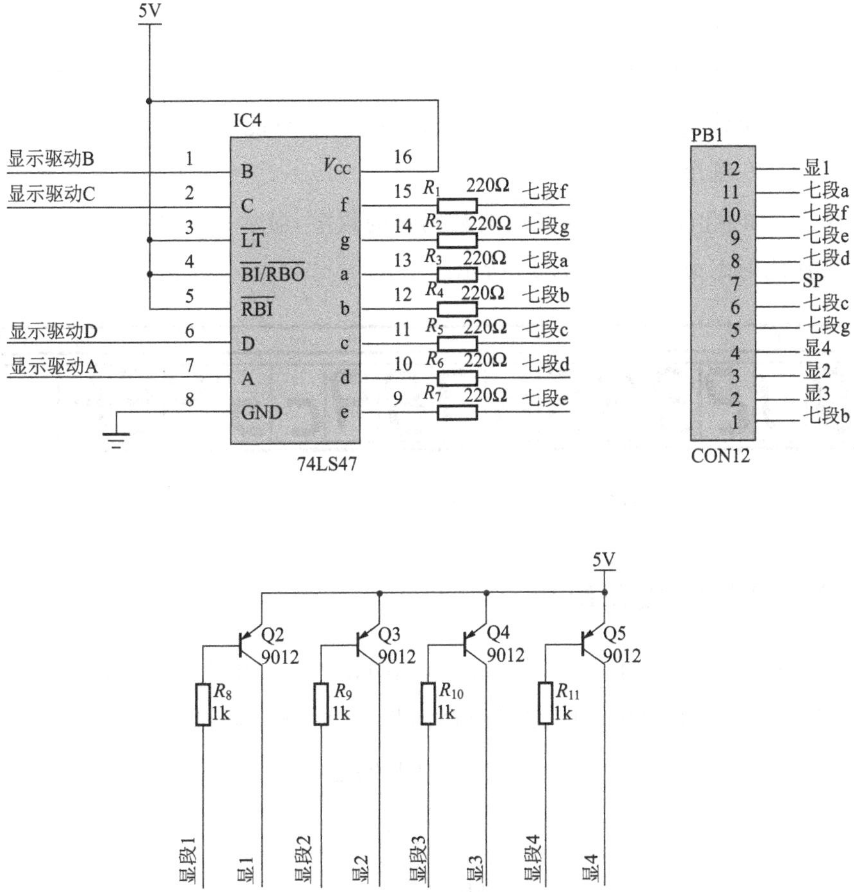

图 7.29　数码管显示电路

由于数码管内部是并联的，所以在使用时需要注意关断使能端。也就是一个数码管亮的时候，其他数码管应该都关闭，否则就会发生显示不清（重影）的问题。

表 7.2　数码管显示电路端口定义表

端　口	功　能	备　注
P2.7	第 1 个数码管使能端	置 0 数码管亮，置 1 此段熄灭
P2.6	第 2 个数码管使能端	置 0 数码管亮，置 1 此段熄灭
P2.5	第 3 个数码管使能端	置 0 数码管亮，置 1 此段熄灭
P2.4	第 4 个数码管使能端	置 0 数码管亮，置 1 此段熄灭
P2.3	BCD 码 D3 位	
P2.2	BCD 码 D2 位	
P2.1	BCD 码 D1 位	
P2.0	BCD 码 D0 位	

简单地说就是 P2.7～P2.4 在任何瞬间，最多只能有一个为低（置 0）。对应端哪个是 0 哪个亮。

BCD 端的组合决定了对应使能数码管的数字，显示 0～9 的数字，大于 9 的部分以其他形态显示，如图 7.30 所示。

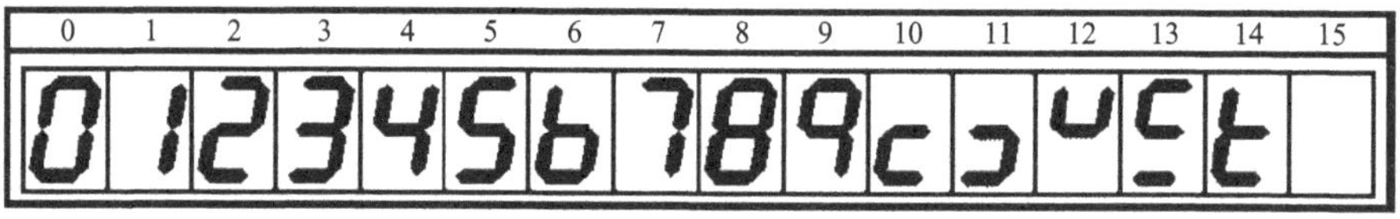

图 7.30　BCD 码与数码管显示数字对应图

7.3.7　红外线接口电路

为方便调试，设计了红外线接口。采用 HS0038B 红外接收头，具体连接如图 7.31 示。可以通过中断的方式与控制板交互，减少调试时间。红外线接口

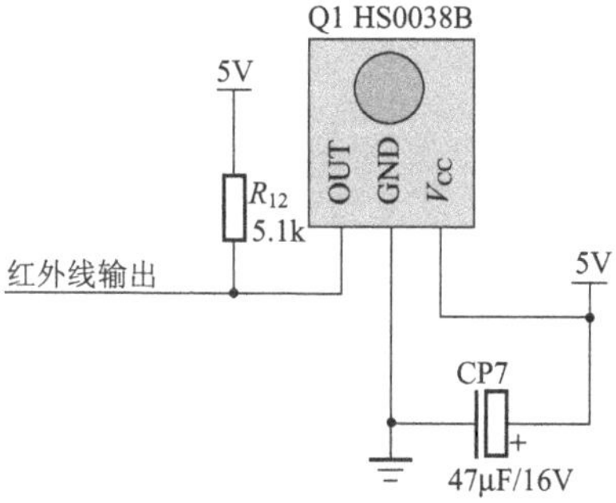

图 7.31　红外线接口电路

定义为:1 为信号输入、2 为 V_{CC}(5V)、3 为 GND。红外线信号接到单片机的 P3.2 管脚上。使用时可以利用 INT0 中断获取红外线串行信号的输入。

7.3.8 RS-232 串行通信接口

串口通信的连接是标准的连接方式。占用 P3.0 与 P3.1 两个单片机端口用来作数据收发。使用 Max232 兼容 RS232 标准芯片。该器件包含两个驱动器、两个接收器和一个电压发生器电路提供 TIA/EIA-232-F 电平。每一个接收器将 TIA/EIA-232-F 电平转换成 5V TTL/CMOS 电平。每一个发送器将 TTL/CMOS 电平转换成 TIA/EIA-232-F 电平。具体电路如图 7.32 所示。

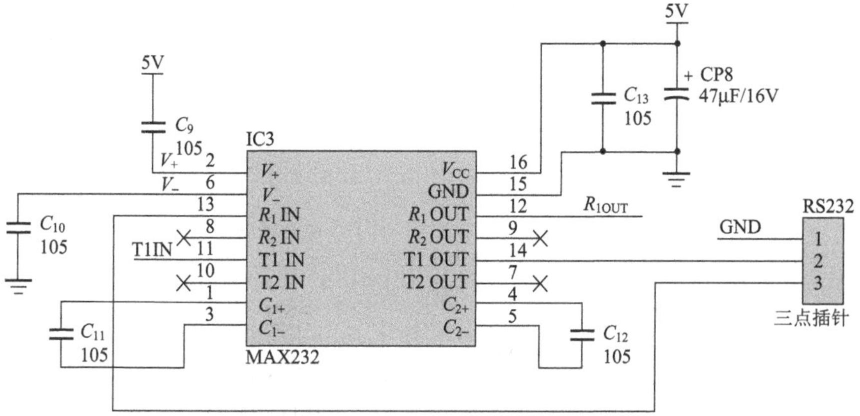

图 7.32 RS-232 串行通信接口电路

7.3.9 控制板测试电路

为了方便调试特别加入了一些测试点,测试电路如图 7.33 所示,各测试点的对应关系列举如下:

- TT0——串口收发检测端。
- TT1——11.1V 供电端。
- TT2——7.4V 供电端。
- TT3——5V 供电端。
- TT4——GND 端。
- TT5——GND 端。

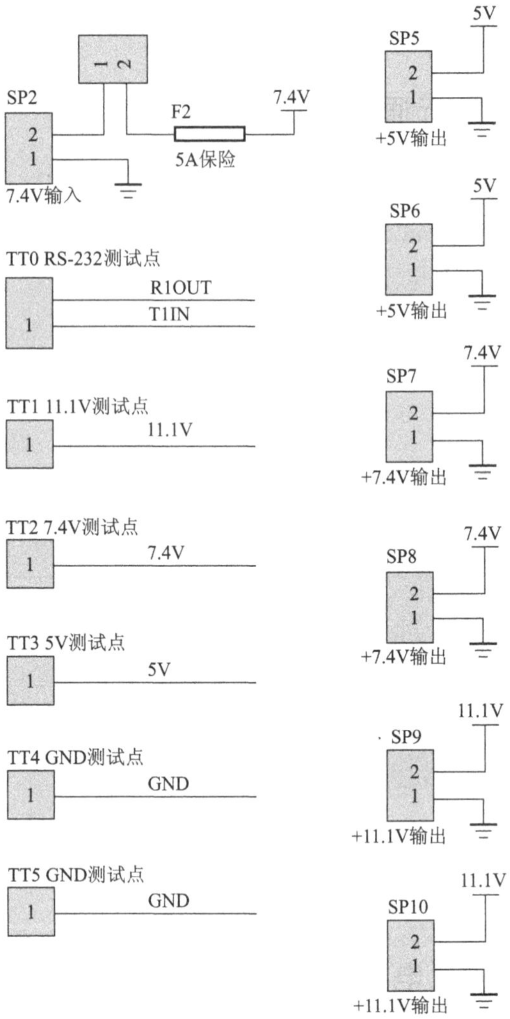

图 7.33　端子及测试点电路

7.3.10　总控制板

控制板可以使用 51 核心单片机，型号有 AT89C51、AT89C52、AT89S51、AT89S52、STC89C52RC、SST89E58RD，本次设计的控制板实物图如图 7.34 所示。

图 7.34 51 核心单片机控制板

7.4 开发软件

控制板是基于 51 单片机的，对于程序的编译和链接，可以使用 KEIL C，这样可以大大提高开发效率，节省开发时间。

7.4.1 KEIL C 简介

由于使用的单片机是 AT89S52，是 51 的内核，所以可以使用支持 C51 的开发软件帮助编辑程序和编译链接程序。KEIL C 就是这样一款软件，KEIL C 的软件界面如图 7.35 所示。

在项目中可以建立自己的工程，根据工程添加编辑程序文件。最终使用“完全编译”功能完成编译。在烧录单片机之前还应该生成对应的“.HEX”INTEL 二进制文件。将“.HEX”文件烧到芯片里，上电运行就可以看到程序的运行效果了。

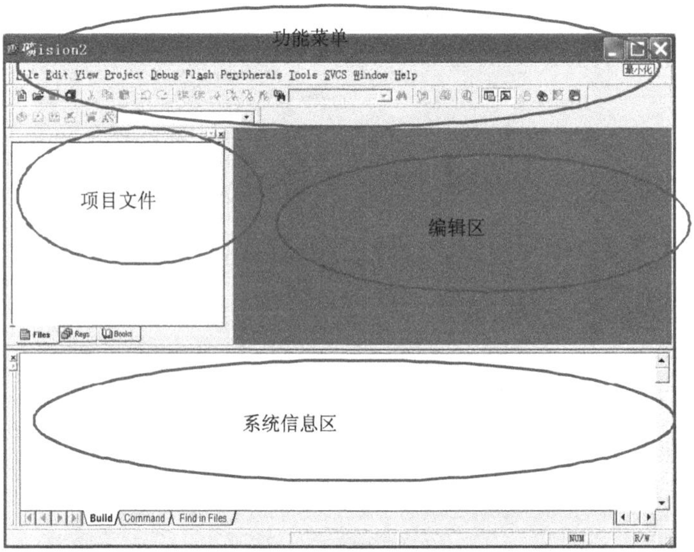

图 7.35　KEIL C 的开发界面

7.4.2　KEIL C 的使用

以下是用 KEIL C 进行软件开发的具体操作步骤如下。

1. 在 KEIL C 下建立工程(Project)

在“Project”菜单下选择“New Project”，这时会有对话框询问将工程保存在什么目录下，并询问工程名称，这个名称将使系统相关的文件都以这个名字为开头，包括我们将要用到的 HEX 文件，如图 7.36 所示。

2. 选择开发芯片类型

在设置好文件名和目录以后，系统会询问所使用的芯片类型。我们这里只使用标准的 AT89S52 即可，如图 7.37 所示，单击“确定”完成工程向导。

3. 添加程序文件到工程

将制作好的 C 程序和汇编文件(必须以“.C”和“.ASM”为后缀文件名)加入到新的工程中。我们可以在图 7.38 中的对应位置单击右键并左键单击对应选项添加文件。

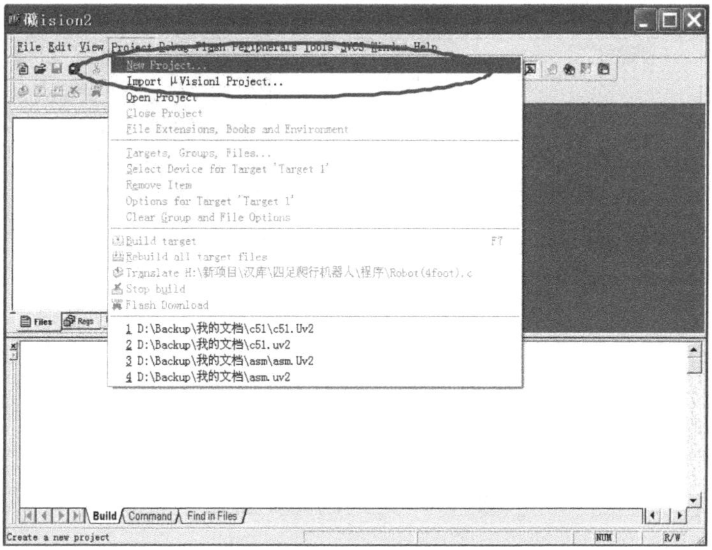

图 7.36 新建工程

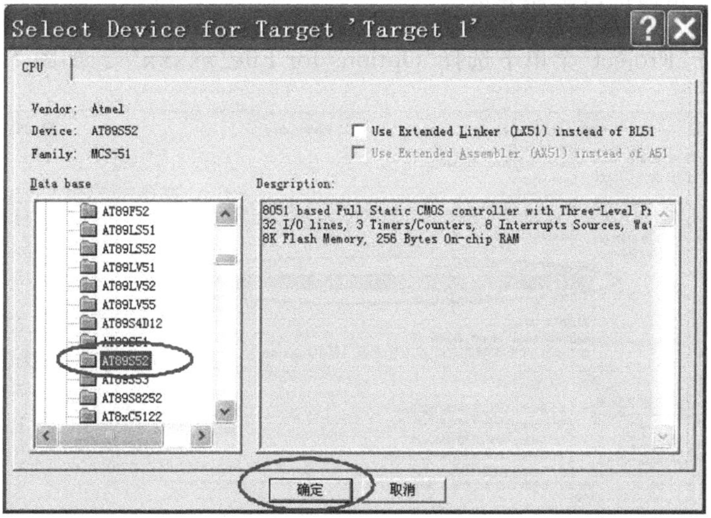

图 7.37 选择芯片类型

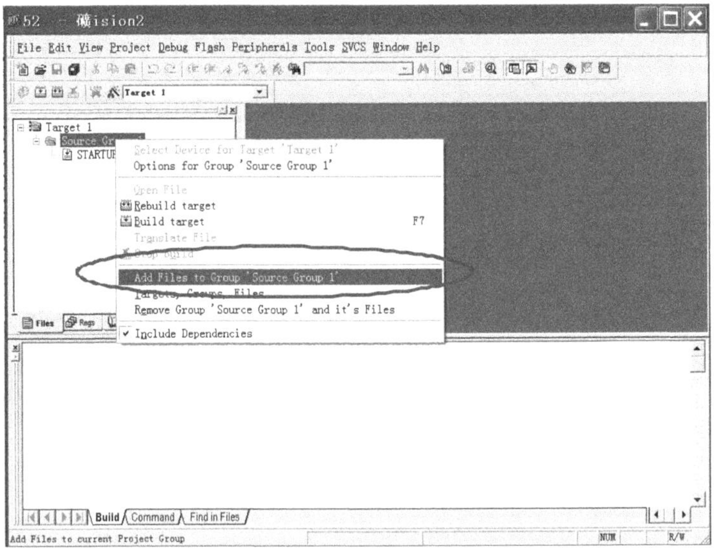

图 7.38　在工程中添加文件

4. 设置工程属性

每个工程的要求不一样，在 KEIL C 中为这些属性做了一个属性选项。可以设置好工程属性以方便开发。

首先在“Project”菜单下选择“Options for File‘xxxxx’”。如图 7.39 所示。

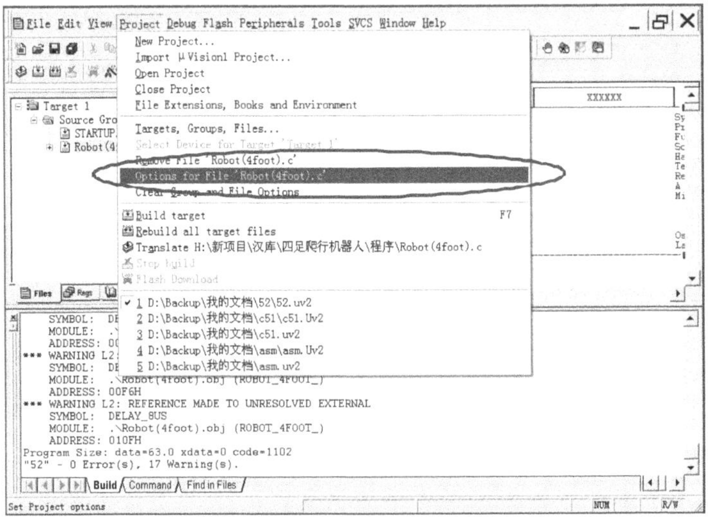

图 7.39　设置工程属性

之后就会弹出工程属性对话框，在第三个"Output"选项卡下，将生成 HEX 文件的选项打上"√"，如图 7.40 所示。

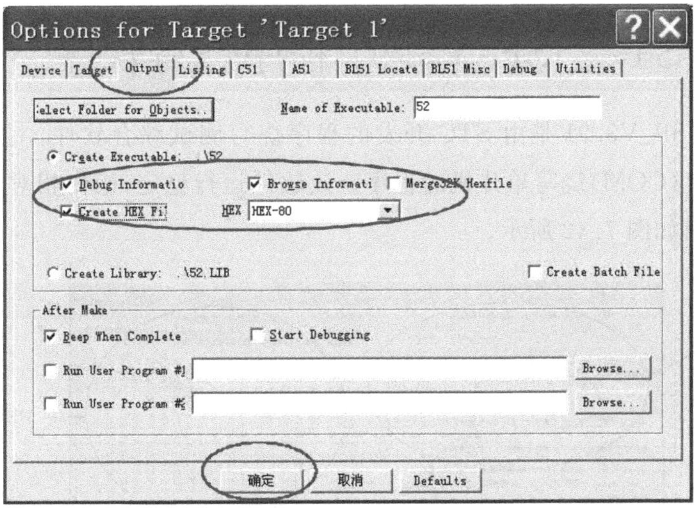

图 7.40 选择生成 HEX 文件的选项

点击"确定"完成工程属性的调整，这样我们在之后生成的过程中就会生成 HEX 文件。对于下面的烧录软件来说，需要的就是 HEX 文件。我们可以选择完全编译，然后看看是否生成了 HEX 文件，如图 7.41 所示。

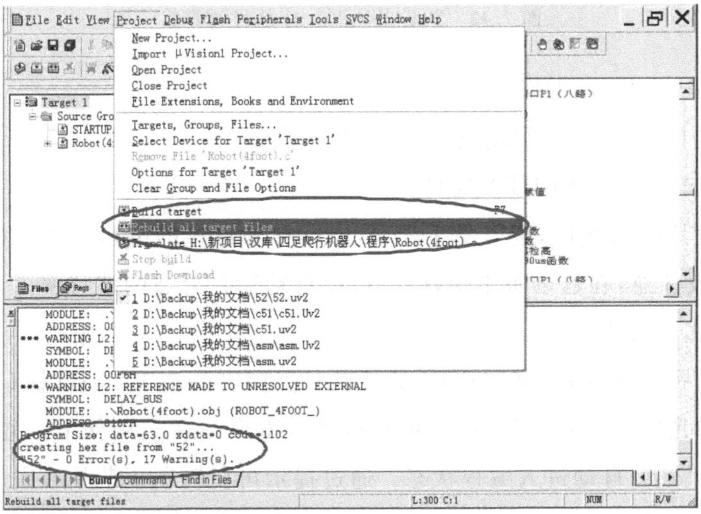

图 7.41 编译生成 HEX 文件

这样我们就可以使用工程中的 HEX 文件通过 STC_ISP_V3.91 烧录软件烧录 STC89C52RC 了。

7.5　STC_ISP_V3.91 程序烧写软件

STC_ISP_V3.91 是由 STC 开发的程序烧写测试综合软件。它可以通过普通的串口(COM)烧写单片机的程序。该软件运行稳定,操作相对方便,软件的操作界面如图 7.42 所示。

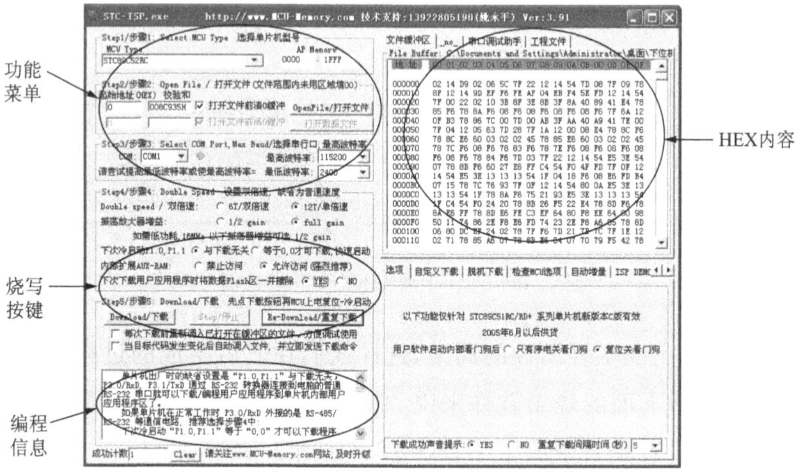

图 7.42　STC_ISP_V3.91 软件的界面

以下是烧写程序的操作步骤:

(1) 选择芯片类型,目前选择 STC89C52RC。

(2) 选择要烧写的 HEX 文件。

(3) 设置串行端口,这里要注意端口号,看看连接的端口是否正确;波特率的选择比较任意,在这个版本中,已经可以自动捕获合适的波特率了,所以一般不做改动就可以使用。

(4) 选择单倍速;全增益;与下载无关;允许访问;清 FLASH 区(YES)。

(5) 单击“下载”按钮后,打开单片机供电电源或者按硬件上的复位键。在上电后单片机会自动进入编程状态。通过提示可以判断下载是否完成。

烧制单片机程序需要注意以下事项:

(1) 在选择芯片时一定要看清型号,否则很容易选错。

(2) 要特别注意串口号。

(3) 一定要先点“编程”按钮，然后再开控制板上的电源，否则下载不会成功。

7.6 软件设计

图 7.43 所示为物流机器人的被控对象，每个被控对象都有一个专用的 I/O接口，用来处理自己的输入/输出信息。本次设计的 I/O 分配如表 7.3 所示。

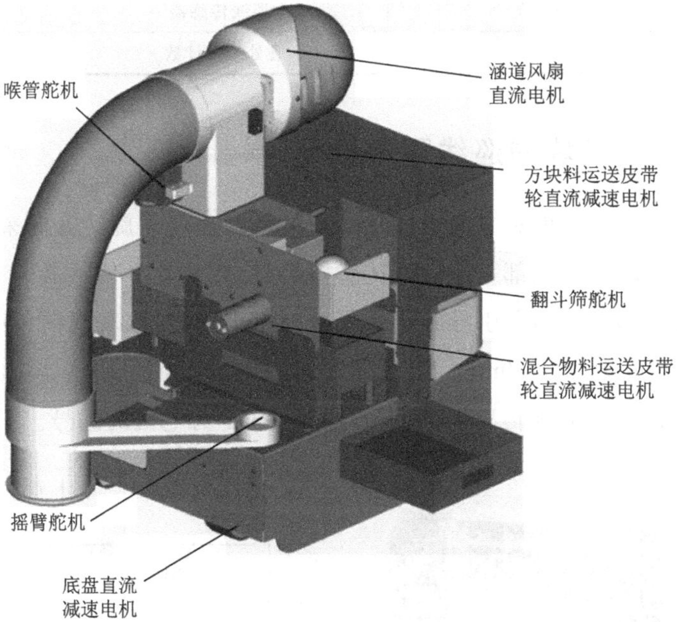

图 7.43 物流机器人的被控对象

表 7.3 物流机器人 I/O 分配表

I/O 接口	引脚接口
P1.6	底盘左电机正反转
P1.7	底盘左电机启停
P1.2	底盘右电机正反转
P1.3	底盘右电机启停
P1.0	方块传送带电机正反转

续表 7.3

I/O 接口	引脚接口
P1.1	方块传送带电机启停
P1.4	混合物料传送带电机正反转
P1.5	混合物料传送带电机启停
P3.7	涵道风扇电机电子调速器
P3.1	摇臂舵机
P3.6	喉管舵机
P3.5	翻斗筛舵机
P3.7	方块仓库门舵机
P0.0～P0.5	6 个巡线传感器
P0.6	喉管处工件计数

7.6.1　移动模块的巡线程序设计

机器人巡线的速度和方向由底盘 2 个电机的速度和旋转方向来控制，对巡线状态的检测取决于底部 6 个光电传感器的状态，这 6 个传感器的布局由机器人底盘的尺寸和场地白色引导条的宽度及间距来确定，该场地白色引导条间隔为 200mm、宽度为 15～20mm，为了巡线的准确和灵活，将传感器按图7.44进行布局，其中的 S1～S6 为传感器的编号，M1 和 M2 为电机的编号。

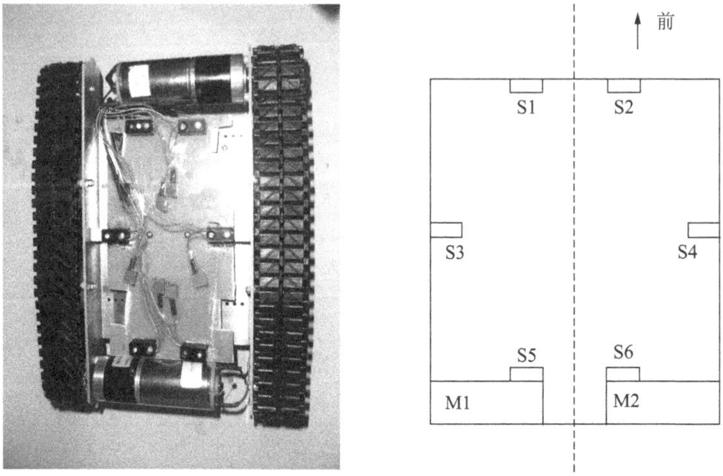

图 7.44　传感器布局

7.6.2 机器人方向控制程序设计

1. 前进子程序

前进子程序分两个阶段进行，即前进 1 格子程序 A 与前进 1 格子程序 B。依靠 S3 和 S4 进行数格。执行完毕后，自动改变 X、Y 坐标，不改变方向标。

(1) 前进 1 格子程序流程如图 7.45 所示。

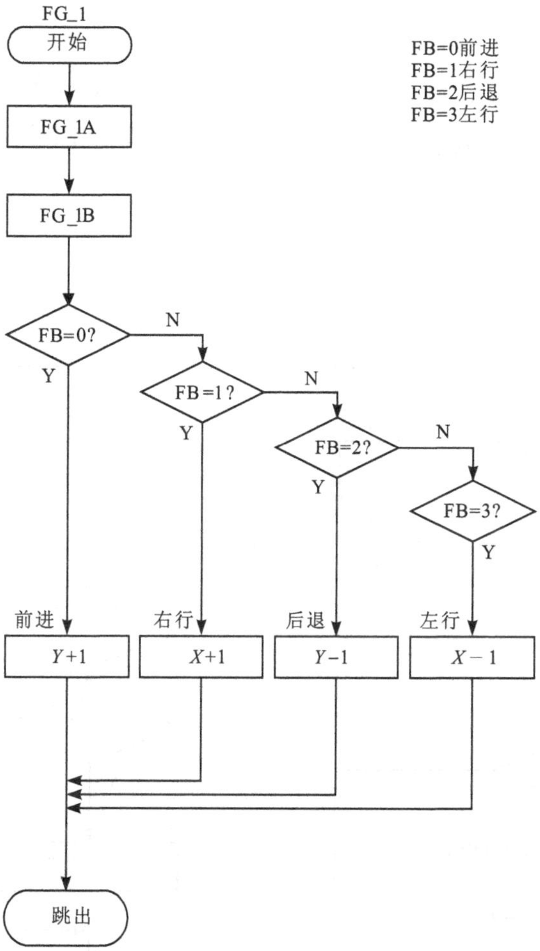

图 7.45 前进 1 格子程序流程图

(2) 前进 1 格子程序 A。

前进 1 格子程序 A 属于前进巡线中的第一阶段。S3 与 S4 要检测从白色

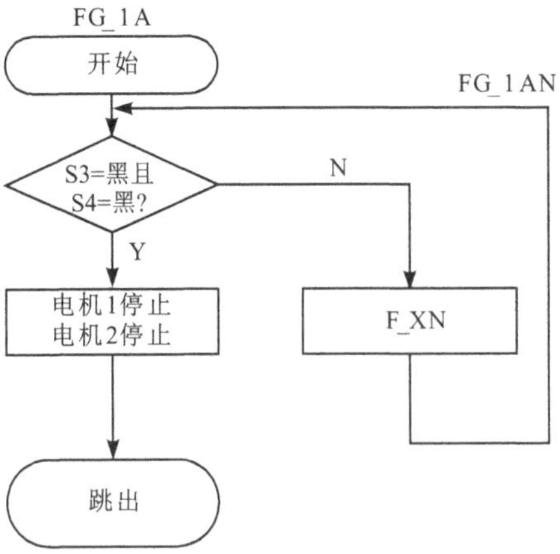

图 7.46 前进 1 格子程序 A 流程图

变成黑色，小车才进入下一阶段，如图 7.46 所示。

(3) 前进 1 格子程序 B。

前进 1 格子程序 B 属于前进巡线中的第二阶段，S3 和 S4 中，只要有一个从黑色变成白色，小车就停止前进。后来又加入了防止丢格计数器。利用 S3、S4、S5、S6 四个传感器进行计数，如图 7.47 所示。

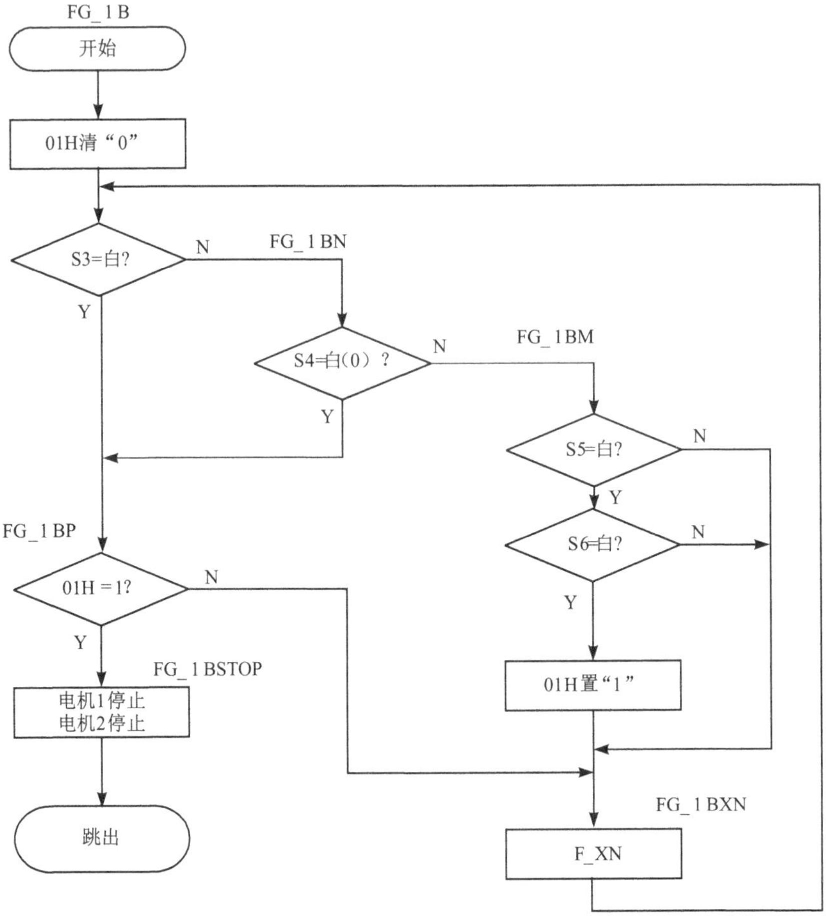

图 7.47 前进 1 格子程序 B 流程图

(4) 前进巡线驱动子程序。如图 7.48 所示。

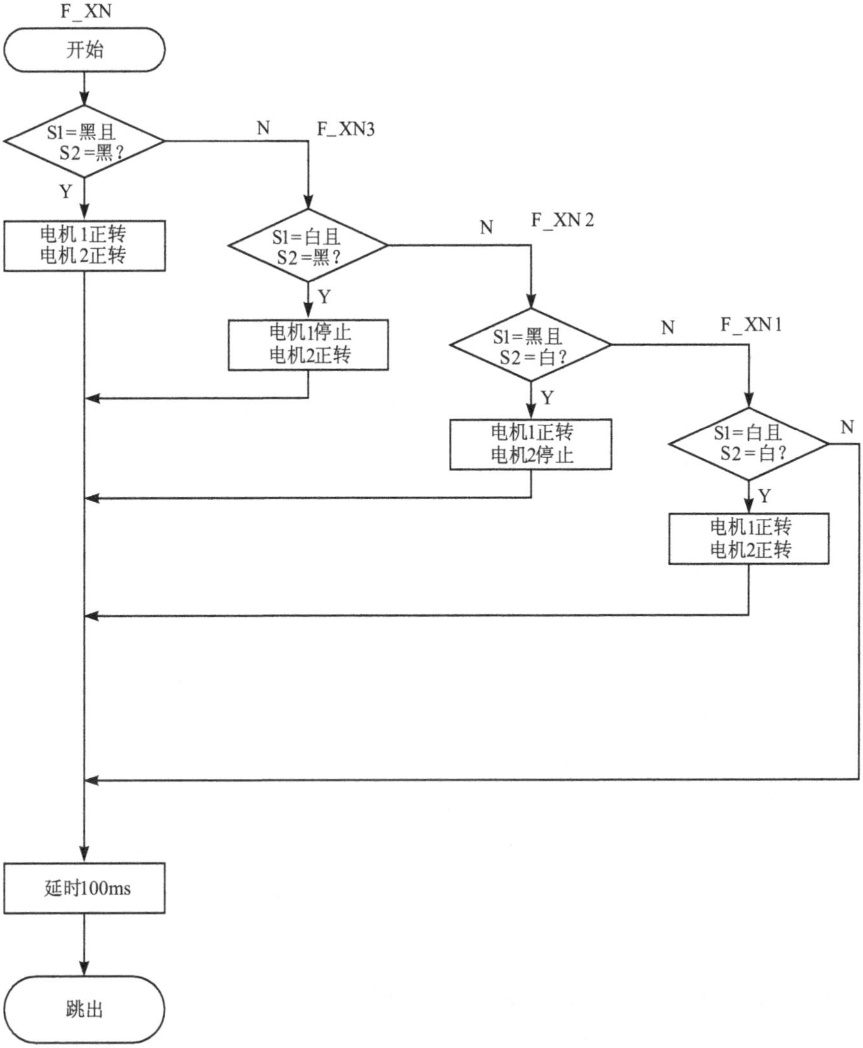

图 7.48 前进巡线驱动子程序流程图

前进 1 格子程序 A：

```
FG_1A:  MOV    P0,# 0FFH
        MOV    A,P0
        ANL    A,# 0CH
        CJNE   A,# 0CH,FG_1AN
```

```
                SETB   P1.6     ;左正
                CLR    P1.7     ;左停止
                SETB   P1.2     ;右正
                CLR    P1.3     ;右停止
                AJMP   FG_1ARET
      FG_1AN:   LCALL  F_XN
                AJMP   FG_1A
    FG_1ARET:   RET
```

前进1格子程序B：

```
       FG_1B:   CLR    01H      ;标志位清"0"
      FG_1BA:   MOV    P0,# 0FFH
                JB     P0.2,FG_1BN
                AJMP   FG_1BP
      FG_1BN:   JB     P0.3,FG_1BM
                AJMP   FG_1BP
      FG_1BP:   JNB    01H,FG_1BXN
                AJMP   FG_1BSTOP
      FG_1BM:   JB     P0.0,FG_1BXN   ;原来是 P0.4
                JB     P0.1,FG_1BXN   ;原来是 P0.5
                SETB   01H      ;标志位置"1"
                AJMP   FG_1BXN
   FG_1BSTOP:   SETB   P1.6     ;左正
                CLR    P1.7     ;左停止
                SETB   P1.2     ;右正
                CLR    P1.3     ;右停止
                AJMP   FG_1BRET
     FG_1BXN:   LCALL  F_XN
                AJMP   FG_1BA
    FG_1BRET:   RET
```

前进1格子程序：

```
FG_1:   LCALL  FG_1A
        LCALL  FG_1B
        SETB   P1.6     ;左正
        CLR    P1.7     ;左停止
        SETB   P1.2     ;右正
        CLR    P1.3     ;右停止
        RET
```

后退1格子程序A：

```
BG_1A:   MOV    P0,# 0FFH
         MOV    A,P0
         ANL    A,# 0CH
         CJNE   A,# 0CH,BG_1AN
         SETB   P1.6     ;左
         CLR    P1.7     ;左停止
         SETB   P1.2     ;右
         CLR    P1.3     ;右停止
         AJMP   BG_1ARET
BG_1AN:  LCALL  B_XN
         AJMP   BG_1A
BG_1ARET:RET
```

前进巡线巡环子程序：

```
F_XN:   MOV    P1,# 00H
        MOV    P0,# 0FFH
        MOV    A,P0
        ANL    A,# 03H
        CJNE   A,# 03H,F_XN3
        SETB   P1.6     ;左正
        SETB   P1.7     ;左启动
        SETB   P1.2     ;右正
```

```
            SETB    P1.3     ;右启动
            AJMP    F_XN100
F_XN3:      CJNE    A,# 02H,F_XN2
            SETB    P1.6     ;左正
            CLR     P1.7     ;左启动
            SETB    P1.2     ;右正
            SETB    P1.3     ;右启动
            AJMP    F_XN100
F_XN2:      CJNE    A,# 01H,F_XN1
            SETB    P1.6     ;左正
            SETB    P1.7     ;左启动
            SETB    P1.2     ;右正
            CLR     P1.3     ;右停止
            AJMP    F_XN100
F_XN1:      CJNE    A,# 00H,F_XN100
            SETB    P1.6     ;左正
            SETB    P1.7     ;左启动
            SETB    P1.2     ;右正
            SETB    P1.3     ;右启动
            AJMP    F_XN100
F_XN100:    LCALL   DE_10MS
            RET
```

2. 后退子程序

后退子程序分两个阶段进行。依靠 S3 与 S4 进行数格。执行完毕后，自动改变 X、Y 坐标，不改变方向标。

(1) 后退 1 格子程序如图 7.49 所示。

(2) 后退 1 格子程序 A。

后退 1 格子程序 A 属于后退巡线中的第一阶段。S3 与 S4 均要从白色变成黑色，小车才进入下一阶段，如图 7.50 所示。

(3) 后退 1 格子程序 B。如图 7.51 所示。

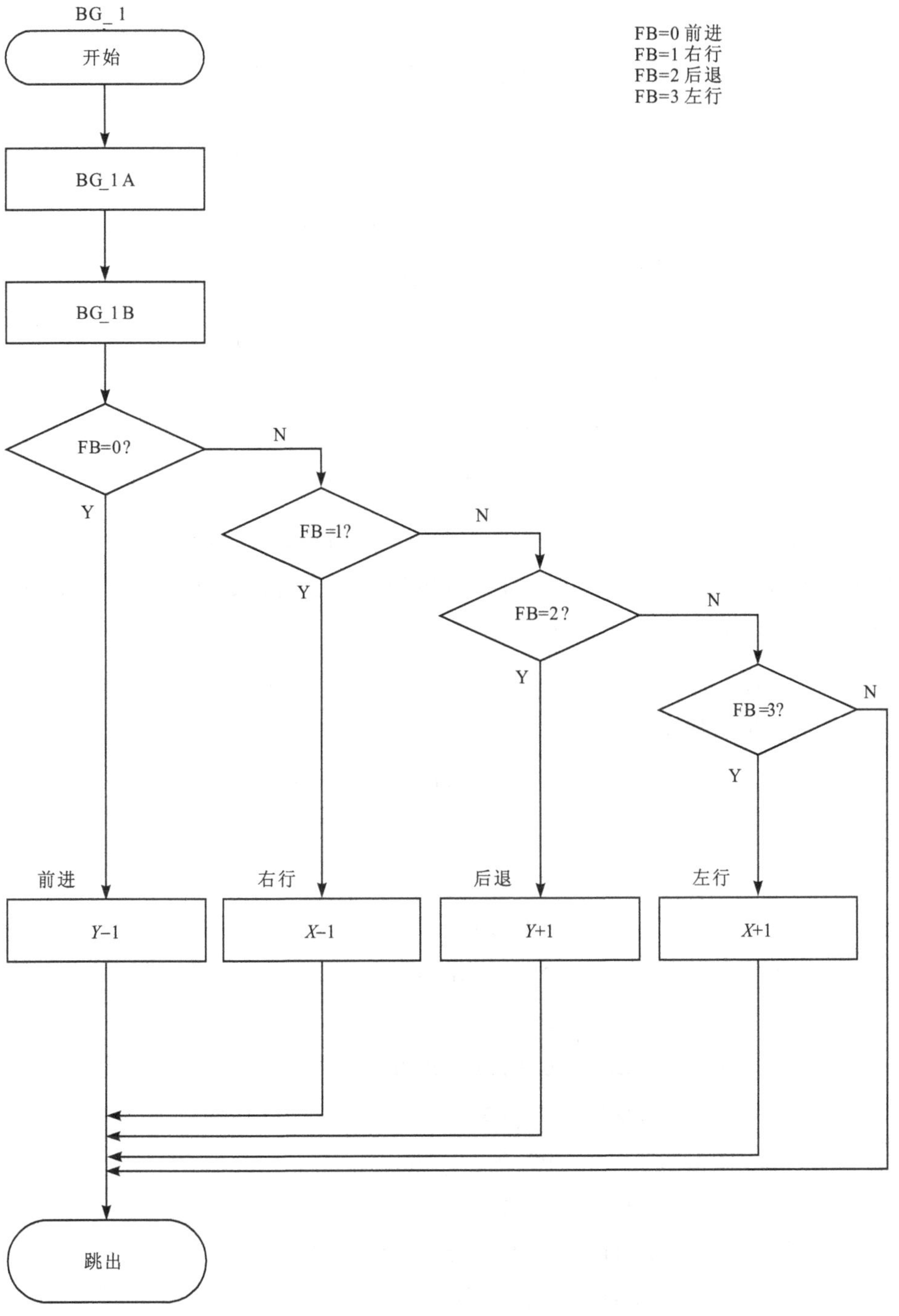

图 7.49 后退 1 格子程序流程图

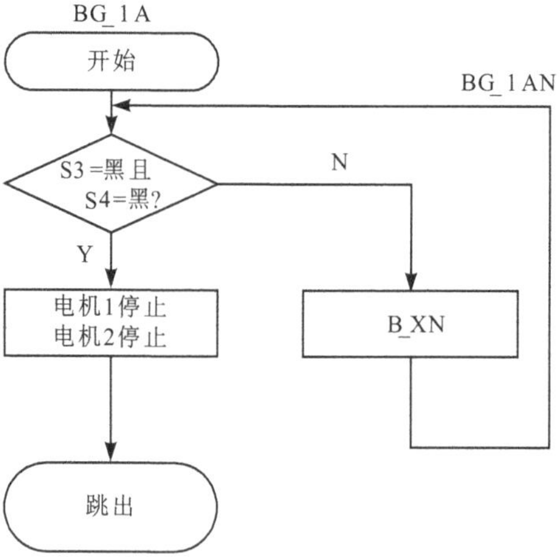

图 7.50 后退1格子程序A流程图

后退1格子程序B属于前进巡线中的第二阶段。S3与S4中只要有一个从黑色变成白色，小车就停止前进。后边加了防丢格计数部分，利用S3、S4、S1、S2四个传感器进行计数，如图7.51所示。

(4) 后退巡线循环子程序，如图7.52所示。

后退1格子程序B:

```
  BG_1B:     CLR    01H        ;标志位清"0"
 BG_1BA:     MOV    P0,# 0FFH
             JB     P0.2,BG_1BN
             AJMP   BG_1BP
 BG_1BN:     JB     P0.3,BG_1BM
             AJMP   BG_1BP
 BG_1BP:     JNB    01H,BG_1BXN
             AJMP   BG_1BSTOP
 BG_1BM:     JB     P0.0,BG_1BXN
             JB     P0.1,BG_1BXN
             SETB   01H        ;标志位置"1"
             AJMP   BG_1BXN
BG_1BSTOP:   SETB   P1.6        ;左正
             CLR    P1.7        ;左停止
```

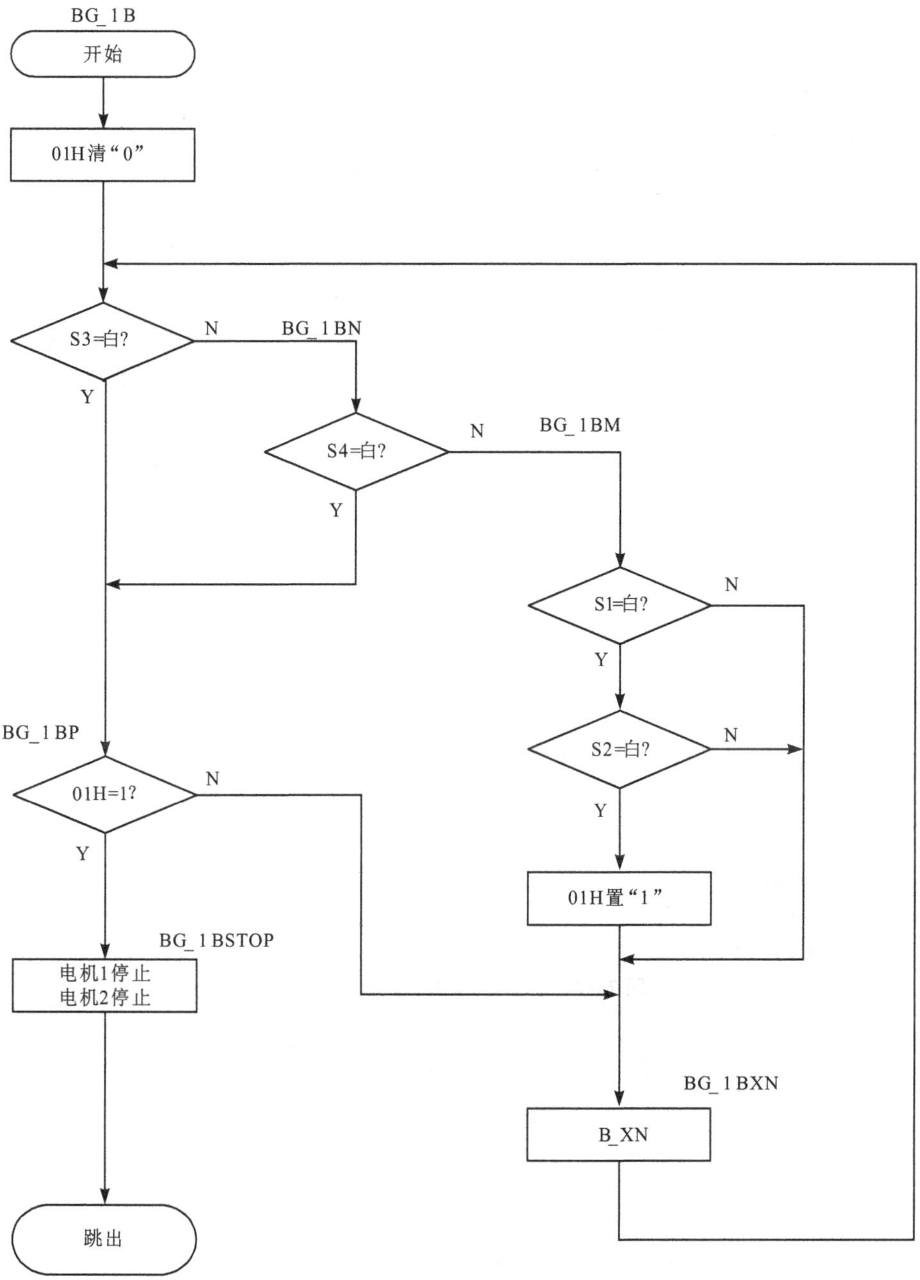

图 7.51 后退 1 格子程序 B 流程图

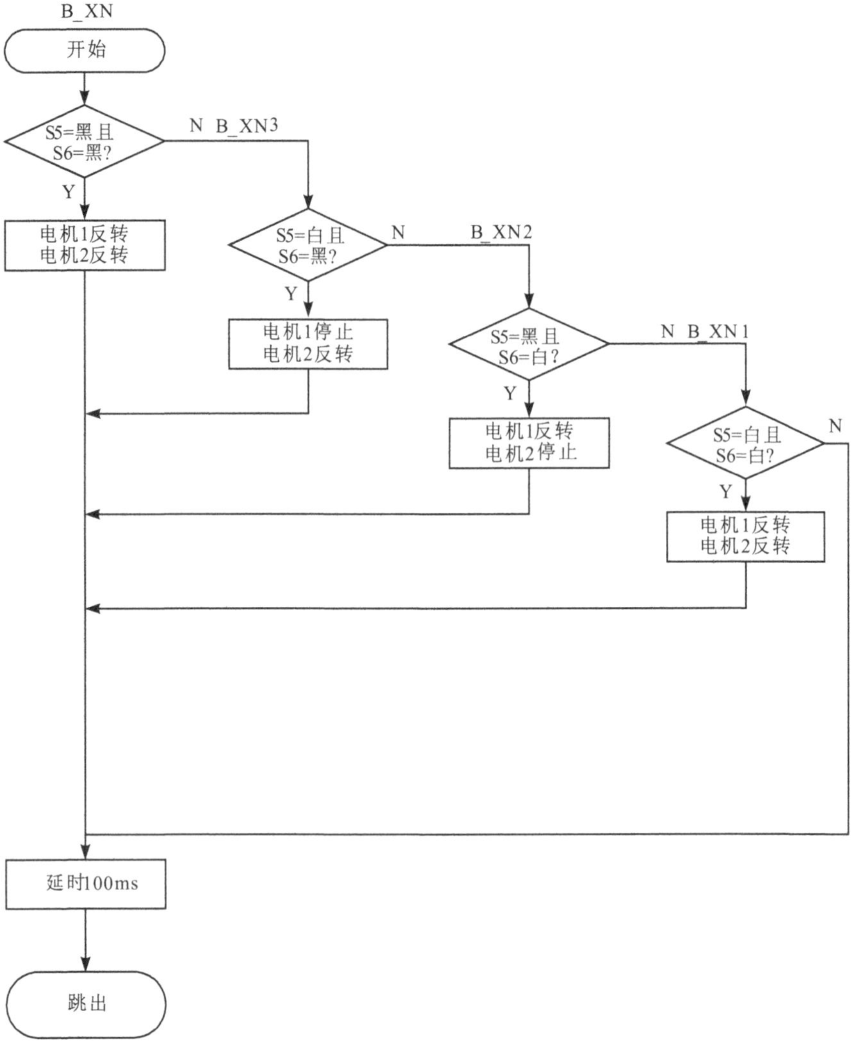

图 7.52　后退巡线循环子程序流程图

```
            SETB    P1.2      ;右正
            CLR     P1.3      ;右停止
            AJMP    BG_1BRET
  BG_1BXN:  LCALL   B_XN
            AJMP    BG_1BA
 BG_1BRET:  RET
```

后退 1 格子程序：

```
BG_1:   LCALL   BG_1A
        LCALL   BG_1B
        SETB    P1.6     ;左正
        CLR     P1.7     ;左停止
        SETB    P1.2     ;右正
        CLR     P1.3     ;右停止
        RET
```

后退1格上坡子程序：

```
BGP_1:  LCALL   BG_1A
        LCALL   BGP_1B
        SETB    P1.6     ;左正
        CLR     P1.7     ;左停止
        SETB    P1.2     ;右正
        CLR     P1.3     ;右停止
        RET
```

后退上坡子程序B：

```
BGP_1B: MOV     P0,# 0FFH
        JB      P0.4,BGP_1BXN
        JB      P0.5,BGP_1BXN
        SETB    P1.6     ;左正
        CLR     P1.7     ;左停止
        SETB    P1.2     ;右正
        CLR     P1.3     ;右停止
```

后退巡线循环子程序：

```
B_XN:   MOV     P1,# 00H
        MOV     P0,# 0FFH
        MOV     A,P0
        ANL     A,# 30H
        CJNE    A,# 30H,B_XN3
```

```
          CLR     P1.6     ;左反
          SETB    P1.7     ;左启动
          CLR     P1.2     ;右反
          SETB    P1.3     ;右启动
          AJMP    B_XN100
B_XN3:    CJNE    A,# 20H,B_XN2
          SETB    P1.6     ;左正
          CLR     P1.7     ;左启动
          CLR     P1.2     ;右反
          SETB    P1.3     ;右启动
          AJMP    B_XN100
B_XN2:    CJNE    A,# 10H,B_XN1
          CLR     P1.6     ;左反
          SETB    P1.7     ;左启动
          SETB    P1.2     ;右正
          CLR     P1.3     ;右停止
          AJMP    B_XN100
B_XN1:    CJNE    A,# 00H,B_XN100
          CLR     P1.6     ;左反
          SETB    P1.7     ;左启动
          CLR     P1.2     ;右反
          SETB    P1.3     ;右启动
          AJMP    B_XN100
B_XN100:  LCALL   DE_10MS
          RET
```

3. 左转 90°子程序

左转子程序分三个阶段进行，分别为左转 1 格子程序 A、左转 1 格子程序 B、左转 1 格子程序 C。

(1) 左转 1 格子程序 A。

左转 1 格子程序 A 属于左转中的第一阶段。S3 与 S4 均需从白色变成黑色，小车才进入下一阶段，程序流程图如图 7.53 所示。

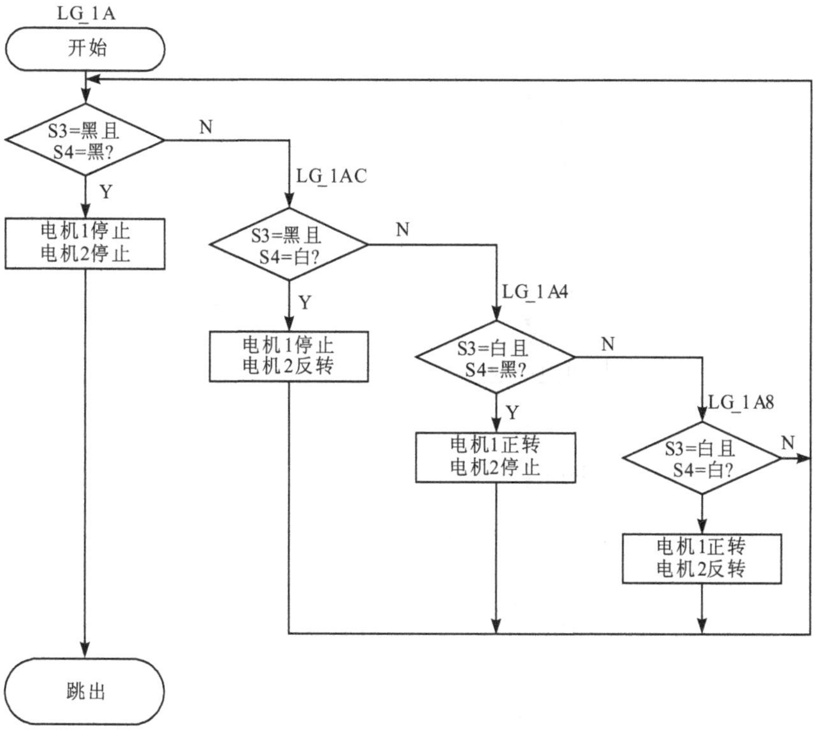

图 7.53 左转 1 格子程序 A 流程图

(2) 左转 1 格子程序 B。

左转 1 格子程序 B 属于左转中的第二阶段。S2 需从黑色变成白色，小车进入下一阶段，程序流程图如图 7.54 所示。

(3) 左转 1 格子程序 C。

左转 1 格子程序 C 是左转中的第三阶段。S2 需从白色变成黑色，小车进入下一阶段，流程图如图 7.55 所示。

左转 1 格子程序 A：

```
LG_1A:  MOV    P0,# 0FFH
        MOV    A,P0
        ANL    A,# 0CH
        CJNE   A,# 0CH,LG_1AC
        SETB   P1.6     ;左正
```

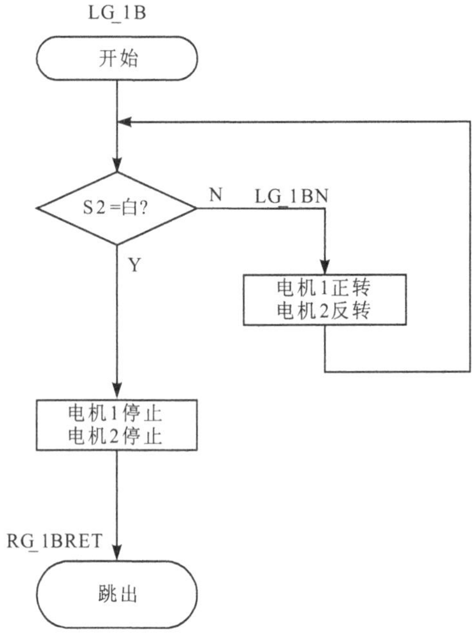

图 7.54　左转 1 格子程序 B 流程图

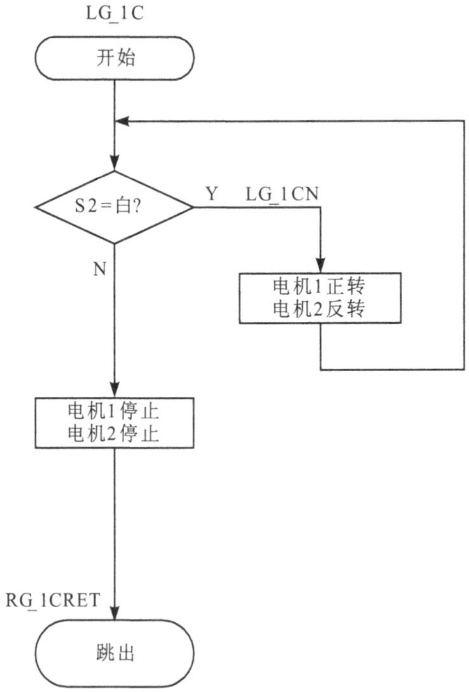

图 7.55　左转 1 格子程序 C 流程图

```
            CLR     P1.7     ;左停止
            SETB    P1.2     ;右正
            CLR     P1.3     ;右停止
            AJMP    LG_1ARET
LG_1AC:     CJNE    A,# 04H,LG_1A4
            CLR     P1.6     ;左反
            SETB    P1.7     ;左启动
            SETB    P1.2     ;右正
            SETB    P1.3     ;右启动
            AJMP    LG_1A
LG_1A4:     CJNE    A,# 08H,LG_1A8
            CLR     P1.6     ;左反
            SETB    P1.7     ;左启动
            SETB    P1.2     ;右正
            SETB    P1.3     ;右启动
            AJMP    LG_1A
LG_1A8:     CJNE    A,# 00H,LG_1A
            CLR     P1.6     ;左反
            SETB    P1.7     ;左启动
            SETB    P1.2     ;右正
            SETB    P1.3     ;右启动
            AJMP    LG_1A
LG_1ARET:   RET
```

左转 1 格子程序 B：

```
LG_1B:      MOV     P0,# 0FFH
            JB      P0.0,LG_1BN
            SETB    P1.6     ;左正
            CLR     P1.7     ;左停止
            SETB    P1.2     ;右正
            CLR     P1.3     ;右停止
```

```
            AJMP    LG_1BRET
  LG_1BN:   CLR     P1.6      ;左反
            SETB    P1.7      ;左启动
            SETB    P1.2      ;右正
            SETB    P1.3      ;右启动
            ;LCALL MOTOR_ADJ
            AJMP    LG_1B
LG_1BRET:   RET
```

左转 1 格子程序 C：

```
   LG_1C:   MOV     P0,# 0FFH
            JNB     P0.0,LG_1CN
            SETB    P1.6      ;左正
            CLR     P1.7      ;左停止
            SETB    P1.2      ;右正
            CLR     P1.3      ;右停止
            AJMP    LG_1CRET
  LG_1CN:   CLR     P1.6      ;左反
            SETB    P1.7      ;左启动
            SETB    P1.2      ;右正
            SETB    P1.3      ;右启动
            ;LCALL MOTOR_ADJ
            AJMP    LG_1C
LG_1CRET:   RET
```

4. 右转 90°子程序

右转子程序分三个阶段进行，分别为右转 1 格子程序 A、右转 1 格子程序 B、右转 1 格子程序 C。

(1) 右转 1 格子程序 A。

右转 1 格子程序 A 为右转中的第一阶段。S3 和 S4 需全部从白色变为黑色，小车才进入下一阶段，流程图如图 7.56 所示。

(2) 右转 1 格子程序 B。

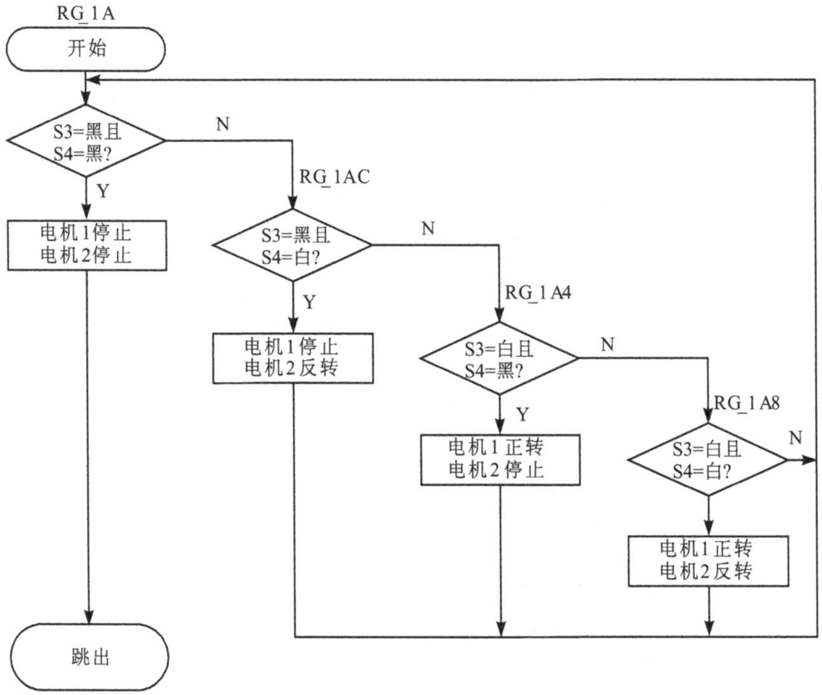

图 7.56 右转 1 格子程序 A 流程图

右转 1 格子程序 B 为右转中的第二阶段,S2 需从黑色变成白色,小车才进入下一阶段,流程图如图 7.57 所示。

(3) 右转 1 格子程序 C。

右转 1 格子程序 C 为右转中的第三阶段,S2 需从白色变成黑色,小车才进入下一阶段,流程图如图 7.58 所示。

左转 1 格子程序:

```
LG_1:  LCALL  LG_1A
       LCALL  LG_1B
       LCALL  LG_1C
       SETB   P1.6     ;左正
       CLR    P1.7     ;左停止
       SETB   P1.2     ;右正
       CLR    P1.3     ;右停止
       RET
```

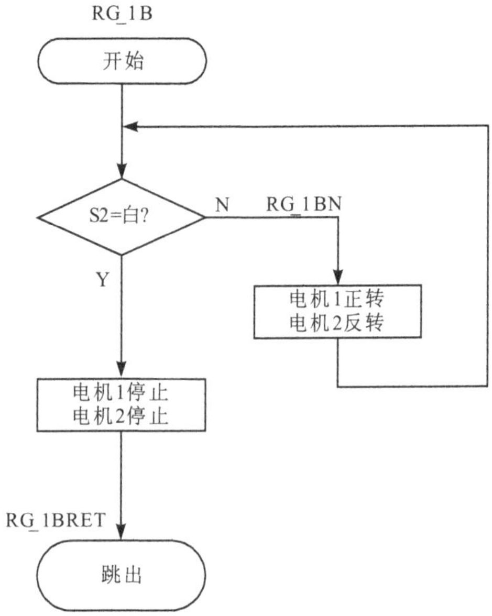

图 7.57　右转 1 格子程序 B 流程图

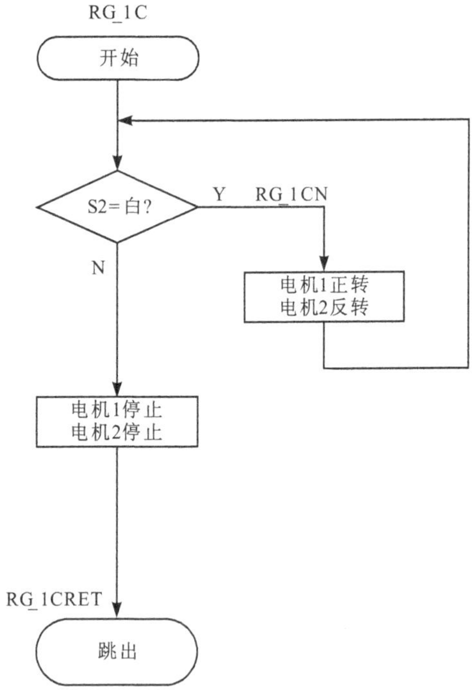

图 7.58　右转 1 格子程序 C 流程图

左转 1 格子程序 A：

```
LG_1A:   MOV    P0,# 0FFH
         MOV    A,P0
         ANL    A,# 0CH
         CJNE   A,# 0CH,LG_1AC
         SETB   P1.6      ;左正
         CLR    P1.7      ;左停止
         SETB   P1.2      ;右正
         CLR    P1.3      ;右停止
         AJMP   LG_1ARET
LG_1AC:  CJNE   A,# 04H,LG_1A4
         CLR    P1.6      ;左反
         SETB   P1.7      ;左启动
         SETB   P1.2      ;右正
         SETB   P1.3      ;右启动
         AJMP   LG_1A
LG_1A4:  CJNE   A,# 08H,LG_1A8
         CLR    P1.6      ;左反
         SETB   P1.7      ;左启动
         SETB   P1.2      ;右正
         SETB   P1.3      ;右启动
         AJMP   LG_1A
LG_1A8:  CJNE   A,# 00H,LG_1A
         CLR    P1.6      ;左反
         SETB   P1.7      ;左启动
         SETB   P1.2      ;右正
         SETB   P1.3      ;右启动
         AJMP   LG_1A
LG_1ARET: RET
```

左转 1 格子程序 B：

```
LG_1B:    MOV    P0,# 0FFH
          JB     P0.0,LG_1BN
          SETB   P1.6      ;左正
          CLR    P1.7      ;左停止
          SETB   P1.2      ;右正
          CLR    P1.3      ;右停止
          AJMP   LG_1BRET
LG_1BN:   CLR    P1.6      ;左反
          SETB   P1.7      ;左启动
          SETB   P1.2      ;右正
          SETB   P1.3      ;右启动
          LCALL  MOTOR_ADJ
          AJMP   LG_1B
LG_1BRET: RET
```

左转 1 格子程序 C：

```
LG_1C:    MOV    P0,# 0FFH
          JNB    P0.0,LG_1CN
          SETB   P1.6      ;左正
          CLR    P1.7      ;左停止
          SETB   P1.2      ;右正
          CLR    P1.3      ;右停止
          AJMP   LG_1CRET
LG_1CN:   CLR    P1.6      ;左反
          SETB   P1.7      ;左启动
          SETB   P1.2      ;右正
          SETB   P1.3      ;右启动
          LCALL  MOTOR_ADJ
          AJMP   LG_1C
LG_1CRET: RET
```

5. 取料模块子程序

取料模块子程序主要包括涵道启动与关闭子程序、摇臂扫描吸子程序等，如图 7.59 所示。

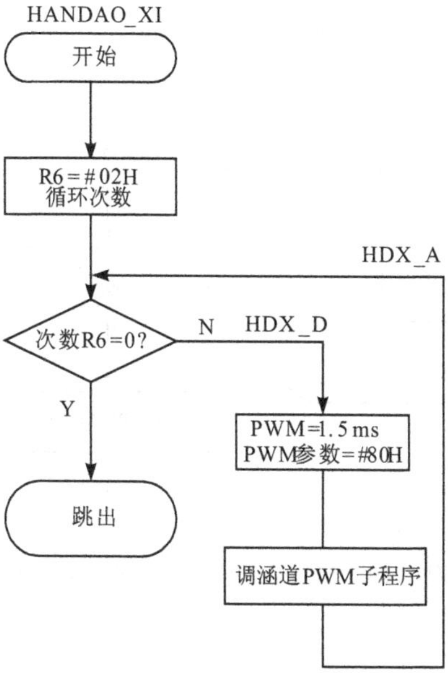

图 7.59 取料模块子程序流程图

在这个子程序当中，由于涵道的电机使用内转子无刷电机，软件协议中要求超过 50 次的 PWM 脉冲，要求开启脉冲为 1.5ms，扫尾 10ms。

(1) 涵道启动与关闭子程序如图 7.60 所示。

涵道启动/停止：

```
HANDAO_BI:SETB    RS0      ;第一组 Rn
          CLR     RS1
          MOV     R6,# 64H;100 次
     HD_A:DJNZ    R6,HD_D
          RET
     HD_D:MOV     R7,# 40H   ;PWM
          LCALL   HAN_PWM
          AJMP    HD_A
```

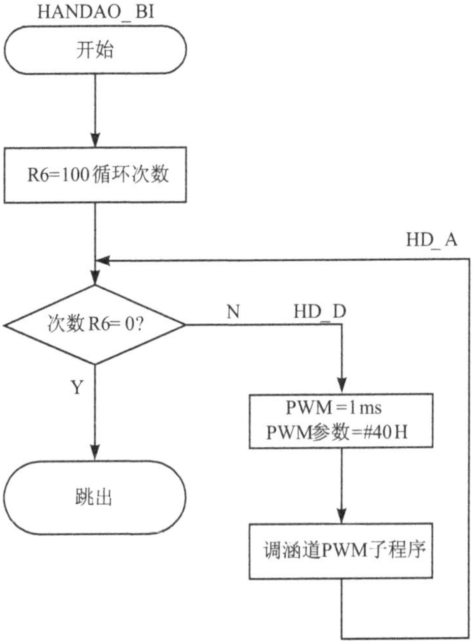

图 7.60　涵道启动与关闭子程序流程图

涵道吸子程序：

```
HANDAO_XI:SETB    RS0          ;第一组 Rn
          CLR     RS1
          MOV     R6,# 02H     ;2 次
    HDX_A:DJNZ    R6,HDX_D
          RET
    HDX_D:MOV     R7,# 0D0H    ;PWM 大数为# 0D0H
          LCALL   HAN_PWM
          AJMP    HDX_A
```

涵道 PWM 信号发出子程序：

```
HAN_PWM:  SETB    RS0          ;第一组 Rn
          CLR     RS1
          INC     R7
          SETB    P3.7         ;启动 P3.7
          LCALL   DE_500US     ;延时 500μs
```

```
HAN_DE:  DJNZ    R7,HAN_DL
         CLR     P3.7
         LCALL   DE_10MS
         RET
HAN_DL:  NOP
         AJMP    HAN_DE
```

(2) 摇臂扫描吸子程序。

该子程序的功能是边吸料边分类。采用时间串联执行，摇臂关的时间值＃2AH，42H 寄存摇臂的实时角度值，摇臂开的时间值＃B0H，摇臂的摆幅为＃8AH＝138 次，流程图如图 7.61 所示。

摇臂扫描吸子程序：

```
;乒乓关
PP_BI:   SETB    RS0          ;第一组 Rn
         CLR     RS1
         MOV     R6,# 20H     ;32 次
PP_BIA:  DJNZ    R6,PP_BID
         RET
PP_BID:  MOV     R7,# 040H    ;PWM
         LCALL   PINGPANG_PWM
         AJMP    PP_BIA
         ;乒乓开
PP_KAI:  SETB    RS0          ;第一组 Rn
         CLR     RS1
         MOV     R6,# 20H     ;32 次
PP_KA:   DJNZ    R6,PP_KD
         RET
PP_KD:   MOV     R7,# 0C0H    ;PWM
         LCALL   PINGPANG_PWM
         AJMP    PP_KA
```

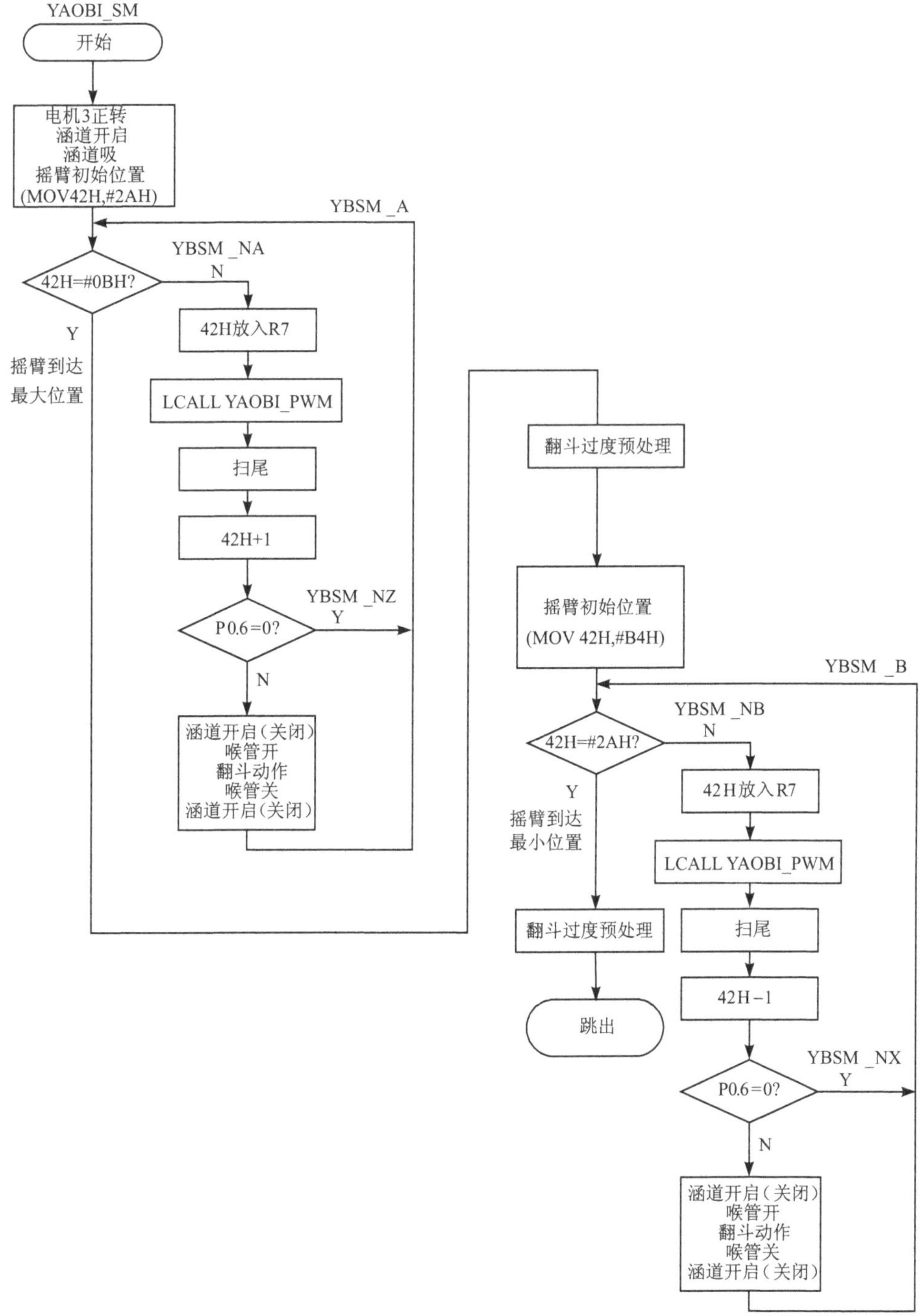

图 7.61　摇臂扫描吸子程序流程图

6. 机器人主程序设计

主程序主要是按照小车运行的动作顺序编写。因为已编写了各程序模块，所以在主程序中，只要按机器人的动作顺序依次调用子程序即可。机器人的动作顺序即先从出发区出发，行至工件区 1 与工件区 2 取料，然后将红色方块放到方块区，乒乓球放至乒乓球放料区，最后行至出发地点停止。有多种路径可供选择，下面列举图 7.62 所示路径的程序，机器人的巡线过程如图 7.62 中带箭头的线所示。具体子程序的调用情况用如表 7.4 所示。

表 7.4　子程序调用情况

步　数	方向及动作	调用子程序	调用次数	备　注
1	初始化	初始化程序	1	
2	前进	前进 1 格子程序	2	调用次数即机器人所需经过的线数
3	右转	右转 1 格子程序	1	
4	前进	前进 1 格子程序	5	
5	右转	右转 1 格子程序	1	
6	右转	右转 1 格子程序	1	
7	前进	前进 1 格子程序	2	
8	右转	右转 1 格子程序	1	
9	前进	前进 1 格子程序	6	
10	左转	左转 1 格子程序	1	
11	前进	前进 1 格子程序	5	
12	右转	右转 1 格子程序	1	
13	取料	涵道启动子程序	1	
14		摇臂扫描子程序	1	
15		涵道关子程序	1	

续表 7.4

步　数	方向及动作	调用子程序	调用次数	备　注
16	后退	后退 1 格子程序	1	调用次数即机器人所需经过的线数
17	左转	左转 1 格子程序	1	
18	前进	前进 1 格子程序	6	
19	左转	左转 1 格子程序	1	
20	前进	前进 1 格子程序	6	
21	右转	右转 1 格子程序	1	
22	取料	涵道启动子程序	1	
23		摇臂扫描子程序	1	
24		涵道关子程序	1	
25	后退	后退 1 格子程序	1	调用次数即机器人所需经过的线数
26	右转	右转 1 格子程序	1	
27	前进	前进 1 格子程序	6	
28	右转	右转 1 格子程序	1	
29	前进	前进 1 格子程序	4	
30	右转	右转 1 格子程序	1	
31	上坡	前进 1 格子程序	5	
32	放方块	方块放料子程序	1	
33	下坡	后退 1 格子程序	5	
34	左转	左转 1 格子程序	1	
35	前进	前进 1 格子程序	7	
36	右转	右转 1 格子程序	1	
37	前进	前进 1 格子程序	6	
38	左转	左转 1 格子程序	1	
39	右转	右转 1 格子程序	1	
40	前进	前进 1 格子程序	1	
41	放乒乓球	乒乓球放料子程序	1	
42	前进	前进 1 格子程序	5	
43	停止			

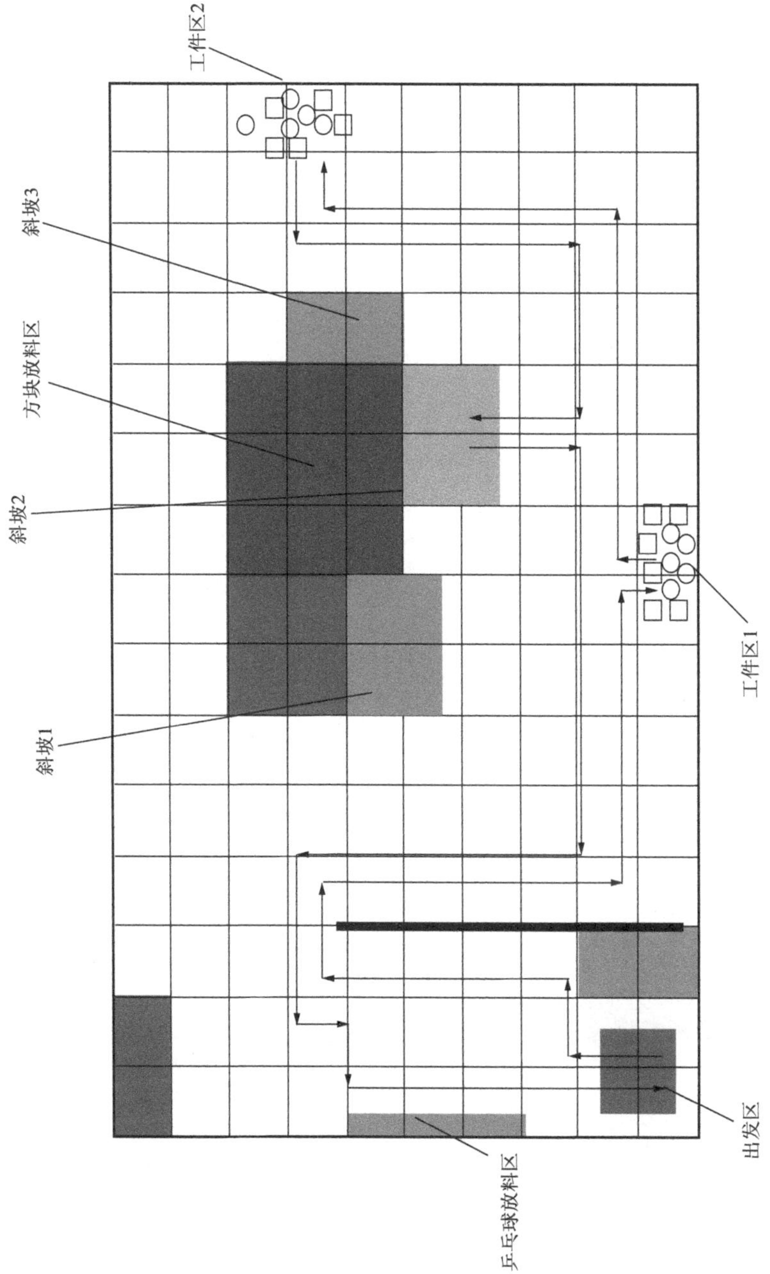

图 7.62 路径图

第8章 搬运竞赛机器人设计案例

8.1 大赛基本介绍

8.1.1 竞赛内容

本次比赛模拟建造高铁桥墩的工作过程，建筑材料为直径为150mm的球，桥墩为内径为160mm的空心圆柱筒。外围层有6个可容纳1个球的桥墩(1分球柱)，中间层有6个可容纳2个球的桥墩(2分球柱)，内围有4个可容纳3个球的桥墩(3分球柱)。比赛进行时分红、蓝两队，分别用红色、蓝色的球作为建筑材料，每队机器人应尽可能快地抢占桥墩，多放己方的球。

项目为团队比赛，每个参赛队由3名选手和1～2名指导教师组成，参赛队使用大赛组委会指定的机器人平台，在此基础上设计制作能够满足比赛要求的机器人，使机器人在比赛场地中完成比赛任务。

8.1.2 比赛场地及道具

图8.1为场地立体效果示意图，图8.2场地平面效果示意图(单位:mm)。

比赛在方形场地(12 000mm×8000mm)上进行，场地四周有木质围栏(高100mm，厚30mm)。比赛场地的地板是20mm厚的胶合板，刷乳胶漆。比赛场地包括一个手动区和一个自动区。

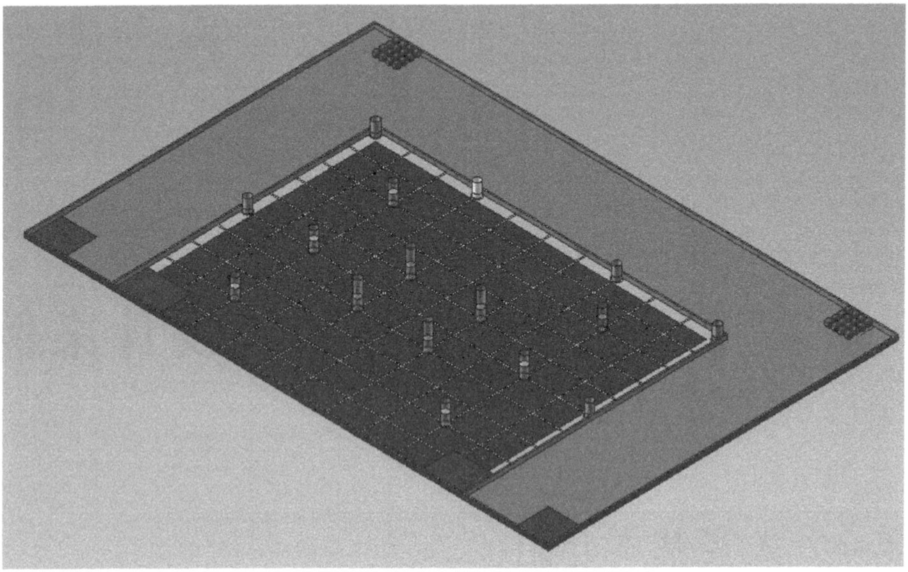

图 8.1　场地立体效果示意图

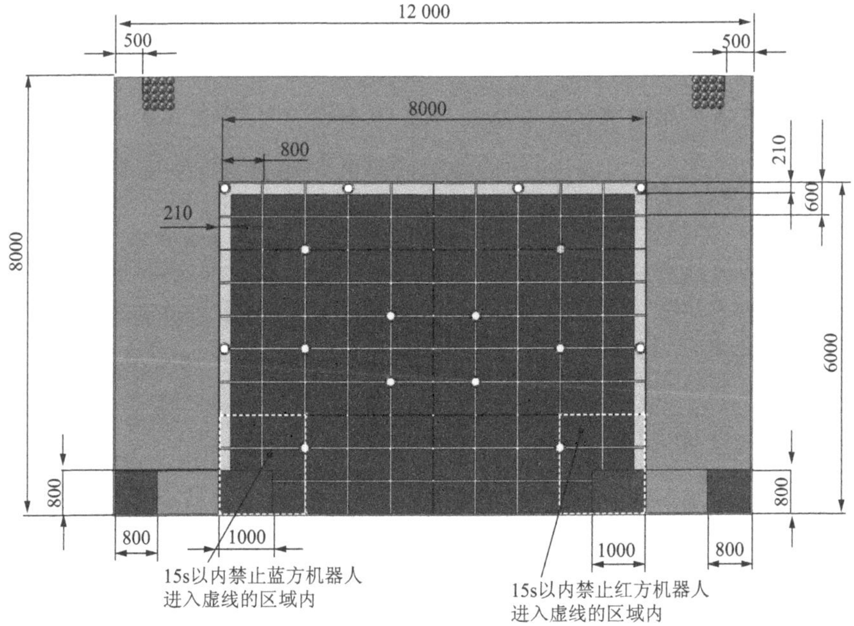

图 8.2　场地平面效果示意图

1. 建筑材料堆放区

每个参赛队的建筑材料堆放区位于比赛场地的角上，每场比赛开始前，每个堆放区排列了16个材料（篮球）。

2. 手动区

手动区在自动区外围，刷黄色乳胶漆。在手动区处有2个手动启动区和建筑材料存放区。

手动机器人启动区呈方形（800mm×800mm），位于手动区，有2个启动区，红色区域供红队使用，蓝色区域供蓝队使用。

3. 自动区

自动区位于比赛场地中央，呈长方形，刷绿色乳胶漆，周围有高100mm，厚30mm的木质围栏。在自动区外围有一圈宽度为210mm的公共区，刷浅绿色乳胶漆。在自动区，有Y向间隔600mm、X向间隔800mm的导向线，导向线由30mm宽的白色无光不干胶纸制成。

自动区包括自动机器人启动区和桥墩。

有两个自动机器人启动区，启动区是800mm×1000mm的方形区域，红色区域供红队使用，蓝色区域供蓝队使用。

4. 桥　墩

场地内共有16个空心桥墩，桥墩内径为160mm，壁厚3～5mm，桥墩内孔深为210mm，外围桥墩总高300mm，中间桥墩总高450mm，内区桥墩总高600mm。具体尺寸如图8.3所示。

5. 建筑材料

模拟建筑材料（篮球）如图8.4所示。建筑材料为直径150mm、重量约(150±20)g的胶质小篮球。球内气压需要控制，使其弹性较差。球从1m高处落下时反弹高度不应超过(150±50)mm。

两队分别使用红色和蓝色的球，任何情况下都不能使用对方的球。

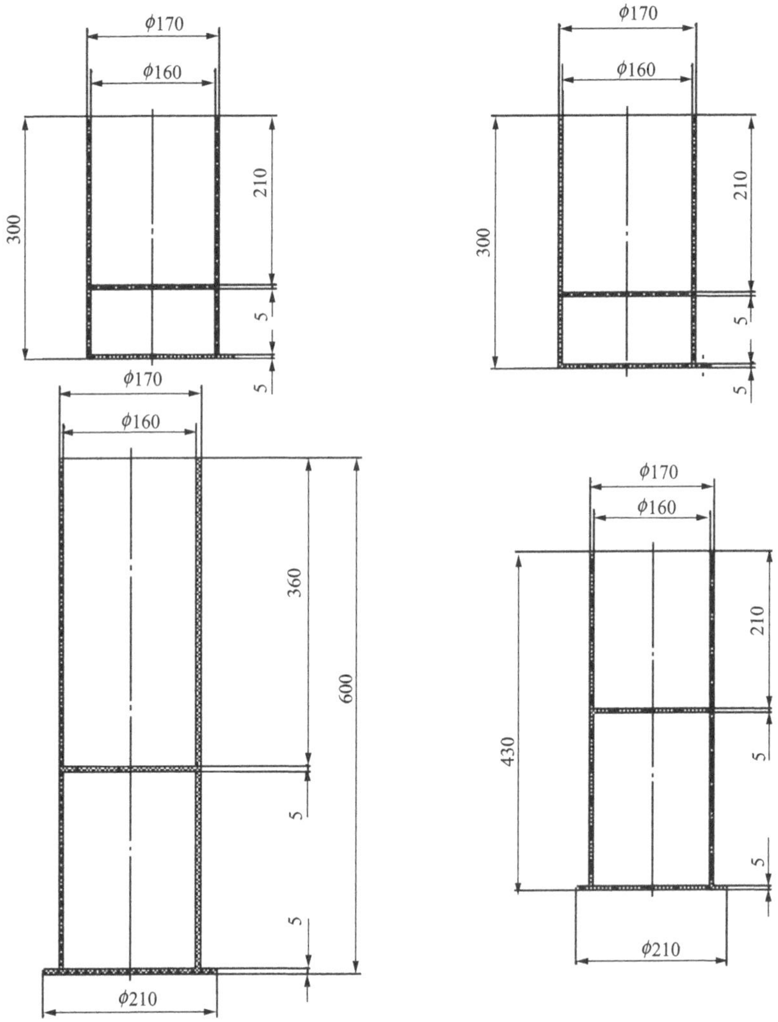

图 8.3　各桥墩尺寸(单位:mm)

图 8.4　建筑材料(篮球)

8.1.3 机器人设计与器材要求

比赛统一使用的机器人底盘平台由组委会提供，如图 8.5 所示，手动与自动机器人平台各配备 2 台额定电压 24VDC、150r/min、70W 的直流减速电机以及 16 路巡线传感器、巡线传感器信号处理板、主控制板、电机驱动板；提供完整的机器人巡线算法及运行控制程序，可以依靠地面白条实现在比赛场地全场范围内的运动、定位；主控制板提供充足的 I/O 接口，可以供参赛队使用。

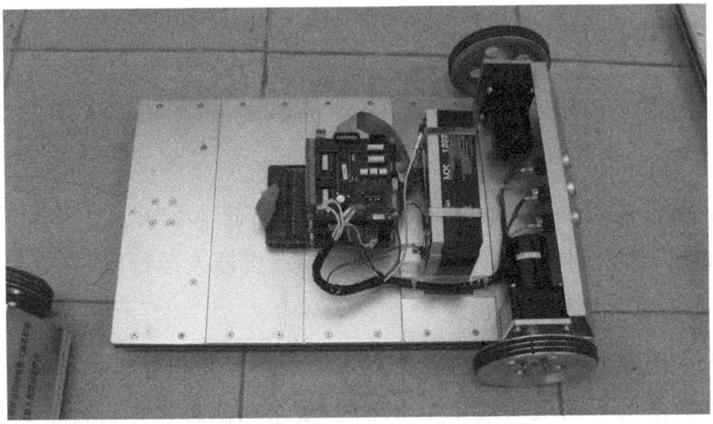

图 8.5 底盘实物图

机器人平台主要作为参赛机器人的运动底盘，参赛队根据大赛任务的要求，在此平台上进一步设计制作各种抓取、投放机构，利用机器人平台提供的主控制板和编程算法实现整体机器人的控制。

对机器人各部分的要求如下：

(1) 手动机器人在比赛开始时，大小必须限制在 800mm 长、800mm 宽、1500mm 高的空间范围内。比赛开始后，手动机器人的大小和形状可以改变，高度必须在 2000mm 以内，宽度不能超过 1500mm（在水平投影的任何方向上测量都应符合此要求）。此外，在比赛期间，手动机器人不允许分离。手动机器人必须通过电缆连接的遥控器或使用红外、可见光、声波遥控器操作，不允许使用射频控制，操作手不允许骑在手动机器人上。

(2) 自动机器人在启动区内必须纳入 1000mm 长、800mm 宽、1500mm 高的空间范围。启动后，自动机器人的尺寸和形状可以改变，但高度必须在 2000mm 以内，宽度不能超过 1500mm（在水平投影的任何方向上测量都应符合此要求）。比赛一旦开始，自动机器人不允许分离。

（3）比赛期间各队应为自己的所有机器人准备能源，允许使用的电源电压不得超过 24VDC。压缩空气的压强应小于 0.8MPa，每台机器人所用气瓶的总容积不应超过 1.5L。

（4）重量。所有自动和手动机器人包括能源、电缆、遥控器和机器人其他部件都必须在赛前称重，每个队用于整个比赛的所用的机器人总重不得超过 50kg。

8.1.4 比赛过程

每场比赛中，每队只允许有一台手动机器人，自动机器人不能超过 2 台。具体要求如下：

（1）手动机器人只允许在手动区运行。允许进入公共区上方，不能进入也不能利用自身部件延伸到除公共区以外的自动机器人运行区、对方自动机器人启动区和对方的建筑材料堆放区。

（2）手动机器人不能阻止对方从对方的建筑材料堆放区取建筑材料。

（3）当两队的手动机器人相互干涉时，要求两队各自靠右行走。

（4）每台自动机器人由队员启动后必须是自主运动的。

（5）比赛开始后，所有自动机器人可以依次启动。每台自动机器人必须一次操作启动。

（6）所有自动机器人启动后，负责启动机器人的队员必须立即退出比赛场地，站在木质围栏外。

（7）手动机器人比赛开始时不能携带“建筑材料”，必须到己方建筑材料堆放区拿取“建筑材料”，并放置到位于公共区的桥墩内方可得分；或者将“建筑材料”放在合适的位置给自动机器人使用，这样自动机器人可以在自动区取得更高的分数。

（8）手动机器人不许拿取或移动对方成功放在“桥墩”内的“建筑材料”，但可以改变“建筑材料”的位置或把“建筑材料”放在其他“桥墩”内得分（第二阶段适用）。

（9）比赛开始时自动机器人可以携带“建筑材料”，也允许自动机器人拿取比赛场地上可以拿取的或由己方手动机器人提供的“建筑材料”，从而再取得更高分数。

(10) 如果自动或手动机器人成功将“建筑材料”放在对方已放在“桥墩”内的“建筑材料”上,对方将失去在这个“桥墩”的得分。

8.1.5 评分标准及方法

将建筑材料成功地放在桥墩顶部才能得分。但是,如果“建筑材料”与自己的机器人的任何部件接触,则不计分。具体评分标准如表 8.1 所示。

表 8.1 比赛评分标准

区 域	位 置	分 数
外围	在第一圈(由外向内数)引导线上的 6 个桥墩	1
中间区	在第三圈引导线上的 6 个桥墩	2
内区	在第五圈引导线上的 4 个桥墩	3

8.1.6 比赛要点

每队应尽可能快地抢占桥墩,往桥墩中放满球,并防止对方的自动机器人拿走己方已放好的球,同时还要尽可能地取走对方已放好的球。

内场地一共有 10 个桥墩(球柱),4 根 3 分球柱,6 根 2 分球柱。放好球后(参考最上面的球的颜色),就是说全放满了就是 12+12=24 分;3 分球柱里面能放 3 个球,2 分球柱能放 2 个球。如果最大限度地放球,在对抗赛中可能为了绝杀对手需要放满 24 个球才能确保 24 分。所以在比赛中,内场地的自动机器人要求能够破坏对手的有效得分球,包括破坏性强、运动快、放球快、定位准确等必要因素。

8.2 底 盘

8.2.1 机械结构

机器人平台的总体构成如图 8.6 所示,由主动轮、从动轮、铝合金框架、直流电机、电池和电路板组成,自动平台的底部安装了 16 路巡线传感器。

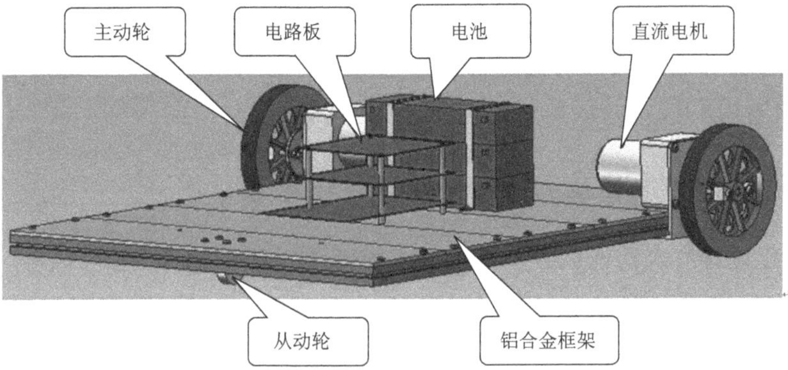

图 8.6　机器人平台的总体构成

如图 8.7 所示，底盘的机械部件主要有以下几个。

(1) 主动轮。机器人平台的主动轮有两只，金属铝芯，橡胶外胎，能够完成向前直走、向后转弯、左转、右转等这些平地上的技术动作。

(2) 从动轮。机器人平台有一只从动轮和两只主动轮形成三角支撑着机器人的结构。从动轮随着主动轮的方向改变自己的方向。众所周知，三点支撑结构是最稳定的结构，从动轮和两个主动轮形成了一个稳定的支撑结构。

(3) 直流电机。机器人平台上有两个额定电压为 24VDC、150r/min、70W 的直流减速电机。

(4) 铝合金框架。机器人平台的框架由铝合金型材制成，参赛队可以很方便地利用配备的专用螺母将设计的上部机构安装在平台上。

(5) 铝板。机器人平台上铺设了 5 块 4mm 厚的铝板，参赛队可以根据自己

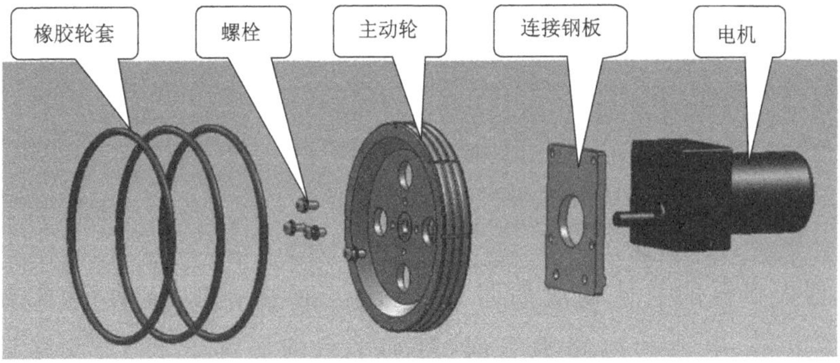

图 8.7　底盘车轮的安装固定

的需要在这些铝板上打孔，用于固定安装上部机构，如果不需要这些铝板，参赛队可以自行卸下，以减轻整体重量。

8.2.2 电子部分

自动机器人平台控制系统由16路巡线传感器、传感器信号处理板、主控制板、电机驱动板及其他待开发扩展部件组成。系统组成如图8.8所示。

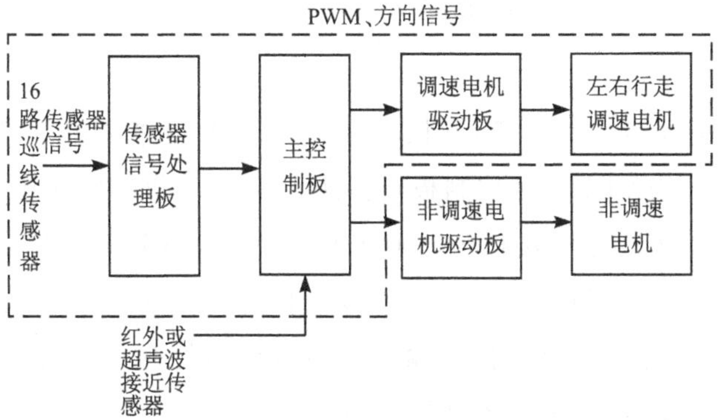

图 8.8 自动机器人平台控制系统组成

图8.8中，虚线框中的部分是机器人平台已经配备的部分，其他部分需要参赛队在设计中根据所设计的上部机构的动作情况自行开发。

手动机器人平台控制系统由主控制板、电机驱动板及其他待开发扩展部件组成。系统组成如图8.9所示。

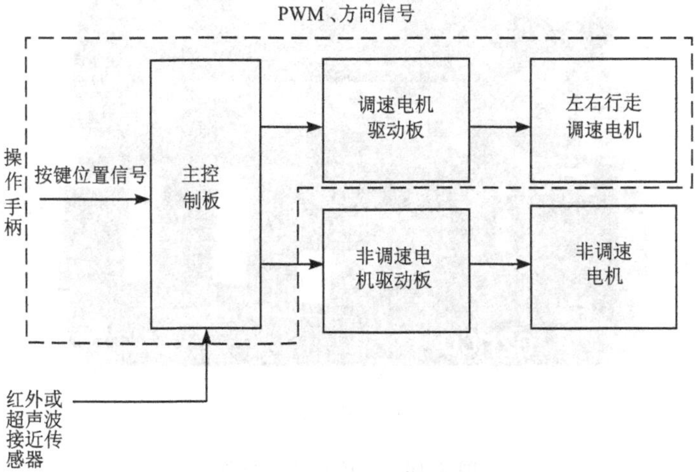

图 8.9 手动机器人平台控制系统组成

图 8.9 中，虚线框中的部分是机器人平台已经配备的部分，其他部分需要参赛队在设计中根据所设计的上部机构的动作情况自行开发。

由手动机器人与自动机器人的电子部分的组成框图可以看出，其输出部分相同，均包括调速电机驱动板及非调速电机驱动板。二者的输入部分不同，在手动机器人中，输入信号为操作手柄输入的信号，自动机器人的输入信号为 16 路巡线传感器。另外，无论是手动还是自动机器人，均可以接红外或超声波接近传感器。以下对各部分分别进行说明。

1. 主控制板

主控制板是机器人的大脑，其核心是微处理器，主控制板的处理器选用了 STC12C5A60S2 为 CPU。主控制板支持两大类输入，即 16 通道专用巡线传感器输入或操作手柄按键输入和 8 通道传感器输入。8 通道传感器输入接口用于连接红外或超声波接近传感器等(可以直接选用市场上的成熟产品)。输出支持两类，即可调速行走电机控制输出和不可调速控制行走电机输出；还有一个可扩展接口。图 8.10 为主控制板实物图。

图 8.10　主控制板实物图

2. 自动机器人巡线传感器及信号处理电路

自动机器人平台底部安装了16路巡线传感器,可以准确地探测到地面白色引导线以及白色引导线的十字交叉点。信号发送给传感器信号处理板。

巡线传感器信号处理板电路原理框图如图8.11所示,16路巡线传感器将采集到的地面白条信息送入本电路板,对于采集的信息先进行放大处理,放大后的信号与标准电压比较,保留白条反射的有效信号,过滤掉地面背景反射信号,有效信号再通过稳压、反相、放大处理后送入单片机控制板,同时用发光二极管的亮暗指示当前某路传感器是否在地面白条上。

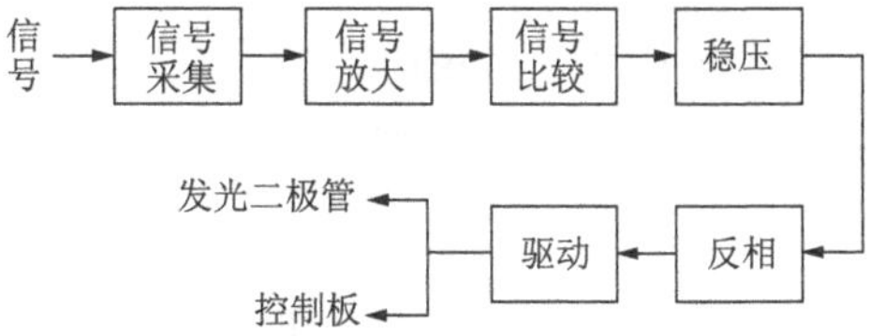

图 8.11 巡线传感器信号处理板电路原理框图

巡线传感器的实物如图8.12所示。

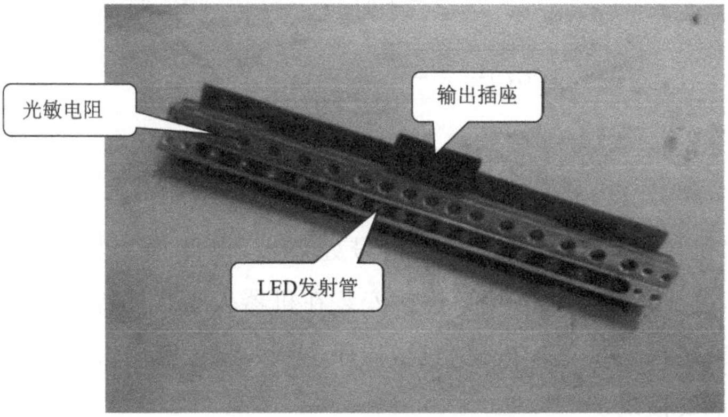

图 8.12 巡线传感器实物图

图8.12中,光源发射部分采用了16个高亮LED发射管,用16个管敏电阻接收地面反射回来的光线,输出插座连接传感器信号处理板的巡线传感器输入接口。

(1) 传感器驱动电路。图8.13为巡线传感器输入接口电路,设计中为了减少对单片机端口的占用,使用了2片74HC245总线驱动电路构成对单片机

P2 口的复用，用单片机 P4.4 口的信号加以控制。当 P4.4 为低电平时，P2 口接收到的是 16 路传感器的低 8 位信号 QQ0～QQ7，当 P4.4 为高电平时，P2 口接收到的是 16 路传感器的高 8 位信号 QQ8～QQ15。

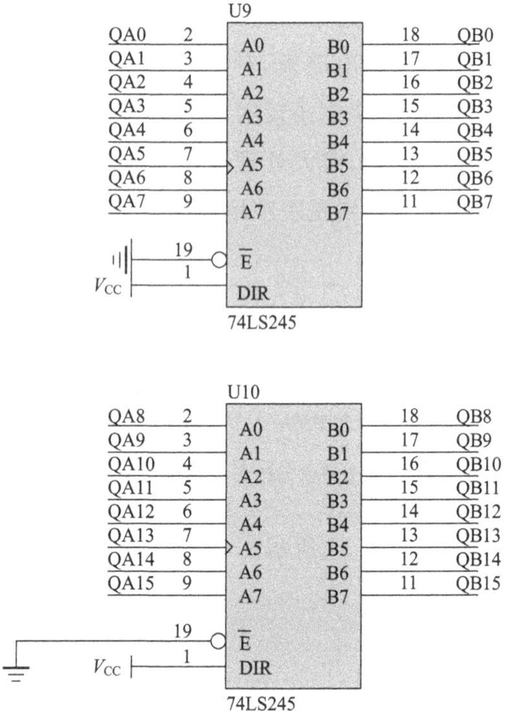

图 8.13　巡线传感器输入接口电路

仅自动机器人平台使用传感器信号处理板，电路板实物如图 8.14 所示。图 8.14 中，巡线传感器输入接口连接安装在机器人平台底部的 16 路巡线传感器；信号输出接口连接单片机控制板，插座 JP 接 12V 电源，注意板子上的电源正极标志，不要接反。

(2) 传感信号放大电路。本电路使用了 16 路信号放大电路，第 1 路传感器信号放大电路如图 8.15 所示(其余 15 路电路均相同)。

在图 8.15 中，Q0 为单路传感器输入信号，数值很小。若巡线传感器在地面白条上，其值大约为 0.9V；若巡线传感器不在地面白条上，其值大约为 0.3V。此信号输入到由运放 LM324 组成的同相放大电路，调节电位器 RW1 可以改变整个放大电路的放大倍数(实际电路中，R_L 使用了阻值 1kΩ 的排阻)，即调节了放大电路输出的 QQ0。若 Q0 为地面白条反射的有效信号，通过调节 RW1，使 QQ0 的电压输出为 9.5～10V；若 Q_0 为地面背景反射的信号，根据地面背景的颜色以及光滑程度，QQ0 的电压输出为 4～6V，越低越好。

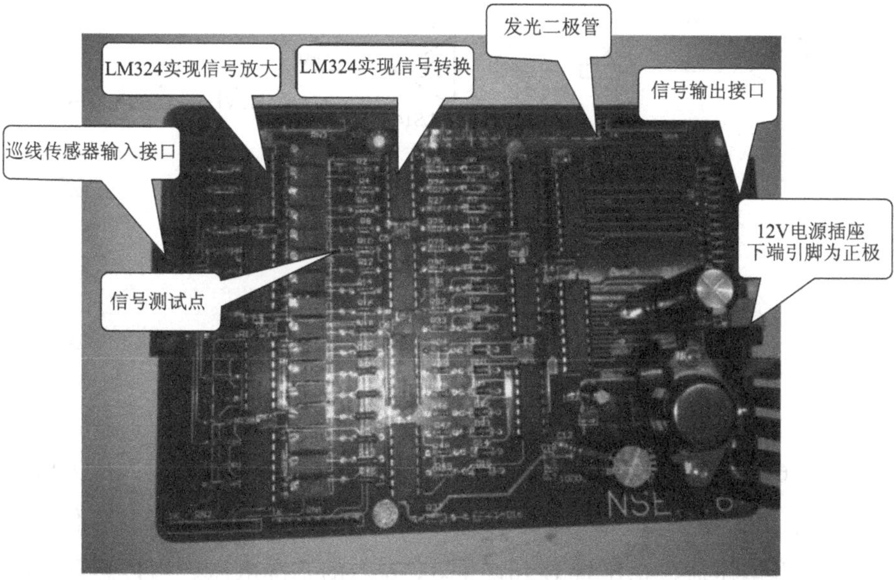

图 8.14 传感器驱动电路

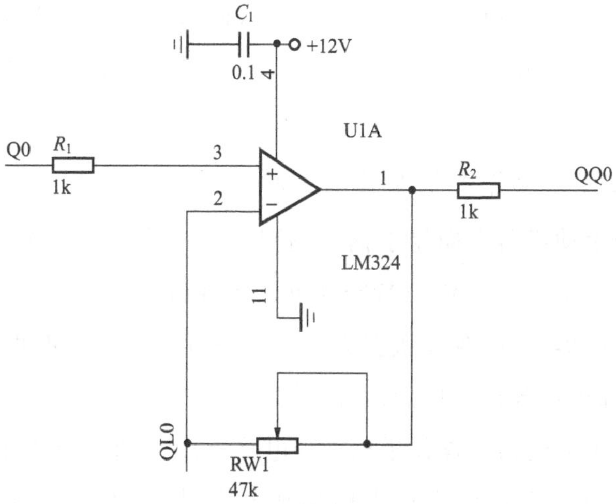

图 8.15 传感信号放大电路

(3) 信号比较电路。

第 1 路信号比较电路如图 8.16 所示。

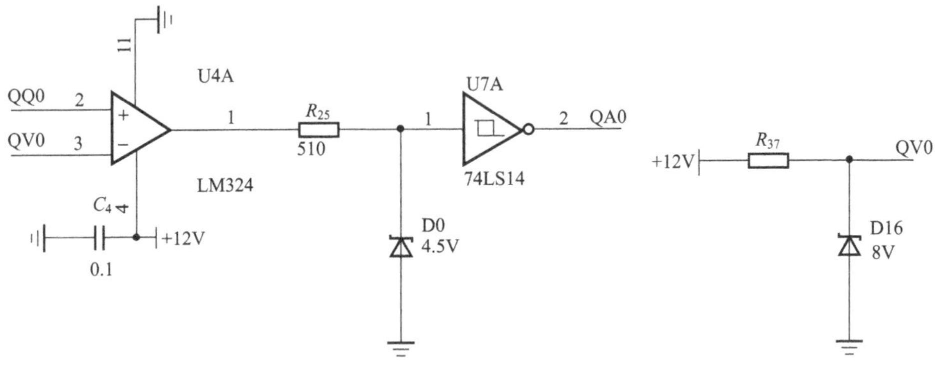

(a) 信号比较电路　　(b) 基准电压电路

图 8.16　第 1 路信号比较电路

图 8.16(a)中用 LM324 运放连接成一个电压比较器，反相输入端为信号放大电路的输出 QQ0，比较器的同相接基准电压 QV0；图 8.16(b)为基准电压电路，12V 电源电压通过稳压管 D16产生 8V 左右的基准电压。当传感器检测到地面白条时，QQ0 为 9.5～10V，比较器输出低电平，接近于 0V，通过反相器使得 QA0 输出为 5V；若传感器检测的是地面背景，QQ0 电压为 4～6V。比较器输出高电平，接近 12V，通过 4.5V 的稳压管，使得反相器输入端为 4.5V 左右的高电压，反相器输出 QA0 为 0V 左右。16 路输出 QA0～QA15 送入主控制板。

3. 手动机器人操作手柄及处理电路

图 8.17 为手动机器人操作手柄实物图，其中，分别按下左转、前进、右转、后退按键(即 SW1、SW3、SW5、SW7)就可以实现机器人的左转、前进、右转、后退；旋转调节电位器，可以改变机器人的运行速度。操作按键板上的其余键可以用来控制上部机构各种电机的运行。

图 8.18 为手动机器人操作手柄处理电路，为了减少对单片机端口的占用，使用了 2 片 74HC245 总线驱动电路构成对单片机 P2 口的复用，用单片机 P4.4 口的信号加以控制。当 P4.4 为低电平时，P2 口接收到的是 QQ0～QQ7 的信号，代表按键 SW1～SW8 的输出信号；当 P4.4 为高电平时，P2 口接收到

的是 QQ8～QQ15 的信号，代表按键 SW9～SW16 的输出信号，按下按键后，输出信号为高电平信号。

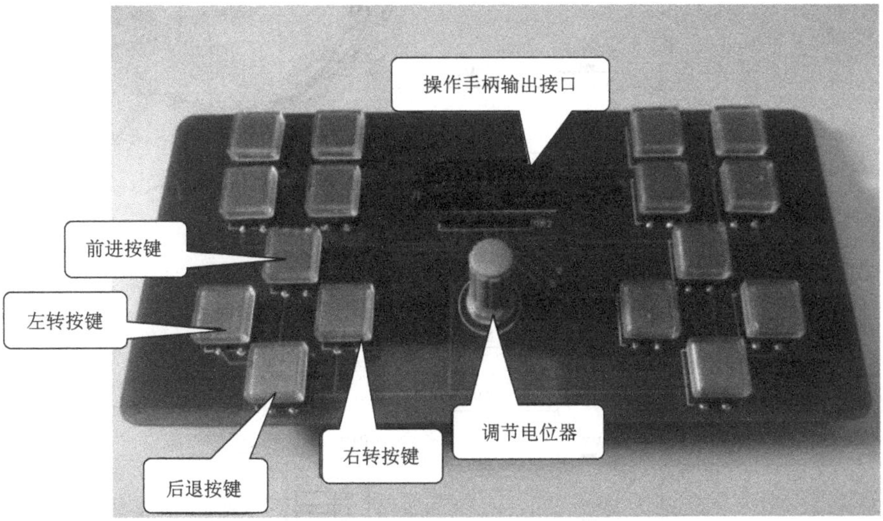

图 8.17 手动机器人操作手柄

4.8 通道传感器输入电路

8 通道传感器输入接口用于连接红外或超声波接近传感器等，可以让参赛队在整体设计机器人时，充分利用各种传感器探测外部信息，其中 4 通道输入接口电路如图 8.19 所示。

图 8.19 中，展示了 4 路传感器输入接口，输入信号使用了单片机的 P0.0～P0.3口，插座 J8～J11 分别接 4 个不同传感器。传感器直接使用市场上现有的成熟产品，主要有：图 8.20 所示的红外传感器，在机器人中，主要用来探测四周是否存在障碍或者是否到达预定物体附近，其最大探测距离根据所用型号的不同，有 30cm、1m、2m 多种；图 8.21 所示为接近开关，主要用在机器人上探测一些运动部件是否到位，探测距离一般在 5mm 以下，传感器上有 3 根引线，分别接 J8～J11 的 3 个引脚。需要注意的是，使用的传感器必须是 NPN 型，工作电压为 6～36V。

图 8.19 所示的电路均为低电平有效，即传感器探测到目标时，反相器输出端即单片机的 P0～P3 脚为低电平信号，否则为高电平。

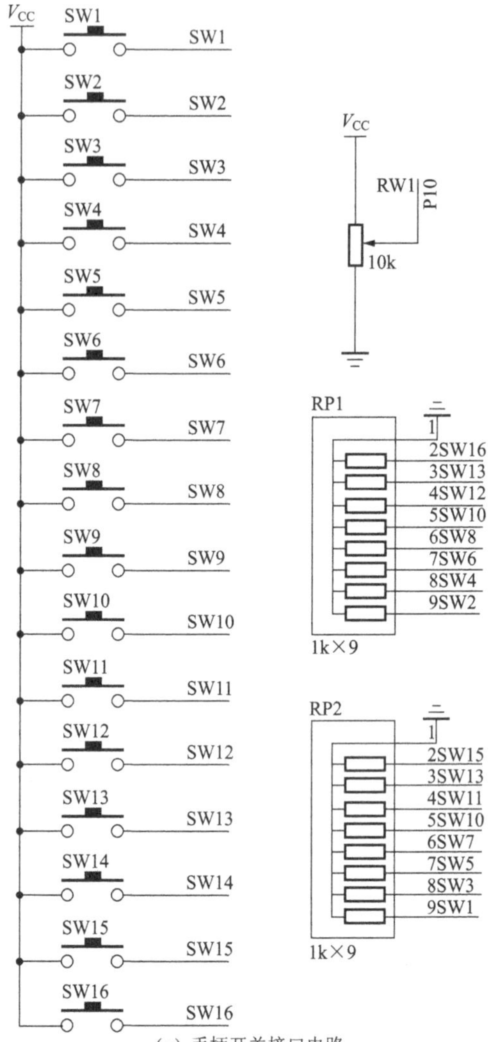

(a) 手柄开关接口电路

图 8.18　手动机器人操作手柄处理电路

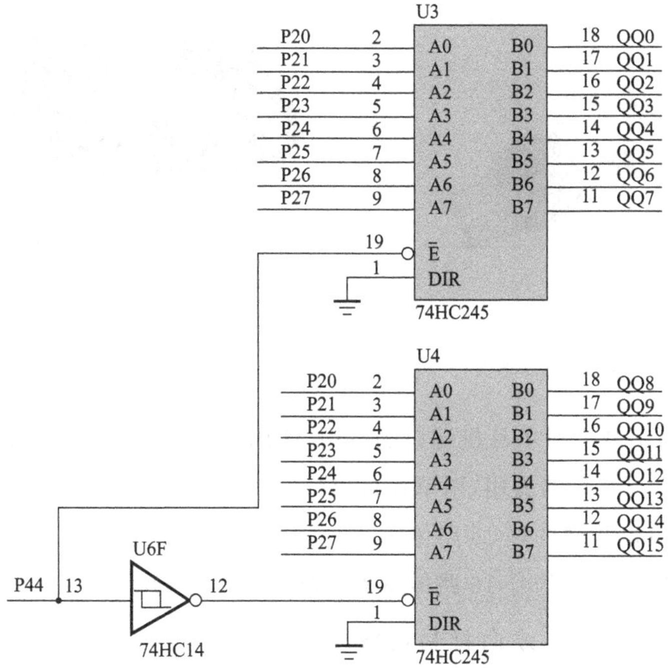

(b) 74HC245总线驱动电路

续图 8.18

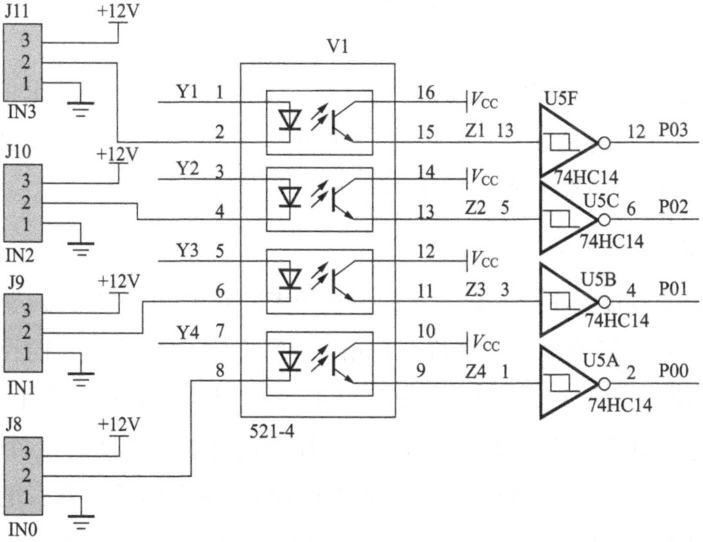

图 8.19 8 通道传感器输入电路

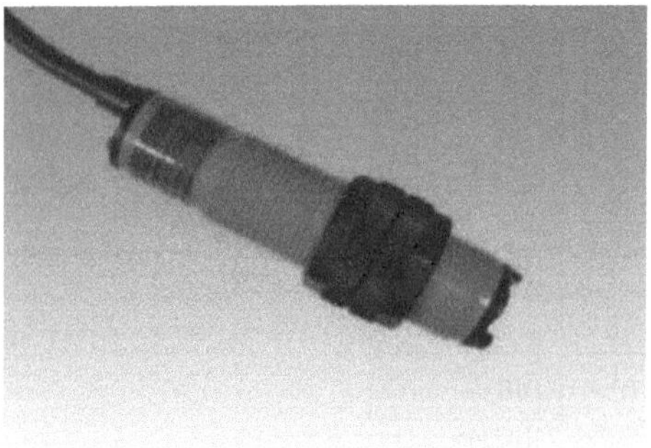

图 8.20　红外传感器

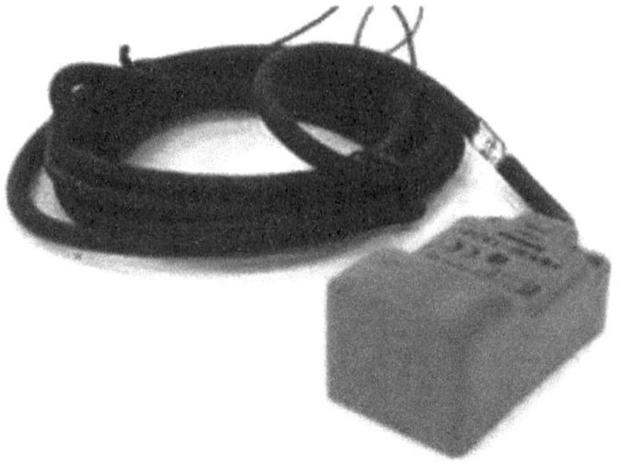

图 8.21　接近开关

另外，为了减少对单片机端口的占用，使用了 2 片 74HC245 总线驱动电路构成对单片机 P2 口的复用，用单片机 P4.4 口的信号加以控制。当 P4.4 为低电平时，P2 口接收到的是 16 路传感器的低 8 位信号 QQ0～QQ7；当 P4.4 为高电平时，P2 口接收到的是 16 路传感器的高 8 位信号 QQ8～QQ15。

5. PWM 和电机方向控制电路

PWM 和电机方向控制电路如图 8.22 所示，STC12C5A60S2 本身具有两路 PWM 输出，即 P1.3 和 P1.4 为 PWM 输出端口，分别控制左(P1.4 控制)右(P1.3 控制)电机的转速，单片机 PWM 的详细设置请见 STC12C5A60S2 数据手册。

图 8.22 中，P15 和 P12 分别是左(P1.5 控制)右(P1.2 控制)电机的方向控制信号，需要注意的是，P1.5 和 P1.2 是低电平有效，即 P1.5 和 P1.2 是低电平时，电机驱动板上的继电器常开触点闭合，电机反转。

6. 电机驱动电路

电机驱动板接受主控制板发来的电机 PWM 信号和方向信号，驱动机器人平台上的两个 24V 直流减速电机。利用 PWM 信号占空比的不同控制电机的不同转速，利用方向信号控制直流电机的正反转，从而实现机器人平台的前进、后退和转弯。电路板实物如图 8.23 所示，控制信号插座连接主控制板，24V 电源插座接 24V 电源(注意板子上的电源正极标志，不要插反)，左右电机输出插座接左右电机，原理框图如图 8.24 所示。以下分别对原理框图中的各部分详细说明。

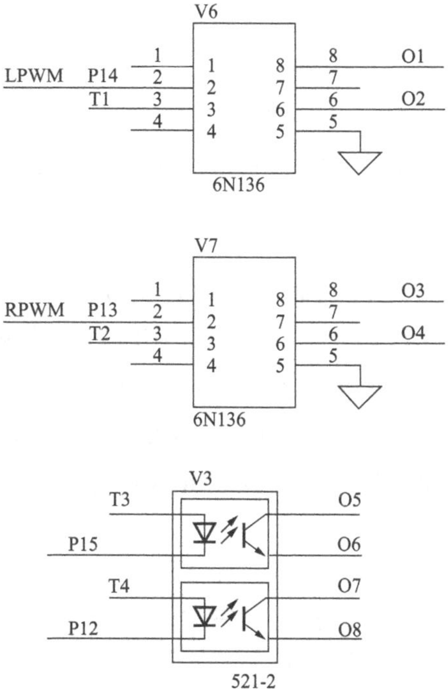

图 8.22 PWM 和电机方向控制电路

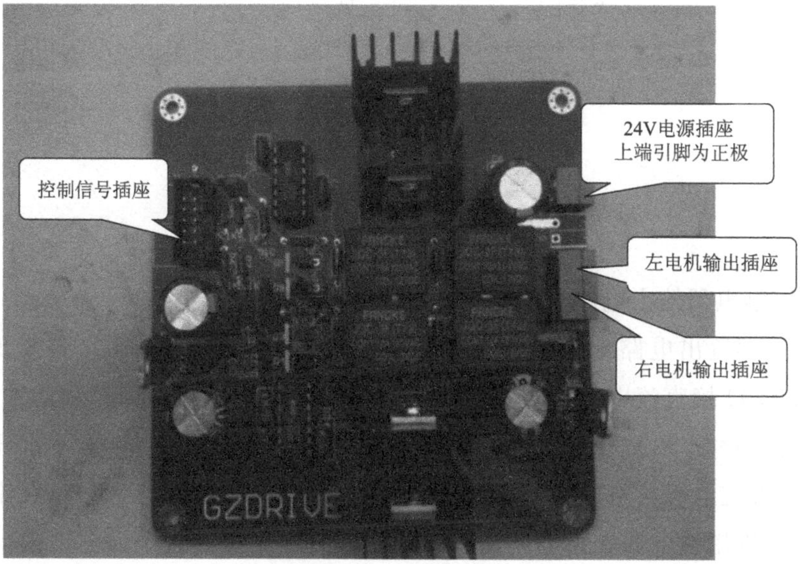

图 8.23 电机驱动电路板实物

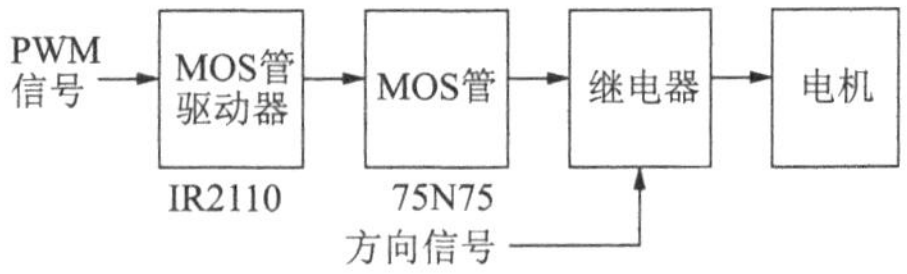

图 8.24 PWM 和电机方向控制电路的基本构成

(1) MOS 管驱动电路。

本电路板设置了 2 路 MOS 管驱动电路，分别被用来驱动左轮和右轮电机，左轮电机驱动电路如图 8.25 所示。采用了 IR2110 功率驱动集成芯片，该芯片是一种双通道、栅极驱动、高压高速功率器件的单片式集成驱动模块，可靠性很高，具体参数可以参考 IR2110 数据手册。IR2110 输入信号为主控制器送出的 PWM 脉宽信号，其输出直接控制 75N75MOS 管的通断。

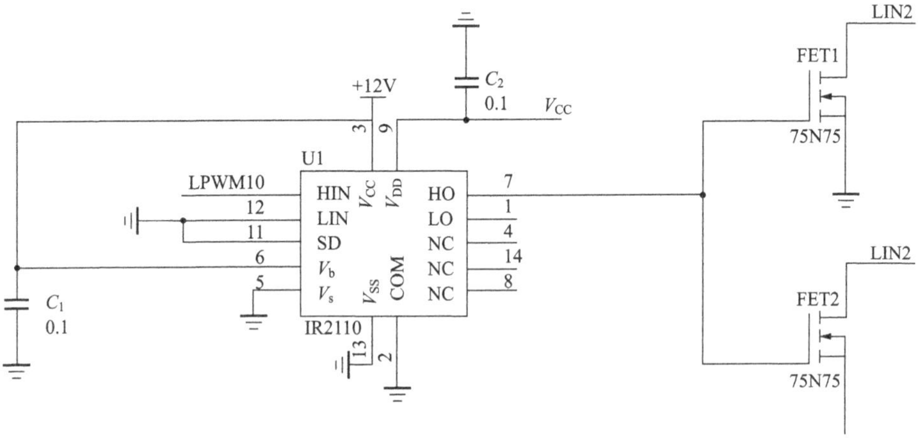

图 8.25 MOS 管驱动电路

(2) 继电器输出电路。

继电器输出电路如图 8.26 所示，以左边电机为例来说明。图 8.26 中，LO1 和 LO2 接直流电机，LDIR 为主控制板发出的左电机方向控制信号，通过三极管控制继电器常开触点是否动作，当 LDIR 为低电平时，继电器常开触点未动作，直流电机正转；当 LDIR 为高电平时，继电器常开触点闭合，直流电机反转。这里用继电器电路而不用一般的 MOS 管桥式电路作为电机正反转控制电路，主要是因为在实际比赛中，对于频繁进行启动、停止、正反转运行与对方发生冲撞的机器人来说，继电器电路更加安全可靠。

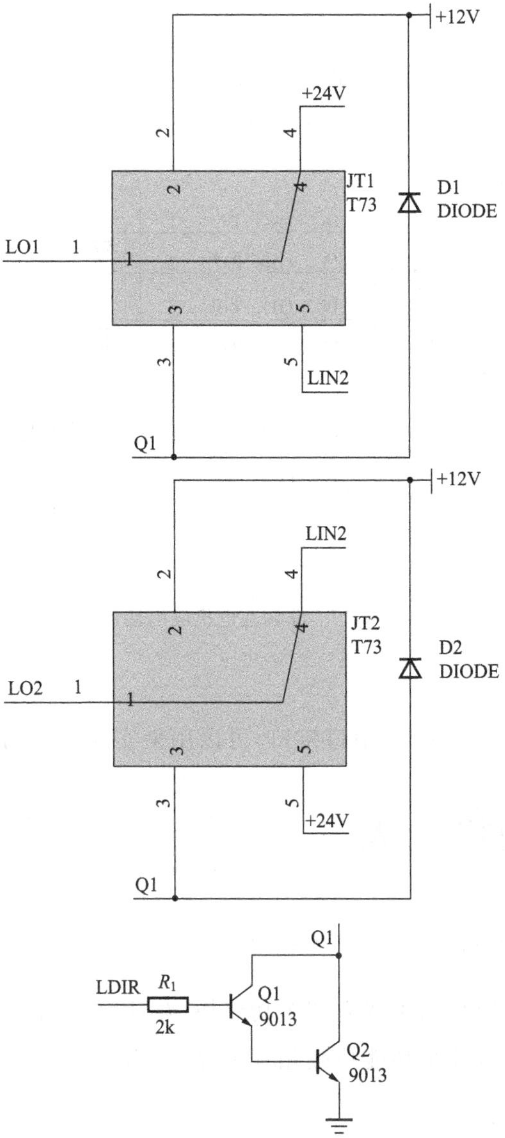

图 8.26 继电器输出电路

7. 非调速电机输出接口

本电路板上设置了 8 个非调速电机输出接口,可以用来控制 4 个正反转直流电机或者 8 个单向运转直流电机,电路如图 8.27 所示。

图 8.27 中,P16、P17、P32～P37 为 8 个控制信号,使用了单片机的 P1.6、P1.7 和 P3.2～P3.7 口。同样需要注意的是,这些信号均是低电平有效。

8. 扩展接口

主控制板中，P1.0 和 P4.5 两个接口没有使用，用插座对外引出，参赛队可以根据自己机器人的设计情况加以使用。

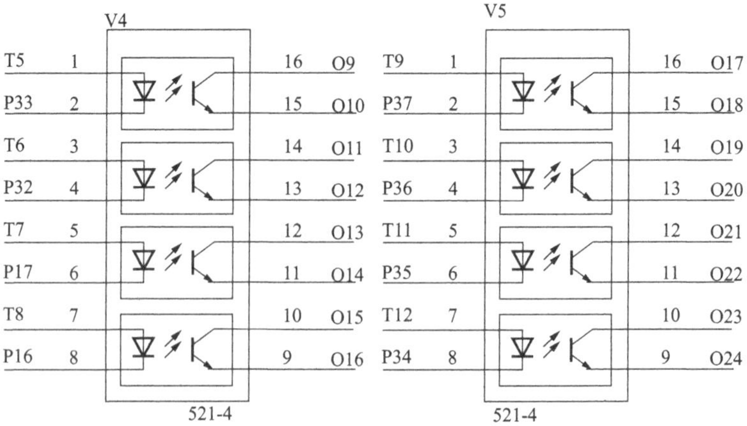

图 8.27　非调速电机输出接口

9. 下载接口

本电路板上有一个 DB9 串口接口，可以用来实现程序的在线下载。

8.3　自动机器人

8.3.1　机械结构

该机器人的机械结构主要有四个功能块：存球部分、放球部分、取走对方球部分和机体部分。这几个功能块是相互依存的，需综合起来设计。

1. 存球与放球部分

方案一：如图 8.28 所示，球仓放在底盘上，用机械手爪单个取放球。这种方案的优点是机器人重心低，运动性能稳定，储球量大，成本低；缺点是机械手爪每次只能取放一个球，工作效率低。

方案二：如图 8.29 所示，这种方式是把球放在一个螺旋形的管道中，用一个提升机械把从管道底部吐出的球抬起一定的高度放入球柱中。这种方案的优点是机器人重心低，运动性能稳定，储球量大；缺点是整个装置重量大，且提升机构需要较大的功率，机构设计难度大，加工成本高。

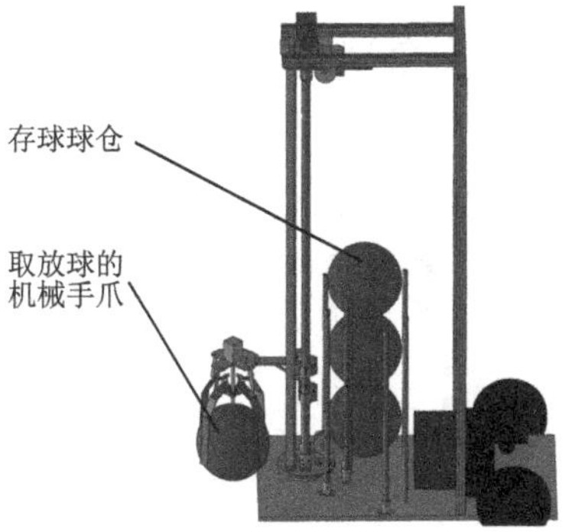

图 8.28 存放球方案一

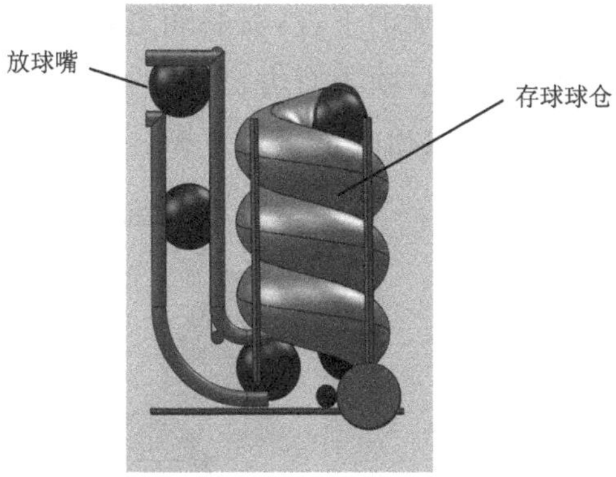

图 8.29 存放球方案二

方案三：如图 8.30 所示，在本方案中，球仓采用轻质的薄铝组装成一个可层叠装放至少十几个球的箱式结构，在球仓底部设计有由两个舵机控制的喉板和一个放球嘴。在自动机器人停车并准确定位、定向后，依靠自身的伺服机构，快速地伸出机械臂。机械臂会直接准确地对准得分柱然后关闭喉板，再打开导向板，球自动滚落下来。如果继续放球，则再关闭导向板，张开并再次闭合一次喉板，会有一个篮球进入嘴里，再次打开导向板，第二个球就会自动滚落。如此可以完成放多个球的工作。

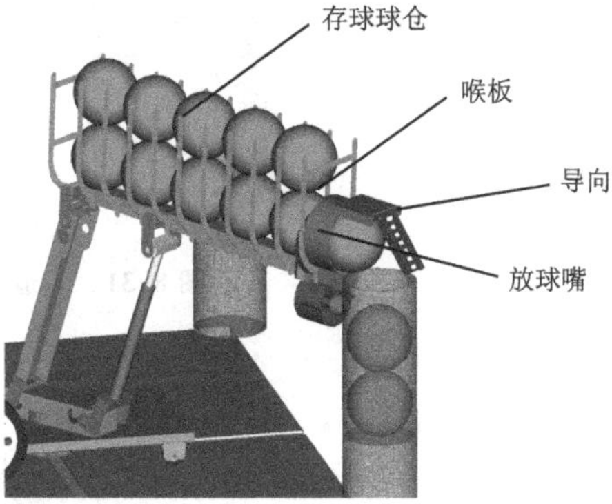

图 8.30 存放球方案三

这种方案的优点是储球量大，放球效率高，得分准确度高；缺点是重心控制难度大，机构结构设计与控制难度大。对参赛学生的知识水平、操作技能要求高。

本次比赛最终采用了第三种方案。

2.取走对方球部分

本次比赛中自动机器人允许取走对方已放入球柱中的球，所以需要一个机构能够把对方的球取走。常用的方法有手爪、拨球轮等。本次用了一种较奇特的方法，即涵道吹风的方法。如图 8.31、图 8.32 所示，具体实现方法如下：在放球嘴的下方，安装涵道，当发现对方的球已经占领球柱以后，开动涵道涡轮电机，吹走对方已放好的球。经实验验证如角度得当，可将 3 分球柱内的 3 个球均吹走。

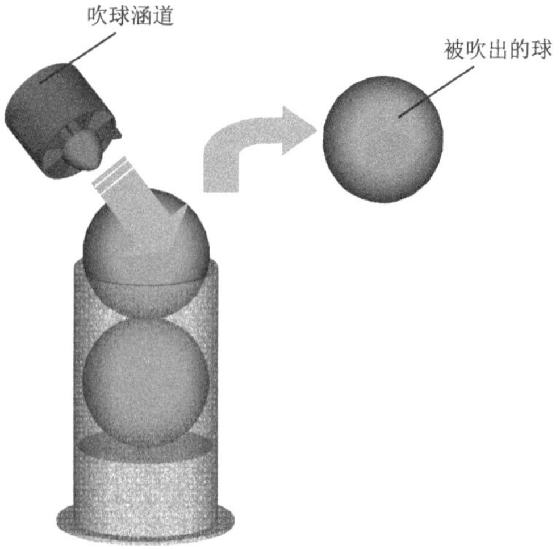

图 8.31　涵道吹球示意图

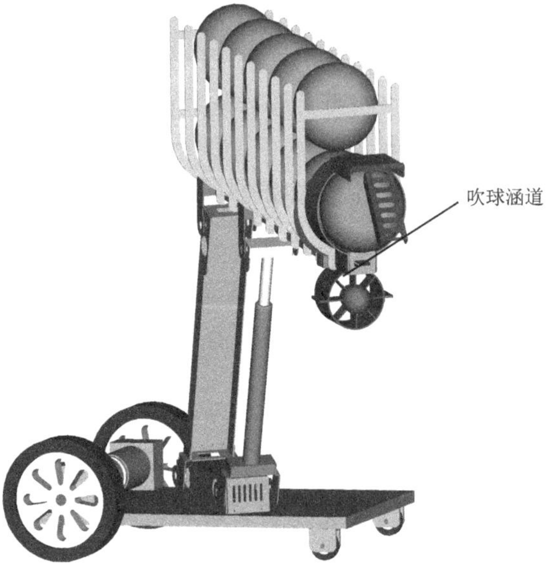

图 8.32　吹球涵道安装位置

由于这种方法采用了直流无刷电机，电机转速可达 40 000r/min；最大风速可达 120km/h，所以破坏性很好，但电机功率大，最大可达 1000W，电源的负担加重。

3. 机身部分

最常见的机身是立架结构。如图 8.33 所示，采用这种结构，一般需在机器人底盘前方安装两个弹簧式开关，当这两个开关碰到球柱时，开始放球，这种方法控制简单，但效率低。

弹簧式开关

图 8.33 立架结构的机身

本次设计采用了四连杆手臂机构，这种方案的思路来源于一种四连杆工业机械手，可实现三个自由度的运动，如图 8.34 所示。由于臂杆可能伸缩旋转，所以可实现远距离放球，在一个位置不动，可向四个球柱中放球，这样大大提高了放球效率。图 8.35 所示为四连杆机构机身的活动范围。

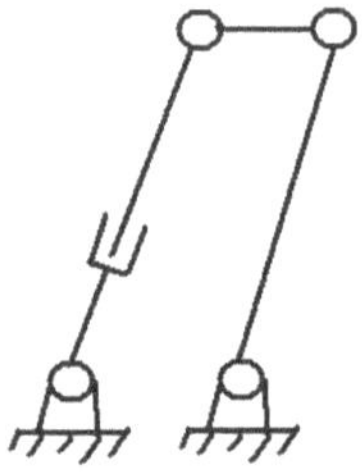

(a) 四连杆机构结构简图

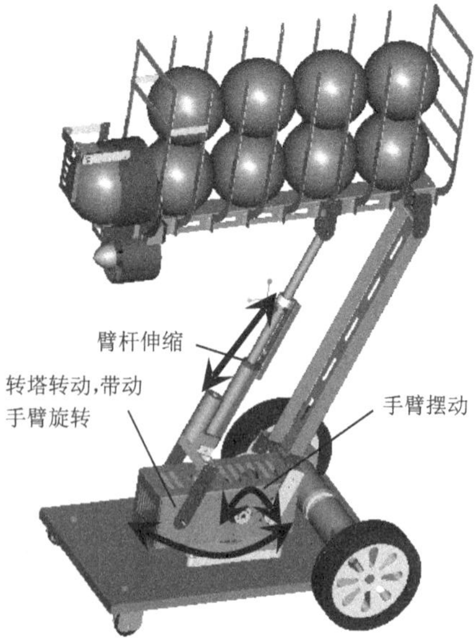

(b) 四连杆机构机身的主要自由度

图 8.34　四连杆机构的机身

图 8.35　四连杆机构机身的活动范围

8.3.2　电子部分

如图 8.36 所示,自动机器人的机械臂部分动作主要由六个伺服电机拖动。

电子部分的控制对象就是这六个伺服电机。其中,导向舵机一个,喉管舵机两个,均采用标准的SH14-M型号舵机。此三个舵机分别由P3.5、P3.6、P3.7口输出的PWM信号控制,使舵机转动,实现机器人吐球的功能。由于顶杆、转塔、大臂的拖动电机带动的负载较大,所以用现成的舵机无法拖动。可利用舵机控制原理,均采用大功率舵机驱动板对这三个电机进行控制。顶杆的反馈电压信号从顶杆电机活动时带动的直线电位器上直接输入,用于检测顶杆移动的位置;转塔、大臂的反馈电压信号从二者拖动电机活动时分别带动的360°电位器上输入,而电位器安装在行星轮减速电机的输出轴上,用于检测二者电机转动的角度。大功率舵机驱动板上的单片机对所反馈的电压进行A/D采样并作运算处理,从而得知电机拖动的负载当前在哪个位置上。

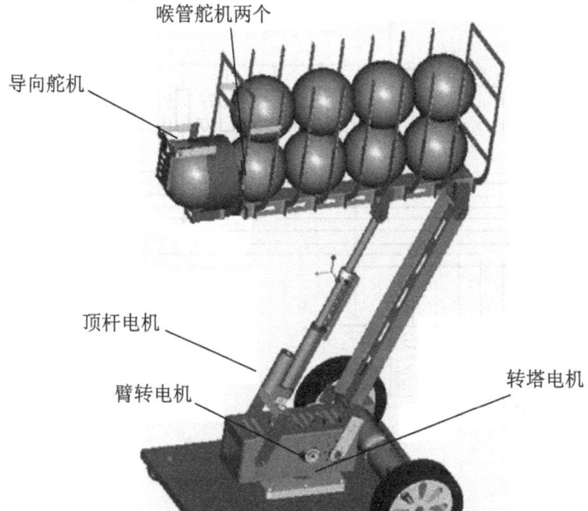

图8.36 自动机器人驱动电机

1. 中科主控制板PWM输出信号接口电路板

本电路板作为连接中科主控制板的扩展接口,其中INPUT1、INPUT2端口分别与主控制板的OUT1、OUT2端口对应连接,采用12V电源供电,六路PWM1~PWM6信号输出口。此六路PWM信号分别应用于控制机械臂部分的六个电机,如图8.37所示。

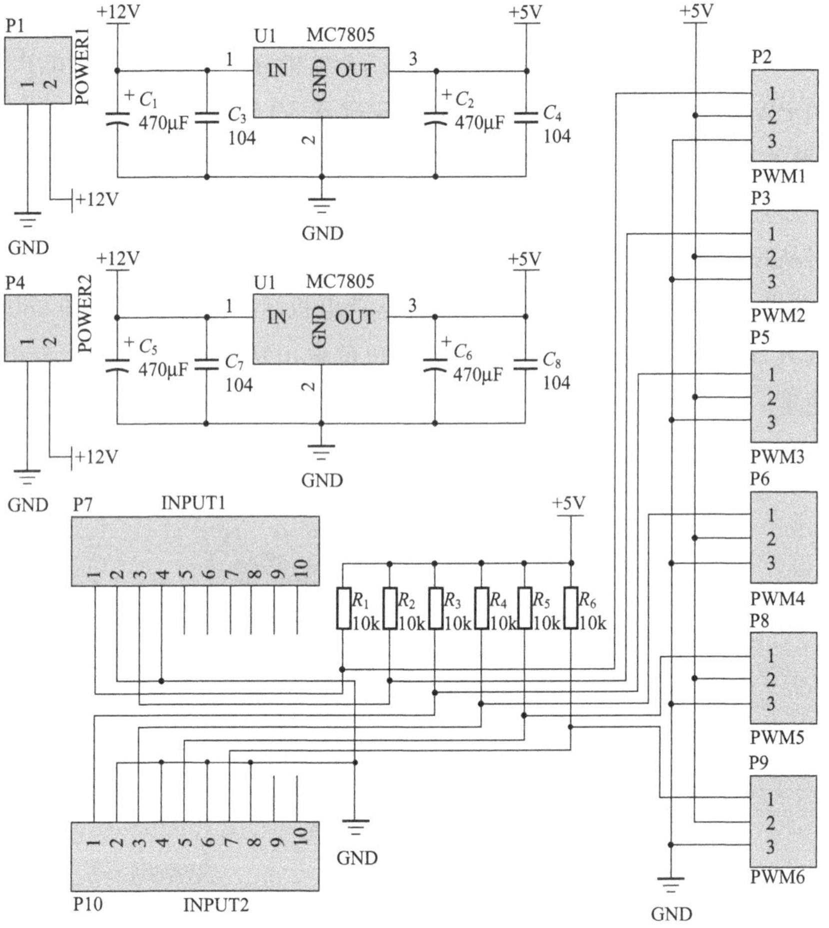

图 8.37　PWM 信号接口电路

2. 大功率舵机驱动板

本大功率舵机驱动板的总电路如图 8.38 所示。各个部分电路如下。

(1) 供电单元。图 8.39 为供电单元电路，根据电气设计要求，直接用 12V 电池供电，经 7805 芯片与 XC6206 芯片输出 5V 电压，为单片机和传感器供电。

(2) 单片机最小系统。使用 ATINY25 作为 CPU，其单片机最小系统电路如图 8.40 所示。

(3) 传感器接口。此电路作为三端电位器的输入接口，如图 8.41 所示。

(4) PWM 信号输入接口。此口作为 PWM 信号的输入接口，如图 8.42 所示。

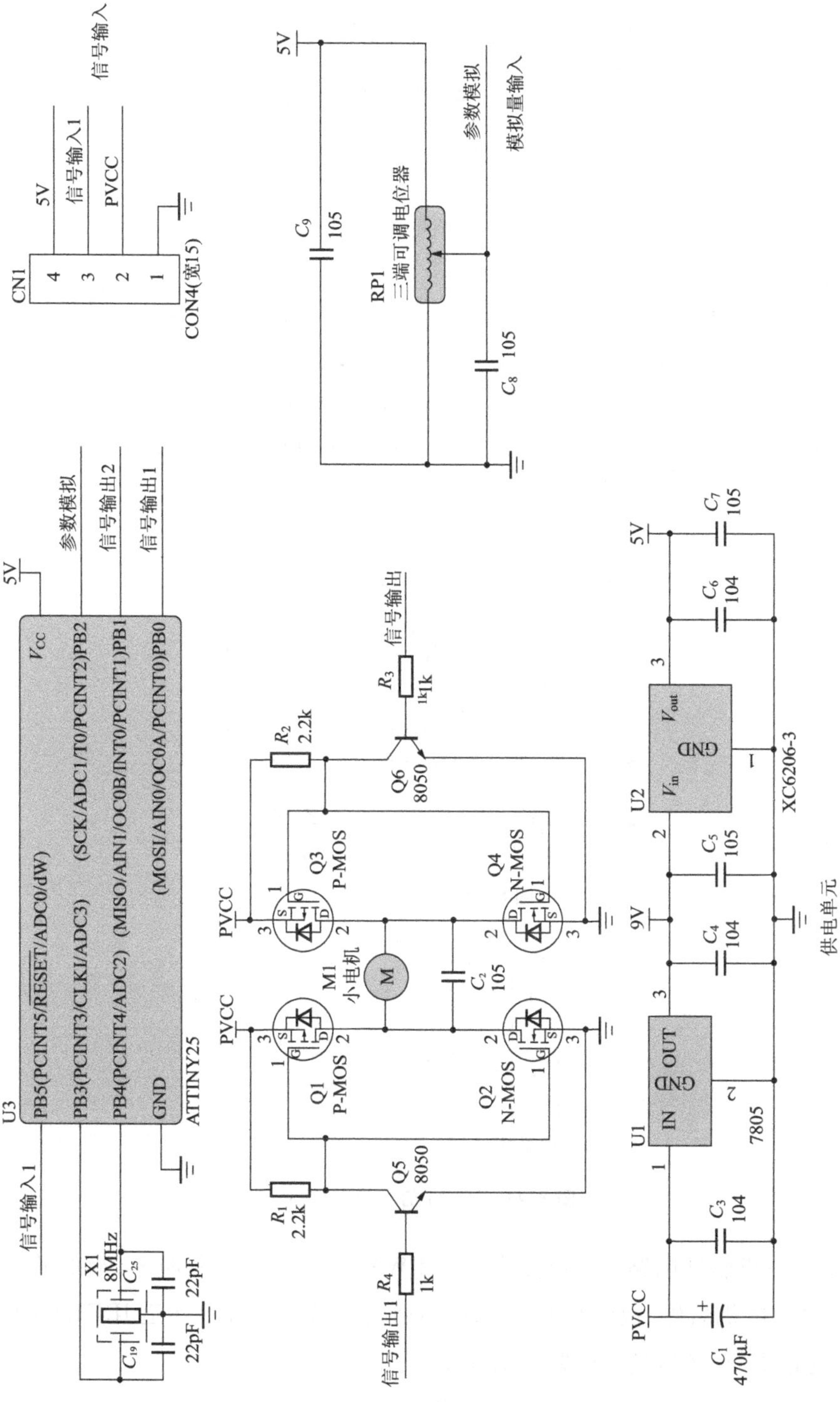

图 8.38 大功率舵机板电路

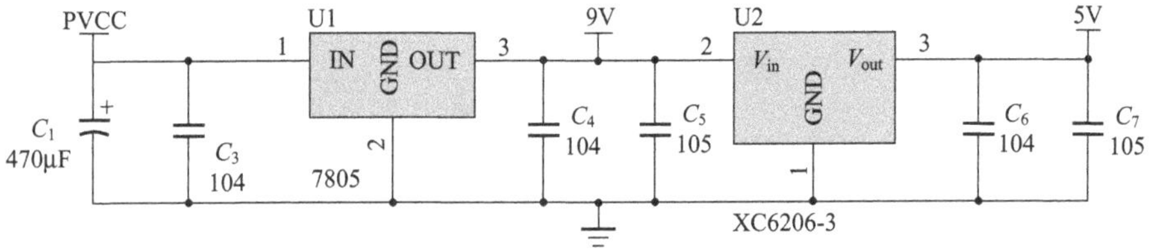

图 8.39　供电单元电路

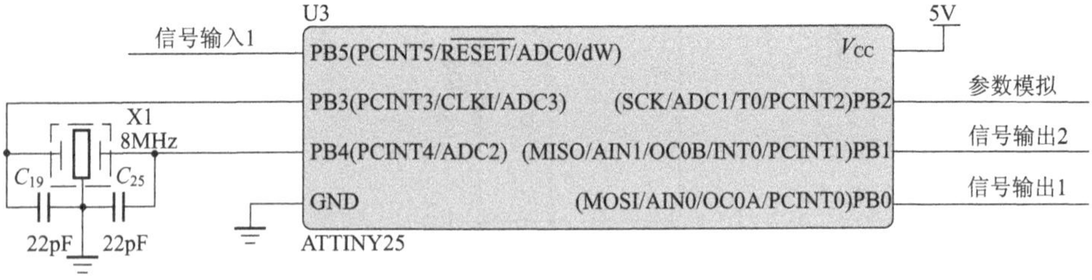

图 8.40　单片机最小系统

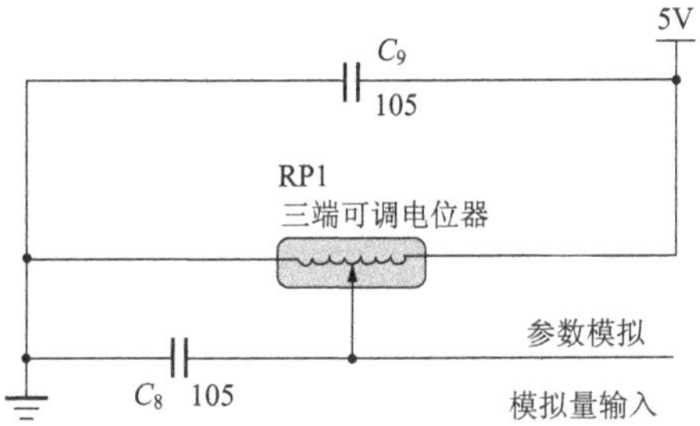

图 8.41　传感器接口

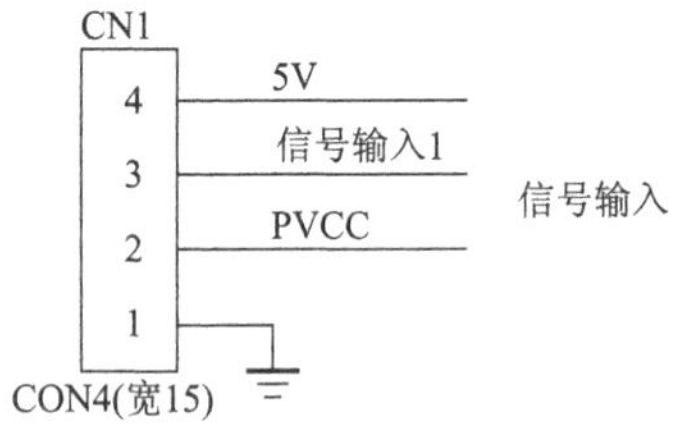

图 8.42　PWM 信号输入接口

(5) 电机驱动电路。此电路由两路 PWM 信号分别控制四个 MOS 管的开关，即可使电机启停、换向与变速。MOS 管芯片选择两片 P 沟道 IRF4905 和两片 N 沟道 IRF3205，具体电路如图 8.43 所示。

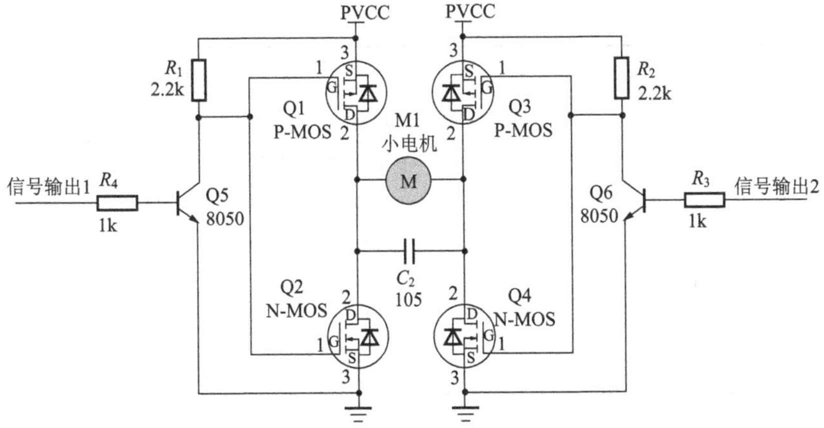

图 8.43 电机驱动电路

8.3.3 程 序

本自动机器人的控制程序主要分为两部分:底盘巡线程序和机械臂控制程序。具体内容如下。

1. I/O 口分配

控制底盘巡线的 I/O 口分配如表 8.2 所示。

控制机械臂动作的 I/O 口分配如表 8.3 所示。

表 8.2 控制机械臂 I/O 分配表

I/O 口	宏定义	接口说明
P0.1	l_switch	左触须接口
P0.2	r_switch	右触须接口
P0.3	l_sensor	左边光电传感器
P0.4	r_sensor	右边光电传感器
P1.2	DIR_0	PWM0 的正反转控制位,1 代表正
P1.5	DIR_1	PWM1 的正反转控制位,1 代表正
P4.4	P4_4	读取巡线光电传感器的高低 8 位值的控制口
P4.5	t_sensor	90°转向控制的检测光电传感器接口
P4.6	start_	启动按键接口

表8.3 控制机械臂I/O分配表

I/O口	接口说明
P1.7	上层球下放的舵机信号接口
P3.2	转塔控制的舵机信号接口
P3.3	大臂控制的舵机信号接口
P3.4	顶杆控制的舵机信号接口
P3.5	挡球嘴控制的舵机信号接口
P3.6	左喉挡球板控制的舵机信号接口
P3.7	右喉挡球板控制的舵机信号接口

2. 主程序

该程序是单片机执行程序的入口，包括初始化单片机、执行各种任务等，其名为void main(void)。

根据比赛使用2台自动机器人、1台手动机器人配合投球的情况，在此提供的是仅使用2台自动机器人的一种方案，其主程序有3种写法：

(1) 1号自动机器人从蓝区或红区直线冲出并巡线行走，投3个2分球柱的球。这种写法的流程图如图8.44(a)所示。

(2) 2号自动机器人从蓝区直线冲出遇到白条左转弯并巡线行走，投2个3分球柱的球。这种写法的流程图如图8.44(b)所示。

(3) 2号自动机器人从红区直线冲出遇到白条右转弯并巡线行走，投2个3分球柱的球。这种写法的流程图如图8.44(c)所示。

3. 初始化程序

该程序主要初始化单片机I/O口、PWM输出设置、机械臂初始状态。接着，等待启动按钮被按下。其名为void S_T(void)，初始化流程图如图8.45所示。

4. 底盘巡线程序

底盘巡线程序主要包括巡直线子程序、定点纠偏子程序、转向子程序、出红色区子程序及出蓝色区子程序、直线冲出子程序等。

(1) 巡直线子程序。该子程序通过采集16个传感器的信号控制底盘沿着直线行走。调节方式采用PID调节，其名为void FOLL_FINE_2(uchar speedbase,uchar ti)，传递参数是在巡线时电机的基本速度与巡白条数，流程图如图8.46所示。

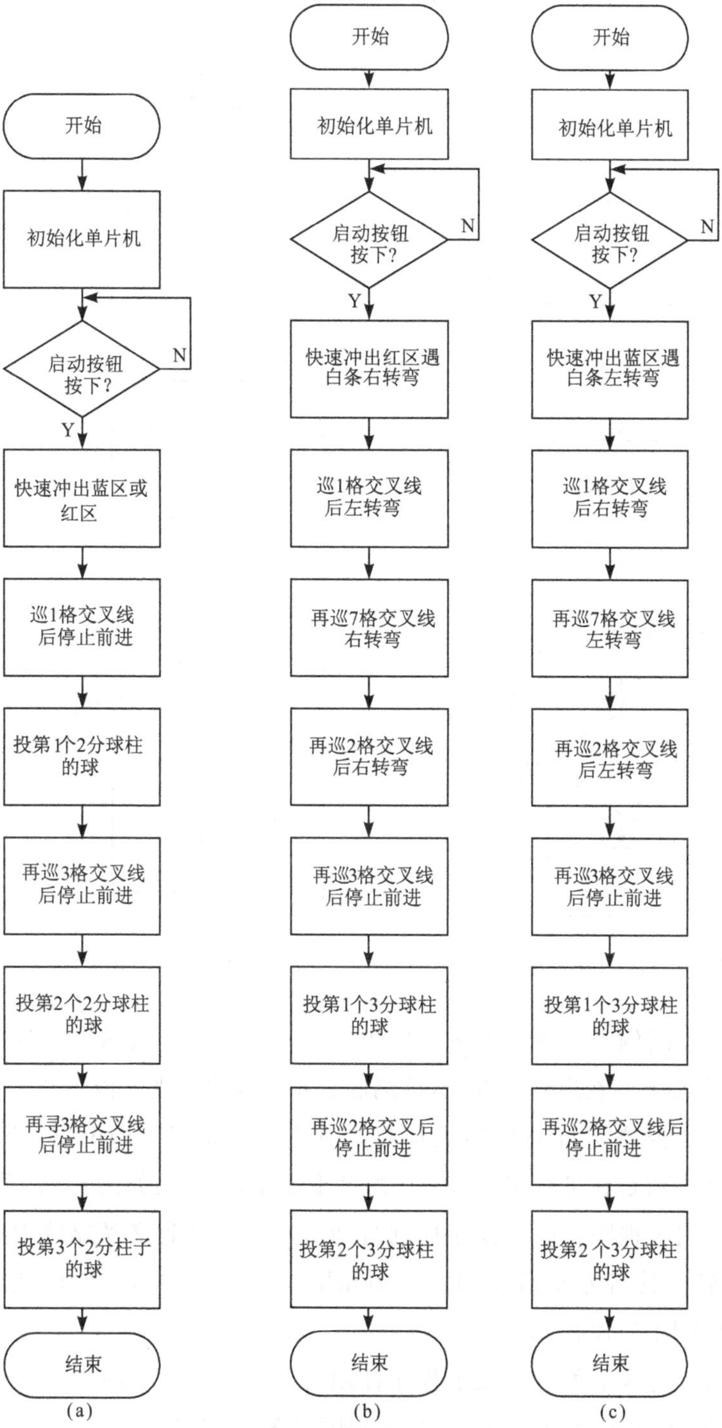

图 8.44 机器人工作流程图

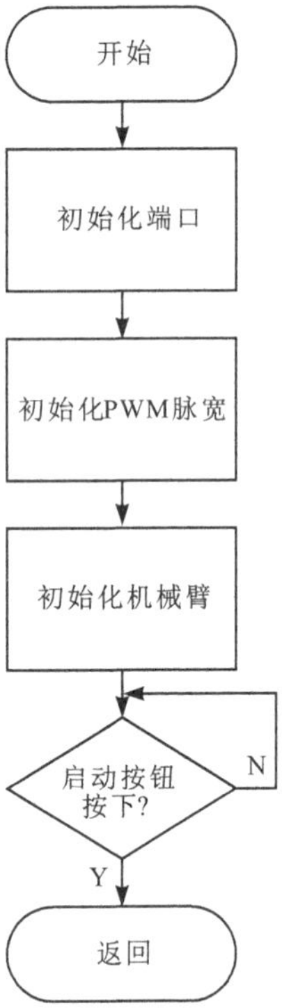

图 8.45　初始化子程序流程图

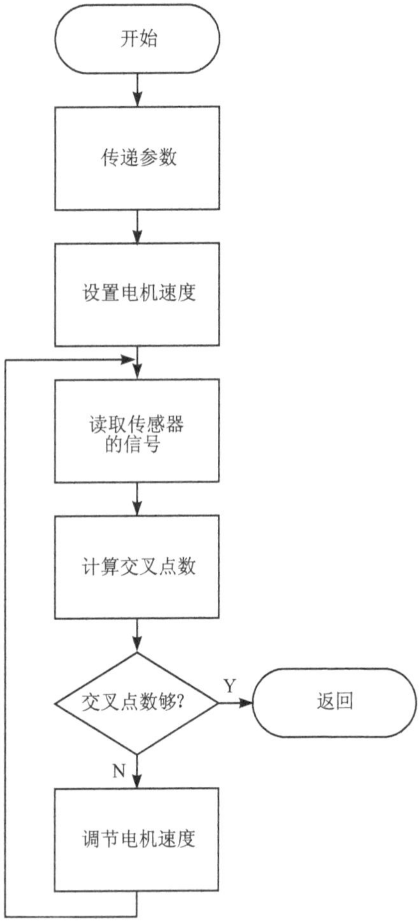

图 8.46　巡直线子程序流程图

(2) 定点纠偏子程序。该子程序控制自动机器人的机械臂盘底停在交叉十字线的中心上。在巡线基础上，检测底盘左右两边的光电传感器是否在白线上，以决定是否停止自动机器人前进。其名为 void JIUPIAN(uchar speedbase)，传递参数是在进行纠偏时电机的基本速度，流程图如图 8.47 所示。

(3) 转向子程序。该子程序控制自动机器人前进到交叉路线上时向左转或者向右转。其名为 void TURN_90(uchar e)，传递参数是左转或右转的标志，流程图如图 8.48 所示。

(4) 出红色区子程序。该子程序控制自动机器人启动时如何走出红色出发区。其名为 void StartRed(void)，流程图如图 8.49 所示。

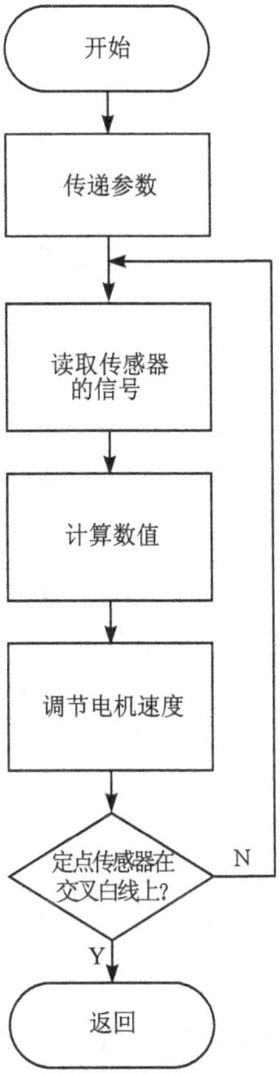

图 8.47 定点纠偏子程序流程图

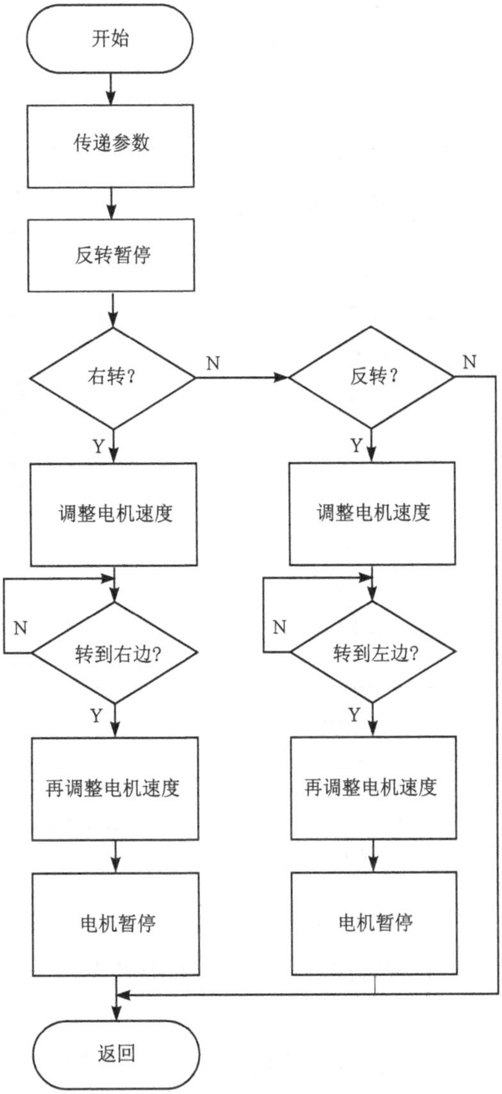

图 8.48 转向子程序流程图

(5) 出蓝色区子程序。该子程序控制自动机器人启动时如何走出蓝色出发区。其名为 void StartBlue(void),流程图如图 8.50 所示。

(6) 直线冲出子程序。该子程序控制自动机器人启动时如何直线走出蓝色或红色出发区。其名为 void Start_Out(void),流程图如图 8.51 所示。

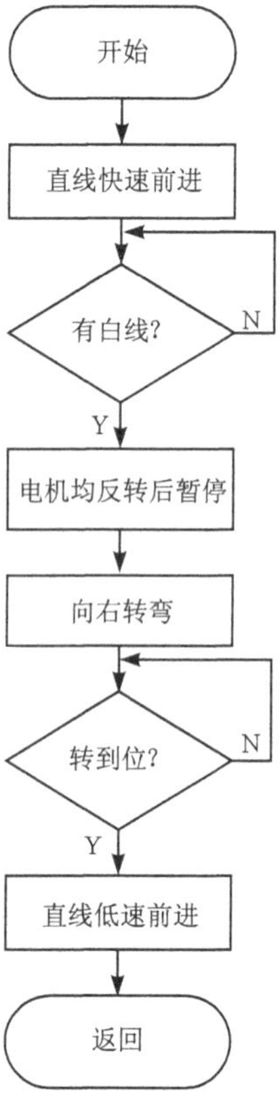

图 8.49　出红区子程序流程图

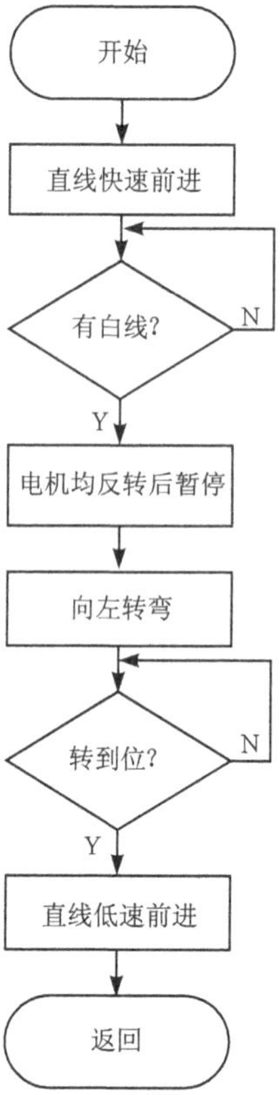

图 8.50　出蓝区子程序流程图

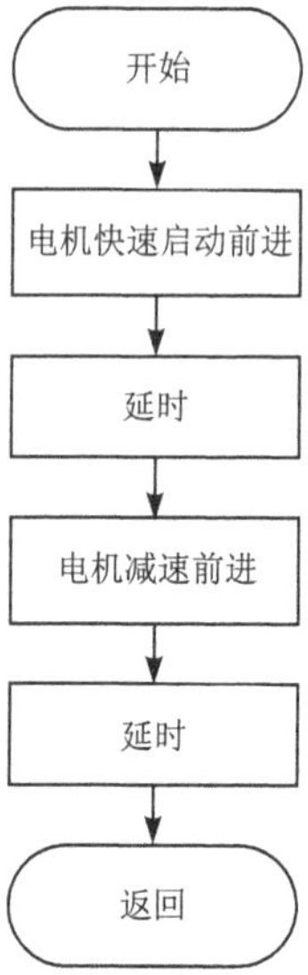

图 8.51　直线冲出子程序流程图

5. 机械臂控制程序

机械臂控制程序主要包括设置找球柱子程序、投球子程序及触须检测子程序等。

(1) 设置找球柱子程序。该子程序是控制自动机器人的机械臂到达目标球柱。向该子程序传递的参数为转塔、大臂、顶杆要到达的位置点值。其名为 void Set_Point(uchar comm_data[ ]),流程图如图 8.52 所示。

(2) 投球子程序。投球子程序是控制自动机器人向球柱桶投球的数目。向该子程序传递的参数为投球的个数。其名为 void tou_qiu(uchar num),流程图如图 8.53 所示。

(3) 触须检测子程序。该子程序用于在球柱近点检测球柱的位置,通过实时调整转塔、大臂、顶杆的移动来实现。其名为 void Check_Circl(uchar exe_temp[3]),传递参数是转塔、大臂与顶杆的近点位置数值,流程图如图 8.54 所示。

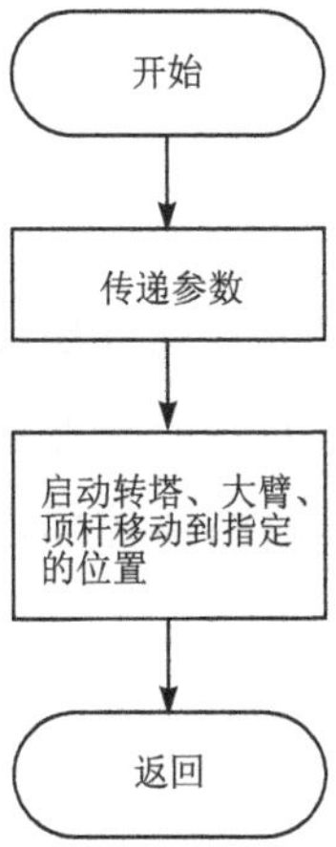

图 8.52 找球柱子程序流程图

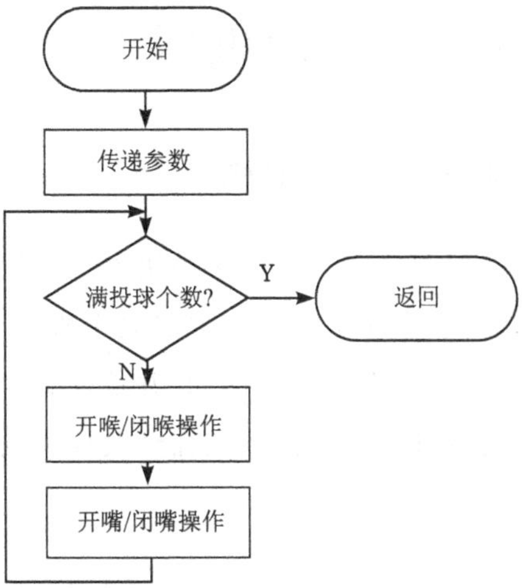

图 8.53 投球子程序流程图

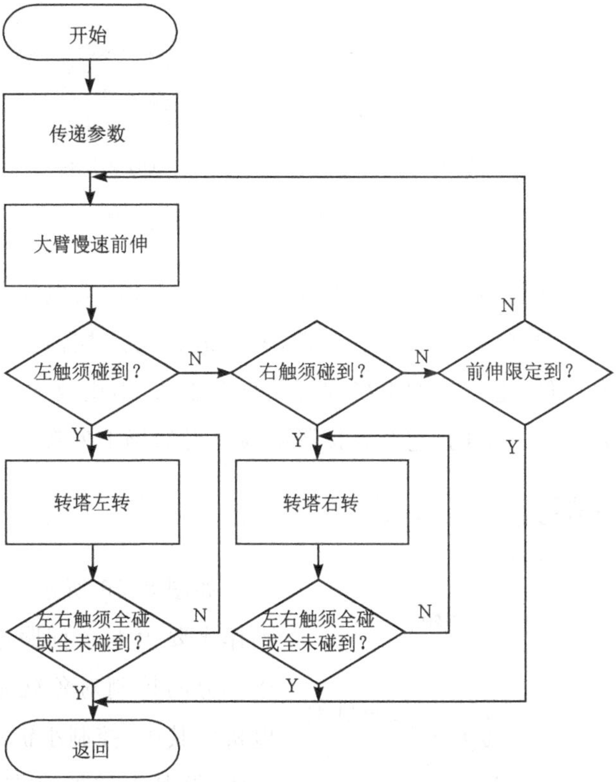

图 8.54 触须检测流程图

8.4　手动机器人

8.4.1　机械结构

如图8.55所示，手动机器人的机械部分主要由以下几部分构成：小铲与大铲，用于将球从物料库中取放于机器人的球仓内，各由左右两个舵机来控制；摆臂与球夹，用于前后摆动，并从球仓中取球，放于目的球柱；遥控器，用于控制底盘的行进方向，大小铲、摇臂及球夹的动作。

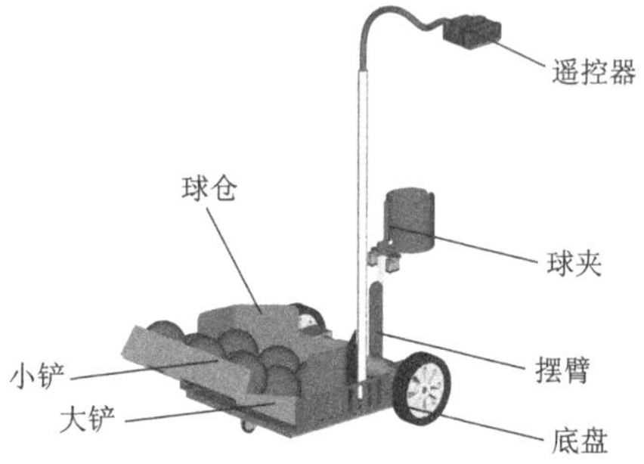

(a) 手动机器人机械组成

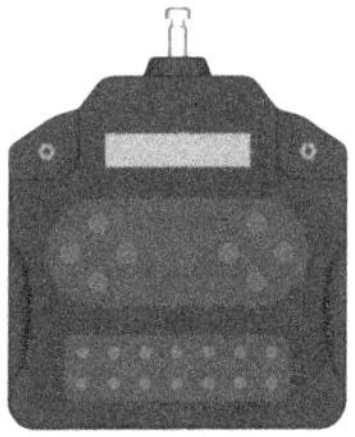

(b) 遥控器外形

图8.55　手动机器人的机械结构及遥控器

遥控器采用机械接触式小开关，如果要控制高电压、大电流的电机就需要连接底盘上面的放大功率板子的输入端，并且底盘与遥控器的电气系统要共地。如果控制电压低、电流小的电机则可以直接驱动，不用放大。此外，遥控器的外形和手感是非常关键的，它会直接影响参赛者的场上发挥。

8.4.2　电子部分

如图8.56所示，自动机器人的动作主要由七个伺服电机拖动。电子部分的控制对象就是这七个伺服电机。其中，控制小铲的有左右两个舵机，控制大铲的有左右两个舵机，摆臂舵机一个，球夹舵机两个，均采用标准的SH14-M型号舵机。

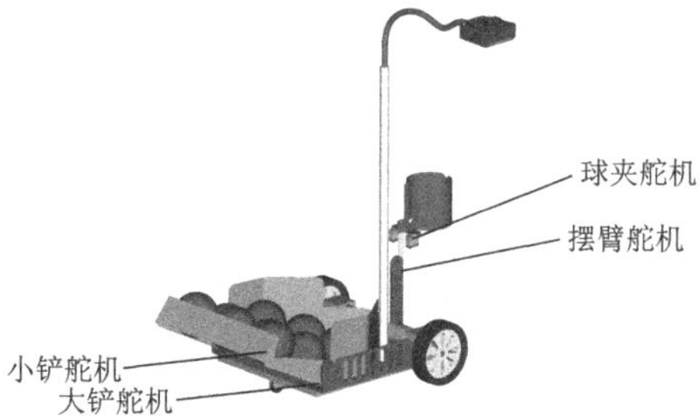

图8.56　手动机器人的驱动电机位置

如图 8.57 所示，本电路板作为连接中科主控制板的扩展接口，其中 INPUT1、INPUT2 端口分别与主控制板的 OUT1、OUT2 端口对应连接，采用 12V 电源供电，接口为 P1、P2，七路 PWM1～PWM7 信号输出口分别对应于 P3.2～P3.7、P1.6 口。此七路 PWM 信号应用于控制手动机器人的七个舵机，分别带动左右大铲、左右小铲、左右球夹和摆臂。

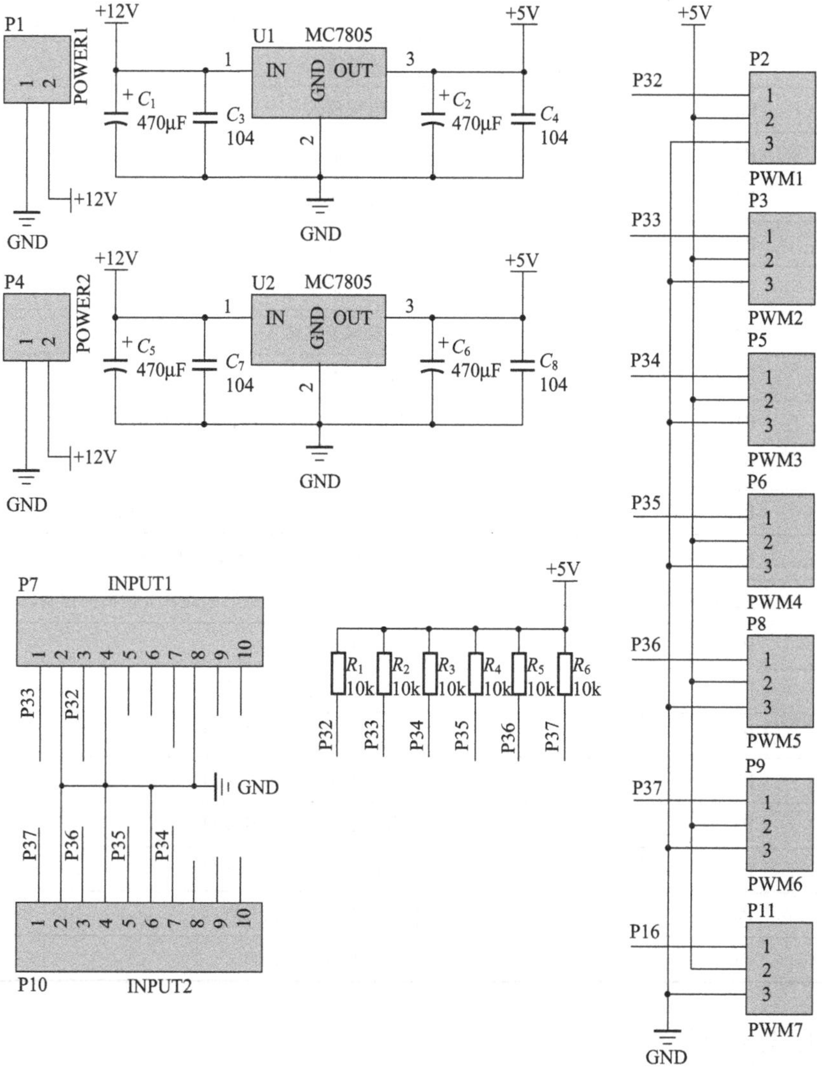

图 8.57 外接扩展口电路

8.4.3 程　序

本次设计的手动机器人的控制程序是根据手动按键的输入来操作机器人的。其I/O口分配如表8.4所示。

表8.4　手动机器人控制I/O口分配表

I/O口	宏定义	接口说明
P2.2	go	前进键输入
P2.6	back	后退键输入
P2.0	turn_l	左转键输入
P2.4	turn_r	右转键输入
P2.1	P2_1	铲球准备按键输入
P2.3	P2_3	铲球按键输入
P2.5	P2_5	夹放球按键输入
P2.7	P2_7	取走对方球的按键输入
P1.2	DIR_0	PWM0的正反转控制位，1代表正
P1.3		PWM0输出端口——控制底盘的右电机
P1.4		PWM1输出端口——控制底盘的左电机
P1.5	DIR_1	PWM1的正反转控制位，1代表正
P4.4	P4_4	读取巡线光电传感器的高低8位值的控制口
P4.6	start_	启动按键接口
P3.2		左边大铲舵机信号接口
P3.3		右边大铲舵机信号接口
P3.4		左边小铲舵机信号接口
P3.5		右边小铲舵机信号接口
P3.6		左边夹球舵机信号接口
P3.7		右边夹球舵机信号接口
P1.6		摆臂舵机信号接口

1. 主程序

本主程序作为单片机执行程序的入口，在初始化单片机之后，就是循环执行用户所要求任务的程序——扫描按键输入及机器人动作输出。其名为void main(void)，流程图如图8.58所示。

2. 初始化子程序

该子程序主要初始化单片机的 I/O 端口、PWM 输出设置、A/D 转换器及机器人动作的初始状态。其名为 void S_T(void),流程图如图 8.59 所示。

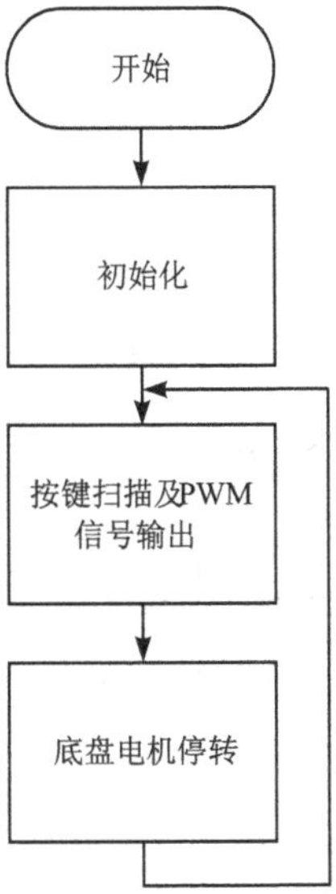

图 8.58 主程序流程图

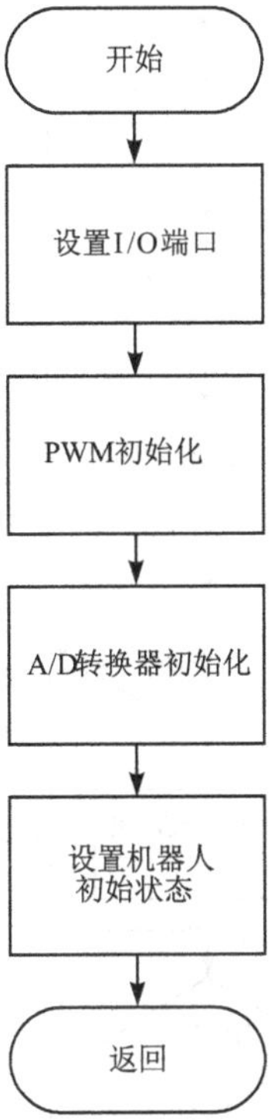

图 8.59 初始化子程序流程图

3. 按键扫描子程序

按键扫描子程序是对手动按键输入进行扫描,并对不同的键作相应的内容处理,如使机器人前进、后退、左转、右转、夹球、放球、摆臂、复臂等动作。其名为 void keyscan(void),流程图如图 8.60 所示。

4. A/D 中断服务子程序

该子程序是对电位器的电压进行 A/D 采样,根据不同的电压值设定手动机器人底盘电机的相应速度。此服务程序为 void ADC_IE_(void) interrupt 5 using 1,流程图如图 8.61 所示。

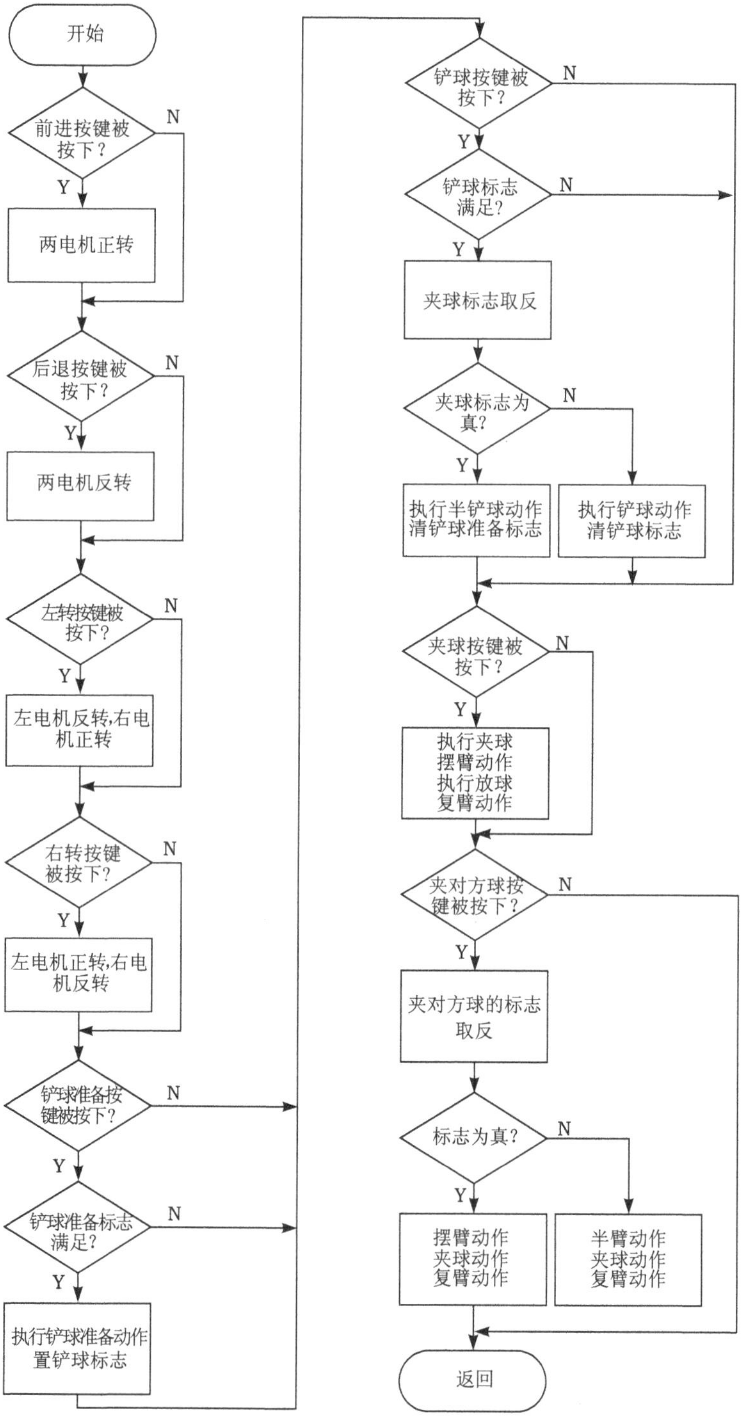

图 8.60　按键扫描子程序流程图

5. 铲球准备子程序

该子程序用于控制大铲和小铲在铲球之前，先把它们放下与地面平行。这是铲球前的一个准备动作。此程序为 void chanqiu_zhunbei(void)，流程图如图 8.62 所示。

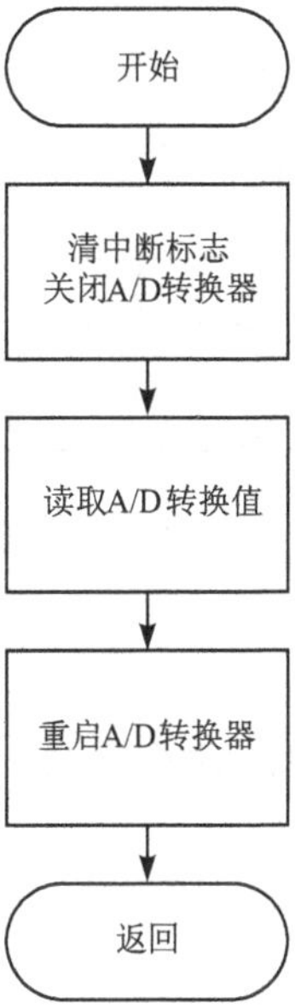

图 8.61 A/D 中断服务子程序流程图

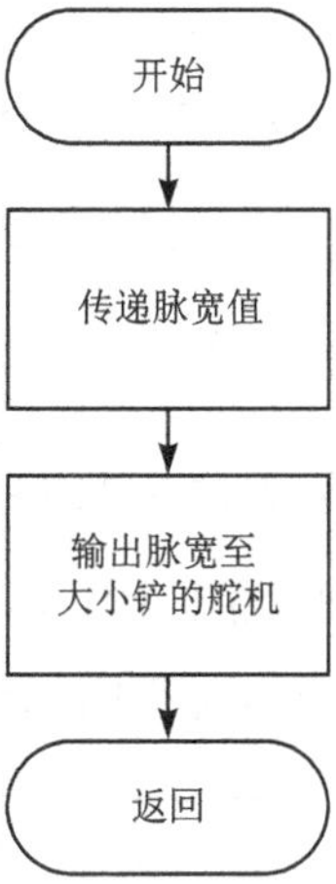

图 8.62 铲球准备子程序流程图

6. 铲球动作子程序

该子程序输出 PWM 的脉宽控制大铲舵机铲球，使球彻底地落在机器人的球柱里。此程序为 void chanqiu_dongzuo(void)，流程图如图 8.63 所示。

7. 铲半球动作子程序

该子程序输出 PWM 的脉宽控制大小铲舵机铲起球，但未使球彻底地落在机器人的球柱里。此程序为 void chanbanqiu_dongzuo(void)，流程图如图 8.64 所示。

8. 夹球动作子程序

该子程序输出 PWM 的脉宽控制两夹球舵机夹球，此程序为 void jiaqiu_dongzuo(void)，流程图如图 8.65 所示。

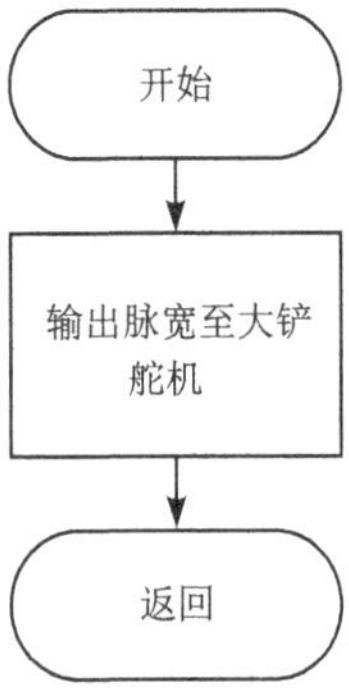

图 8.63　铲球动作子程序流程图

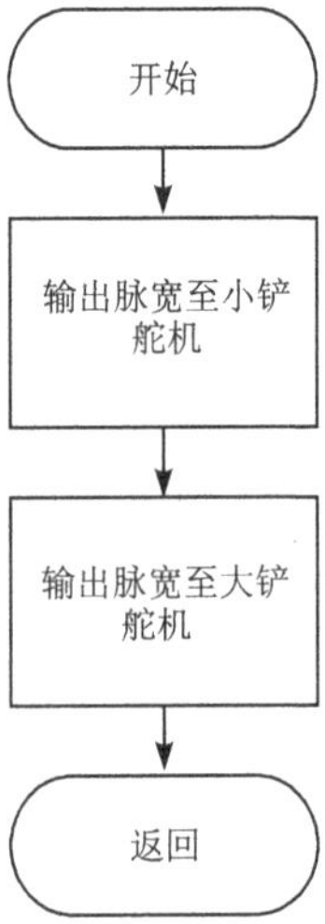

图 8.64　铲半球动作子程序流程图

9. 放球动作子程序

该子程序输出 PWM 的脉宽控制两夹球舵机放球，此程序为 void fangqiu_dongzuo(void)，流程图如图 8.66 所示。

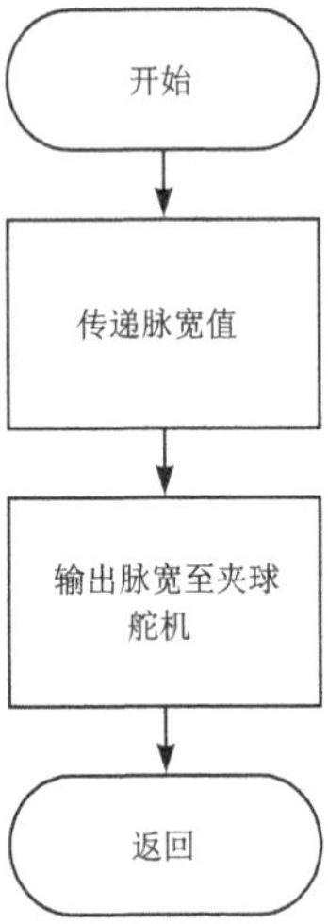

图 8.65　夹球动作子程序流程图

图 8.66　放球动作子程序流程图

10. 摆全臂动作子程序

该子程序输出 PWM 的脉宽控制摆臂舵机全程摆臂，此程序为 void baibi_

dongzuo(void),流程图如图 8.67 所示。

11. 摆半臂动作子程序

该子程序输出 PWM 的脉宽控制摆臂舵机摆半程臂,此程序为 void baibanbi_dongzuo(void),流程图如图 8.68 所示。

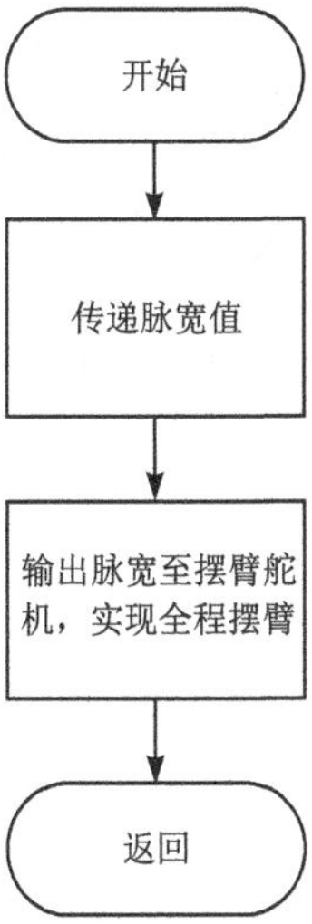

图 8.67 摆全臂动作子程序流程图

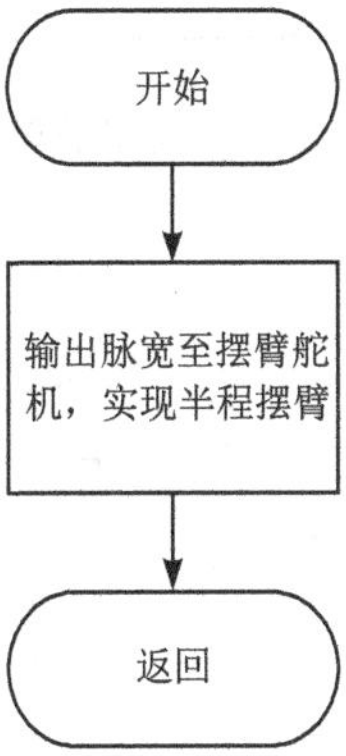

图 8.68 摆半臂动作子程序流程图

12. 复全臂动作子程序

该子程序输出 PWM 的脉宽控制摆臂舵机全程复位,此程序为 void huibi_dongzuo(void),流程图如图 8.69 所示。

13. 复半臂动作子程序

该子程序输出 PWM 的脉宽控制摆臂舵机半程复位,此程序为 void huibanbi_dongzuo(void),流程图如图 8.70 所示。

14. 底盘电机控制子程序

该子程序输出 PWM 的脉宽控制底盘两电机以设定的速度启动、停止及正反转,此程序为 void motor(unsigned char m,unsigned char z,unsigned int n),流程图如图 8.71 所示。

图 8.69　复全臂动作子程序流程图

图 8.70　复半臂动作子程序流程图

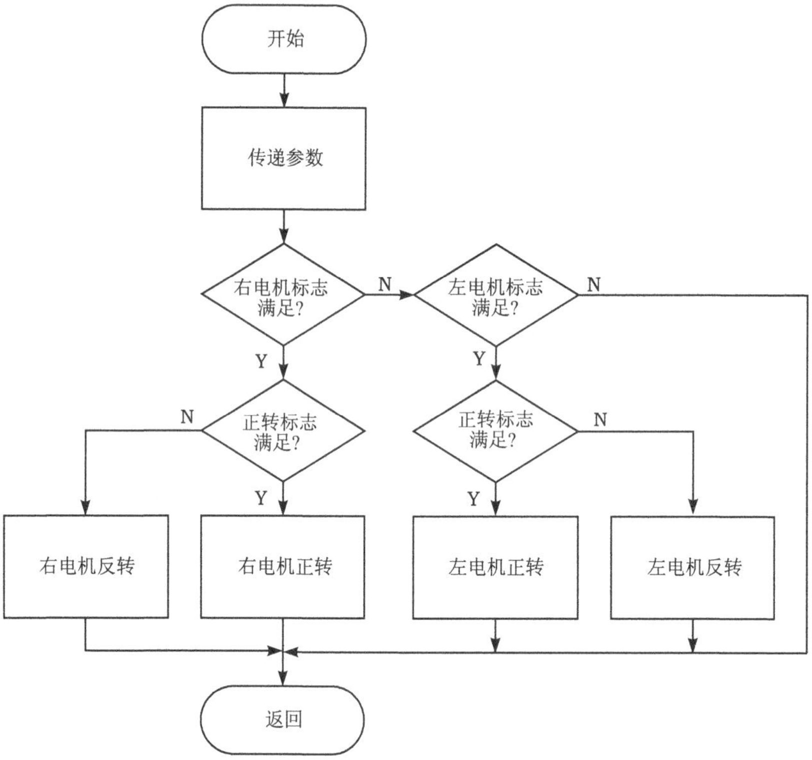

图 8.71　底盘电机控制子程序流程图

第9章 “飞思卡尔”杯全国大学生智能汽车竞赛

9.1 基本介绍

“飞思卡尔”杯全国大学生智能汽车竞赛是以“立足培养、重在参与、鼓励探索、追求卓越”为宗旨，鼓励创新的一项科技竞赛活动。竞赛要求在规定的汽车模型平台上，使用飞思卡尔半导体公司的16位微控制器作为核心控制模块，通过增加道路传感器、电机驱动模块以及编写相应的控制程序，制作完成一个能够自主识别道路的模型汽车。智能汽车竞赛的赛道路面为宽度不小于50cm的白色面板，中心有宽度为25mm的连续黑线作为引导线。

参赛队员的目标是模型汽车需要按照规则以最短时间完成单圈赛道，参赛队伍的名次(成绩)以赛车现场成功完成赛道比赛时间为主，以技术报告、制作工程质量评分为辅来决定。

大赛根据车模检测路径方案的不同分为电磁、光电与摄像头三个赛题组。车模通过感应由赛道中心电线产生的交变磁场进行路径检测的属于电磁组；车模通过采集赛道图像(一维、二维)进行路径检测的属于摄像头组；车模通过采集赛道上少数孤立点反射亮度进行路径检测的属于光电组。

某次比赛中大赛组委会统一提供的竞赛车模如图9.1所示。采用飞思卡尔16位微控制器MC9S12XS128作为核心控制单元，自主构思控制方案及系统设计，包括传感器信号采集处理、控制算法及执行、动力电机驱动、转向舵机控制等，最终实现一套能够自主识别路线并且可以实时输出车体状态的智能车控制硬件系统。

本章介绍光电组竞赛小车的实践过程，所使用的车模如图 9.1 所示，型号为 G768，电机型号为 RS380-ST/3545，舵机型号为 FUTABA3010。

图 9.1 “飞思卡尔”杯汽车竞赛车模

9.1.1 竞赛要求

如果损毁车模中禁止改动的部件，需要使用相同型号的部件替换；对于 A 型车模（光电组）、C 型车模（摄像头组），改装完毕后，尺寸不能超过 250mm 宽和 400mm 长。对于 B 型车模（电磁组），改装完毕后，车模宽度不超过 250mm，长度没有限制。比赛过程中车模长度不得发生改变。

1. 智能竞赛车模的规定

（1）禁止改动车底盘结构、轮距、轮径及轮胎。

（2）禁止采用其他型号的驱动电机，禁止改动驱动电机的传动比。

（3）禁止改造车模运动传动结构，包括滚珠轴承。

（4）禁止改动舵机，但可以更改舵机输出轴上的连接件。

（5）禁止改动驱动电机以及电池，车模前进动力必须来源于车模本身直流电机及电池。

（6）禁止增加车模地面支撑装置。在车模静止、动态运行过程中，只允许车模原有四个车轮对车模起到支撑作用。

（7）为了安装电路、传感器等，允许在底盘上打孔或安装辅助支架等。

2. 电路器件及电路制作限制

(1) 车模控制电路需采用飞思卡尔半导体公司的8位、16位MCU作为唯一的微控制器。16位MCU只能采用9S12XS128(封装不限),也可以选用16位DSC或8位MCU(8位MCU可以使用2片)。核心控制模块可以采用组委会推荐的9S12XS128模块,也可以选用飞思卡尔公司微控制器自行设计制作控制电路板。每台模型车的电路板中只允许使用一种型号的微控制器。8位微控制器最多可以使用2片,16位微控制器限制使用1片;不得同时使用8位和16位微控制器。

(2) 除了上述规定的微控制器之外,不得使用辅助处理器及其他可编程器件。

(3) 伺服电机数量不超过3个。

(4) 传感器数量不超过16个。光电传感器接收单元计为1个传感器,发射单元不计算;CCD传感器计为1个传感器;磁场传感器在同一位置可以有不同方向的传感器,计为1个传感器。

(5) 直流电源使用大赛指定的电池。

(6) 禁止使用DC-DC升压电路直接为驱动电机及舵机提供动力。

(7) 全部电容容量和不得超过2000μF;电容最高充电电压不得超过25V。

(8) 本竞赛智能车中,除单片机最小系统的核心子板、摄像头、舵机自身内置电路外,所有电路均要求自行设计制作,禁止购买现成的功能模块。如果自制电路采用印制电路板,必须在铜层(TopLayer或BottomLayer)醒目位置放置本参赛队伍所在学校名称、队伍名称、参赛年份,对于非常小的电路板可以使用名称缩写,名称在车模技术检查时直接可见。

3. 可以选择参数

(1) 开发软件可以选择CodeWarrior调试软件,也可以另行选择。

(2) 开发调试硬件可以选择秘书处统一推荐的BDM工具,也可以另行选择。

(3) 电路所使用元器件(传感器、各种信号调理芯片、接口芯片、功率器件等)种类与数量都可以自行设计选择。

4. 赛道基本参数

(1) 赛道路面用专用白色基板制作,在初赛阶段时,跑道所占面积在5m×

7m左右,决赛阶段时跑道面积可以增大。

(2) 赛道宽度等于50cm。

(3) 铺设赛道地板颜色不作要求,它和赛道之间可以但不一定有颜色差别。

(4) 跑道表面为白色,中心有黑线作为引导线,黑线宽(25±5)mm。引导黑线大部分为连续黑线,部分线段会是虚线。虚线的规格如图9.2所示。虚线段可能出现在赛道的直线部分,也可能出现在赛道的转弯部分,每段虚线长度不超过1m。虚线不会出现在十字交叉路口、坡道中,如图9.3所示。

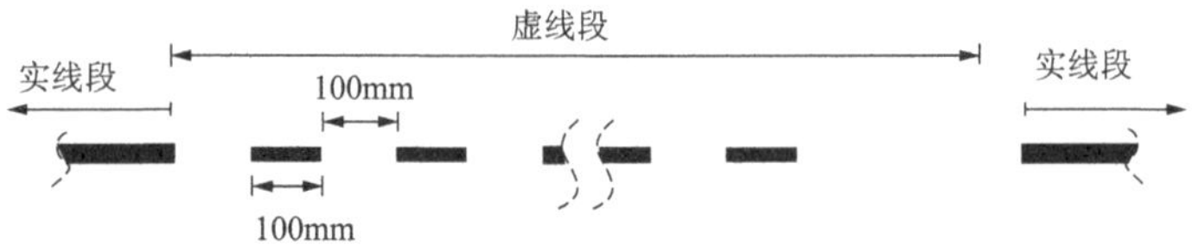

图9.2 赛道虚线的规格

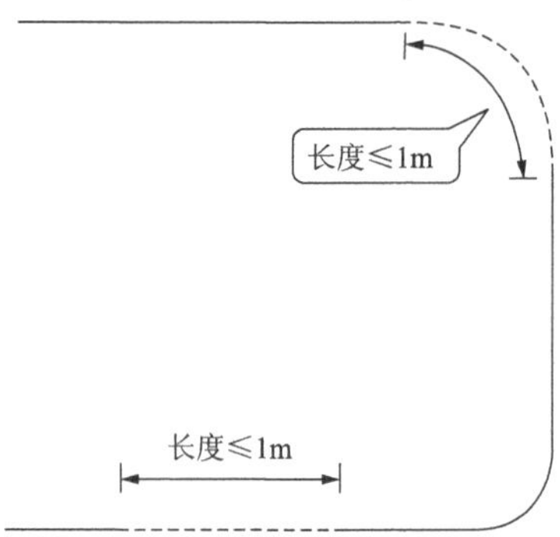

图9.3 赛道虚线的长度和位置

(5) 赛道中心黑色线下铺设有直径为0.1~0.8mm的漆包线,其中通有20kHz,100mA的交变电流。频率范围为(20±1)kHz,电流范围为(100±20)mA。

(6) 跑道最小曲率半径不小于50cm。

(7) 跑道可以交叉,交叉角为90°。

(8) 赛道直线部分可以有坡度在15°之内的坡面道路,包括上坡与下坡道路,如图9.4所示。

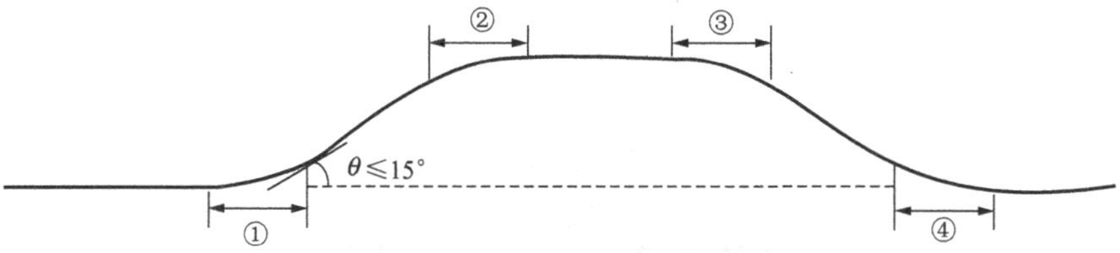

注：①～④过渡弧线长度≥10cm。

图 9.4 坡道示意图

(9) 赛道有一个长为 1m 的出发区，如图 9.5 所示，计时起始点两边分别有一个长度为 10cm 的黑色计时起始线，赛车前端通过起始线作为比赛计时开始或者结束时刻。在黑色计时起始线中间安装有永久磁铁，每一边各三只。磁铁参数：直径 7.5～15mm，高度 1～3mm，表面磁场强度 3000～5000G。起始线附近的永磁铁的分布是在跑道黑色中心线两边对称分布，相应的位置如图 9.6 所示。

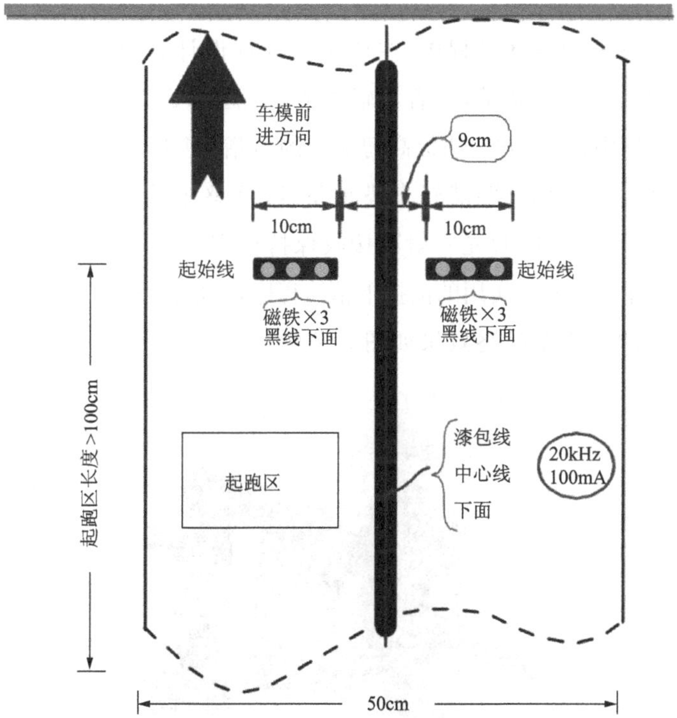

图 9.5 赛道示意图

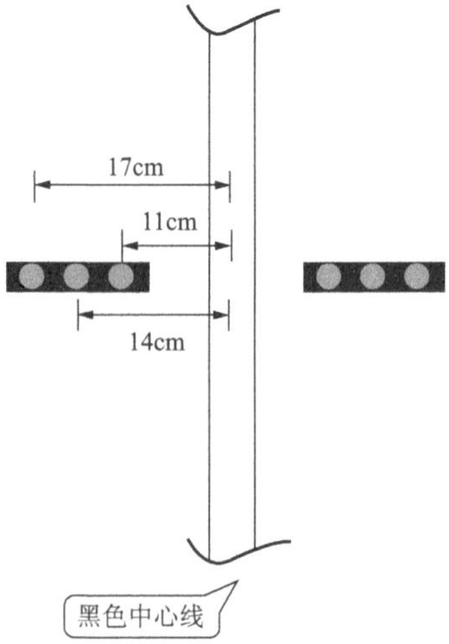

图 9.6 永久磁铁在赛道中的位置

9.1.2 整车设计思路

在智能车系统的设计过程中，主要包括硬件设计、机械结构设计和软件设计等三个方面的设计与调试，三者相辅相成，不能偏废其一。

在硬件设计中，应想方设法提高智能车的前瞻，简化电路，提高电路可靠性。

在机械结构设计部分要减轻车模重量，降低整车重心，调整转向舵机与车轮的连接部分，并尽量使激光发射与接收保持稳定。

在软件设计部分要在实用的前提下精简程序，尽量使得程序美观，可读性强。

本次设计的智能车最终效果如图 9.7 所示。

图 9.7 智能车的效果图

9.2 总体方案

9.2.1 系统总体方案的选定

在比赛中,前瞻距离和检测精度是使用光电传感器的智能车最需要解决的关键问题,相对于距离非常近的近红外传感器,激光传感器同时解决了前瞻距离和检测精度两个问题。因此本次设计选择了基于激光传感器的智能车系统。而激光传感器的排布对整个系统也有很重要的影响,最后选择了双排传感器,并使之均匀排布,将前瞻距离从 20cm 提高到 60cm。

9.2.2 系统总体方案的设计

机械部分:选用碳纤维管等低密度高强度材料,在保证稳定性的基础上尽量减轻重量;为了提高车的加速减速性能,要把重心位置控制在车的中心,且尽量降低重心高度。

电路部分:尝试各种电路提高传感器的前瞻距离;简化冗余部分,提高电路的可靠性;对控制电路、驱动电路、接口电路等各部分进行模块式设计,进而保证整个电路的稳定性和可修改性。

软件部分:提高软件稳定性;提高控制算法的鲁棒性;利用好激光传感器所提供的远前瞻,完善弯道预判和路径规划的策略。

9.3 智能车机械结构优化

9.3.1 智能车的整体结构

本次比赛使用的智能车模型是国内厂商生产的 1∶10 的电动越野遥控车的底盘部分,如图 9.8 所示,突出特点为四轮驱动,四轮独立悬挂,结构比较复杂。同时可调整参数也有所增加,而通过调整这些参数可以改变车辆的性能。具体参数如表 9.1 所示。

在车模的驱动方案上有四驱和两驱两种方案。虽然在传动方面,四驱车车模损失功率更多并导致它加速较慢。不过由于四驱车在刹车时四轮同时锁死的

图 9.8 智能车模型实物

表 9.1 车模基本尺寸参数

轴 距	181mm
前轮距	121mm
后轮距	123mm
车轮直径	65mm
车 长	240mm
车 宽	179mm

可能性小,因此比两驱车更稳定和安全,而且在过弯能力方面,四驱车的过弯稳定性也优于两驱车,所以本次依然选择四轮驱动作为驱动方案。

9.3.2 智能车机械机构调整

为保证智能车行驶稳定、转向轻便灵活,需要对其机械结构进行调整和改造,以使其更适合高速运行。以下是需要改造的部分。

1. 车身高度

车身高度指的是当车子满载的时候,底盘离地面的高度。可以通过旋转前、后桥中的一粒内六角螺丝来初步调整车身高度,如图 9.9 所示。

2. 前轮 Toe 角度

Toe 角度(束角)是指从车的正上方看,车轮的前端和车辆纵线的夹角。车轮前端向内倾(内八字),称为 Toe-in,车轮前端向外倾(外八字),称为 Toe-out。不同的 Toe 角度会改变车辆的转向反应和直道行驶的稳定性。可以通过改变前万向节拉杆的长度来改变 Toe 角度,如图 9.10 中深色圈所示。

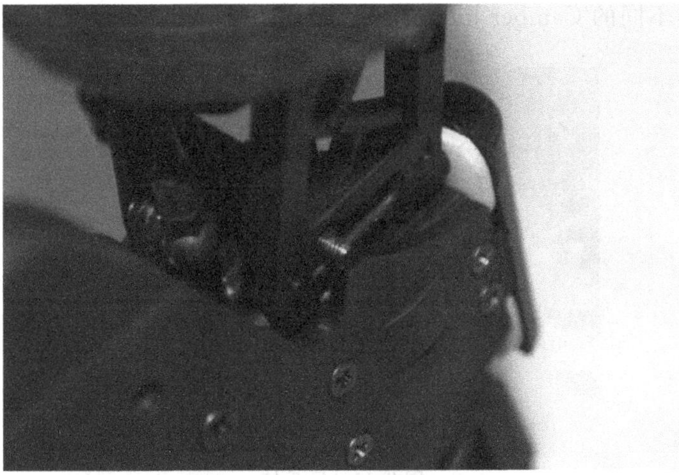

图 9.9 前桥的内六角螺丝

3. 前轮 Camber link

Camber link 是指前上桥两端的固定位置。Camber link 决定了车轮的 Camber 角度,以及悬挂移动时 Camber 角度的改变量和悬挂系统的几何特性。Camber link 位置会影响车辆的稳定性和抓地力。可以通过调整前上桥的拉杆的长度来改变前轮的 Camber link,如图 9.10 中浅色圈所示。

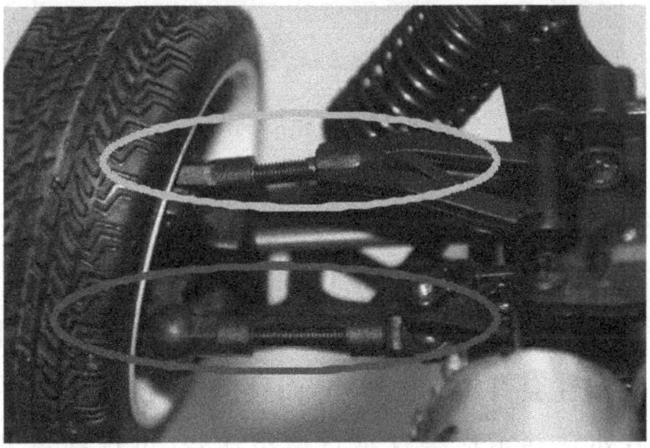

图 9.10 前悬挂

4. 后轮 Camber link

可以通过调整后悬挂长柄万向节上的拉杆的长度来改变后轮的 Camber link，如图 9.11 中圆圈所示；也可通过改变后悬挂长柄万向节车身一端的固定位置来获得不同的 Camber link，如图 9.12 中圆圈所示。

图 9.11 后悬挂

图 9.12 车模后视图

5. 前、后减震器

通过调整前、后减震器上端的固定位置，如图 9.13、图 9.14 所示，可以获得不同的减震效果，从而获得不同的抓地力。在实际做车的过程中发现减震系统对激光传感器的稳定性会有较大的影响，而且由于减震器的存在使底盘无法降到很低的高度，另外它并不适合这种竞速类比赛，可选择将其去掉而改为硬连接。

图 9.13 前减震器改装效果

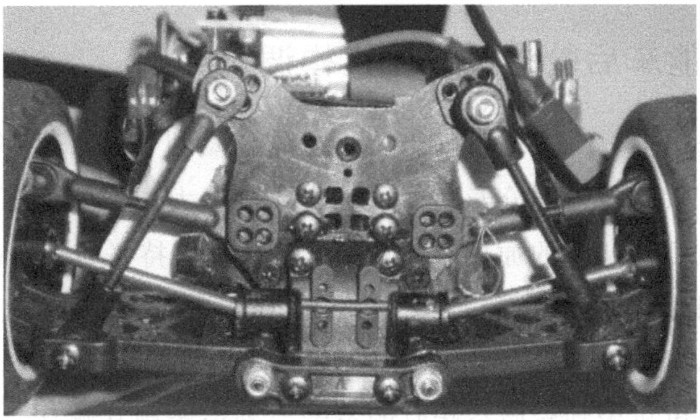

图 9.14 后减震器改装效果

6. 差速器

差速器有差速作用和限滑作用：差速作用使两轮可以相对转动，并使两轮转动速度的平均值等于整驱动轴的转动速度；限滑作用在两轮相对转动时产生阻力，以限制两轮速度差，防止其中一个轮子发生过度打滑和空转。齿轮差速通常可填充差速油。差速油可以使齿轮在相对转动啮合时产生阻力。不同的差速油会带来不同的差速效果，通过在前、中、后三个差速器中使用不同的差速油，可以获得不同的转向特性。

从测试上来看，舵机的力矩比较大，足以驱动前轮的转向，因此舵机的响应速度就成了关键。怎么增加舵机的响应速度呢？组委会不允许更改舵机的电路来提高舵机的响应速度，所以可以采取一种非常有效的办法：更改舵机连接件的长度，如图 9.15 所示。

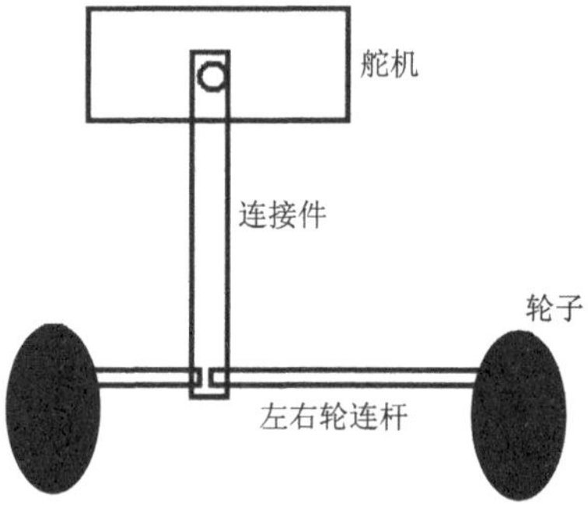

图 9.15 更改舵机连接件的长度

从图 9.15 可以看到，当舵机转动时，左右轮子就发生偏转。很明显，连接件长度增加，就会使舵机转动更小的转角而达到同样的效果。舵机的特点是转动一定的角度需要一定的时间。比如说（只是比喻，没有数据），舵机转动 10°需要 2ms，那么要使轮子转动同样的角度，增长连接件后就只需要转动 5°，那么时间是 1ms，反应更快了。根据经验，这个舵机的连接件还有必要修改，增长0.5～2 倍为宜。

9.3.3 智能车后轮减速齿轮机构调整

模型车采用 RS-385SH 电机驱动。齿轮传动机构对车模的驱动能力有很大的影响。齿轮传动部分安装位置不恰当会大大增加电机驱动的负载，严重影响最终成绩。调整的原则是：两传动齿轮轴保持平行，齿轮间的配合间隙要合适，过松容易打坏齿轮，过紧又会增加传动阻力，浪费动力；传动部分要轻松、顺畅，不能有迟滞或周期性振动的现象。判断齿轮传动是否良好的依据是听一下电机带动轮胎空转时的声音。若声音刺耳响亮，说明齿轮间的配合间隙过大，传动中有撞齿现象；若声音闷而且有迟滞，则说明齿轮间的配合间隙过小，或者两齿轮轴不平行，电机负载变大。齿轮传动噪声很小，并且不会有碰撞类的杂音，说明后轮减速齿轮机构基本上调整好了，此时动力传递十分流畅。

9.3.4 智能车转向机构调整优化

理想的转向模型是指在轮胎不打滑时，忽略左右两侧轮胎由于受力不均产生的变形和轮胎受重力影响下的变形时车辆的转向模型。在这种理想的模型下，车体的转向半径可以通过计算得到。

如图 9.16 所示，假设智能车系统为理想的转向模型，且其重心位于其几何中心。车轮满足转向原理，左右轮的轴线与后轮轴线这三条直线必然交于一点。

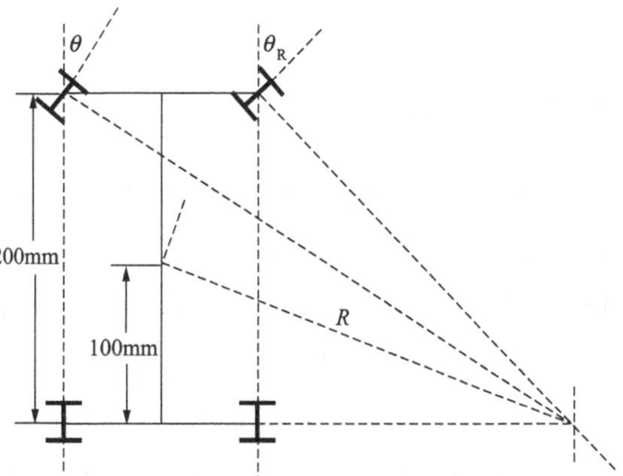

图 9.16 智能车转向示意图

转向机构在车辆运行过程中有着非常重要的作用。合适的前桥和转向机构可以保证在车辆直线行驶过程中不会跑偏,并保证车辆行驶方向的稳定性;而在车辆转向时,合适的转向机构可以使车辆自行回到直线行驶状态,具有较好的回正性。正是由于这些原因,转向系统优化设计成为智能车设计中机械结构部分的重点,直接关系到赛车能否顺利地完成运行。在实际操作中,通过理论计算的方案进行优化,然后做出实际结构以验证理论数据,并在实际调试过程中不断改进。

在模型车制作过程中,赛车的转向是通过舵机带动左右横拉杆来实现的。转向舵机的转动速度和功率是一定的,要想加快转向机构响应的速度,唯一的办法就是优化舵机的安装位置及其力矩延长杆的长度。由于功率是速度与力矩乘积的函数,过分追求速度,必然要损失力矩,力矩太小也会造成转向迟钝,因此设计时就要综合考虑转向机构响应速度与舵机力矩之间的关系,通过优化得到一个最佳的转向效果。经过最后的实际的参数设计计算,最后得出一套可以稳定、高效工作的参数及机构。

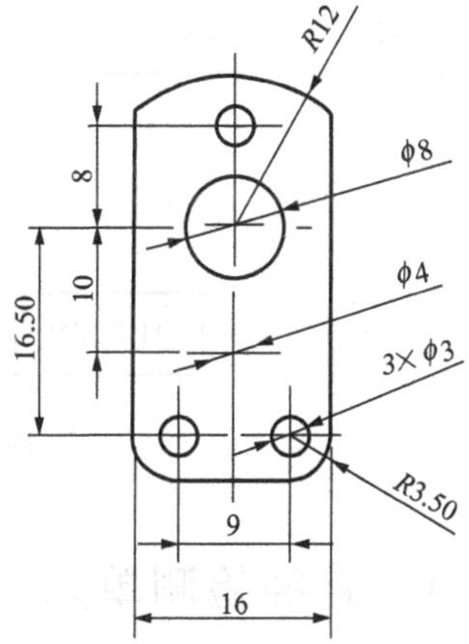

图 9.17 转向拉杆图(单位:mm)

如图 9.17 所示,最终设计的这套转向拉杆,综合考虑了速度与扭矩之间的关系,并根据模型车底盘的具体结构简化了安装方式,实现了预期目标。

9.3.5 其他机械结构的调整

在模型车的机械结构方面还有很多可以改进的地方,如车轮、悬架、底盘、车身高度等。模型车在高速的条件下(2.3~3.5m/s),由于快速变化的加减速过程,使模型车的轮胎与轮辋之间很容易发生相对位移,从而导致在加速时损失部分驱动力。为了解决这个问题,在实际调试过程中对车轮进行了粘胎处理,可以有效地防止由于轮胎与轮辋错位而引起的驱动力损失。

此外,还对模型车的前后悬架、车身高度、底盘形状和质量、后轮的轮距等都进行了相应的改进和调整,均取得了一定的效果。

9.4 电路设计

智能车系统的电路部分如图 9.18 所示,以 S12 单片机为核心,包括路径检测单元(激光传感器)、测速单元、电源管理单元等。本节将分单元描述具体的原理和制作过程。

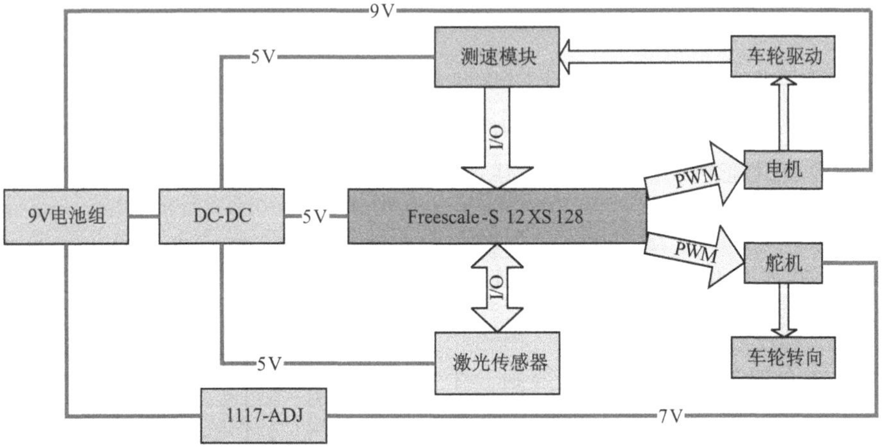

图 9.18 智能车电路框图

9.4.1 路径检测单元

在确定智能车总体方案时,可选择光电传感器作为路径检测单元。光电传感器检测路径的方案一般由多对红外收发传感器组成，通过检测接收到的反射光强，判断黑白线。在这种方案中，一个红外光电传感器只能检测一个点的信息，精度有限。但其优点是电路简单，处理方便。为了获得更大的前瞻距离，采用了可实现大前瞻的激光传感器。

激光传感器与普通的光电传感器原理一样，但是其前瞻能力远大于普通的光电传感器，可以达到 40～70cm。应用大于 60cm 的远距离前瞻以后还有一个问题是赛道中的大弯道无法通过，因为在过如 180°的弯道时，远前瞻能看到全部跑道，检测不到任何赛道信息，因此还应用相同的技术制作了工作距离约为 10cm 的中距离前瞻。本设计中使用了 40cm 的远前瞻和 10cm 的近前瞻。使用的 10cm 近前瞻如图 9.19 所示，处理电路如图 9.20 所示。

图 9.19 近前瞻

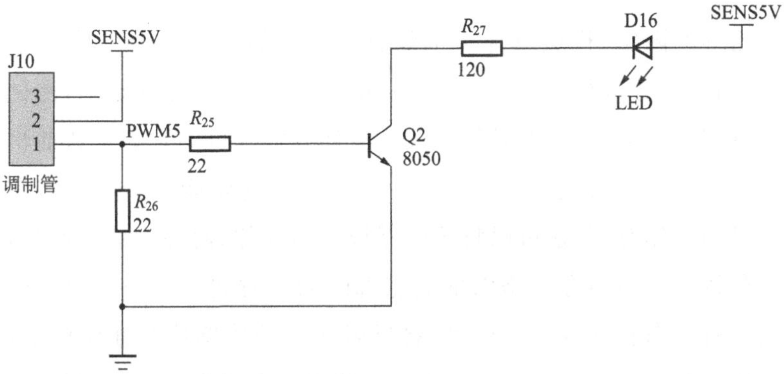

图 9.20 激光传感器处理电路

在小车巡迹行走中，为了能精确判断出地面黑线位置并确定小车行走方向，需要对传感器的排布及安装位置进行设计，以达到提高巡迹可靠性的目的。本次竞赛对以下几种传感器排布进行了研究。

分析图 9.21 所示的 4 种传感器排布，依据设计者的算法不同，可以采用其中的任意一种，它们之间没有绝对的优劣。设计者还可以根据自己的要求单独设计，根据下面将采用的算法，采取图 9.21(d)所示的方式。

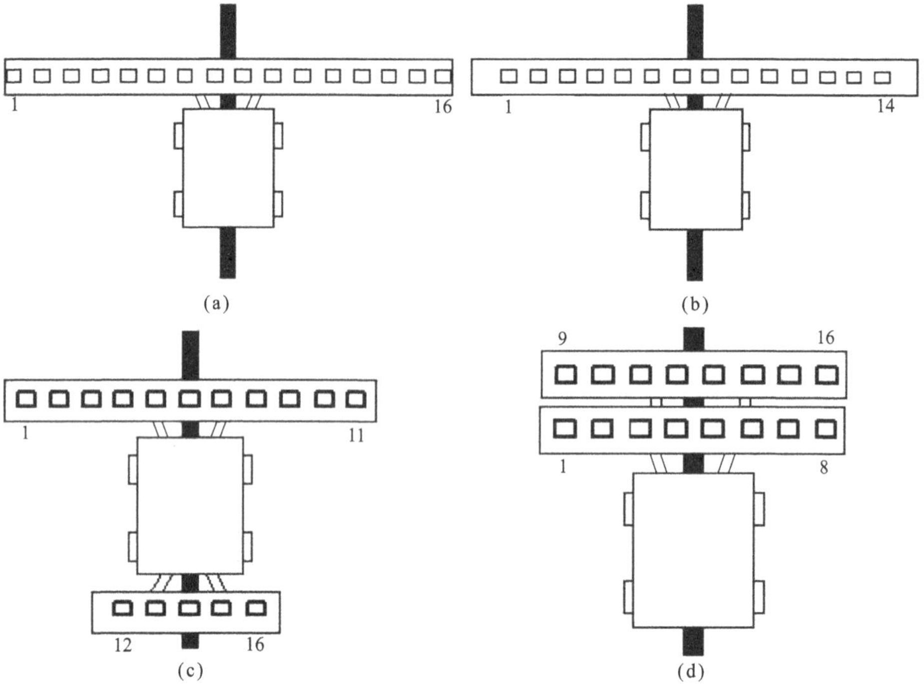

图 9.21 传感器布局方式

由于比赛的限定,机械设计上空间有限。我们依据说明书将小车安装好后,对以下两个部分进行改动。一是舵机的连杆处,在未作修改前,测试发现舵机的响应时间为 5ms,其动作时间偏大。此处调整的目的是为了让舵机的响应时间更短,并且直接操作舵机动作一个小角度后,前轮能有更大的转向角。为了提高舵机的动作时间,还可以将传感器板向前探伸,此种为被动调整,这样做只能让小车较早知道前方道路以抵消舵机的动作时间。二是在后轮处贴上特意制作的带有黑白相间颜色的标签,将反射式红外传感器对准此标签,通过检测黑线来达到测速的目的。此种方法比安装测速电机简单,而且测速电机的齿轮与后轮的动力齿轮啮合,会给小车带来一定的阻力,这是与设计相背离的。

9.4.2 电源管理单元

电源对于一个控制系统来说极其重要,关系到整个系统是否能够正常工作,因此在设计控制系统时应选用合适的电源。

本次使用标准车模用 7.2V 2000mA·h 的 Ni-Cd 电池供电。而单片机系统、路径识别的激光传感器、光电码编码器等需要 5V 电压，舵机工作电压为 6V，无线模块需要 3.3V 电压，直流电机可以使用 7.2V 2000mA · h 的 Ni-Cd 蓄电池直接供电，因此整个智能车系统需要多电源模块共同工作。

首先是 5V 电源，选择了 2940 这种串联型线性稳压电源芯片，它具有纹波小、电路结构简单的优点，用其为单片机、激光传感器和编码器供电；舵机的 6V 电压和无线模块的 3.3V 电压，分别使用 1117-ADJ 和 1117-3.3 这两种串联型线性稳压电源芯片。

9.4.3 车速检测单元

智能车系统的速度控制需要使用闭环控速的方法。可以使用光耦、码盘等自制速度编码器，但在高速下自制编码器很难达到足够的稳定性，同时也使系统复杂度提高，因此本方案使用了光电编码器，如图 9.22 所示。编码器每转一圈有 100 个脉冲，再用单片机的 I/O口对脉冲进行计数以达到测速的目的，如图 9.23 所示。

图 9.22 光电编码器

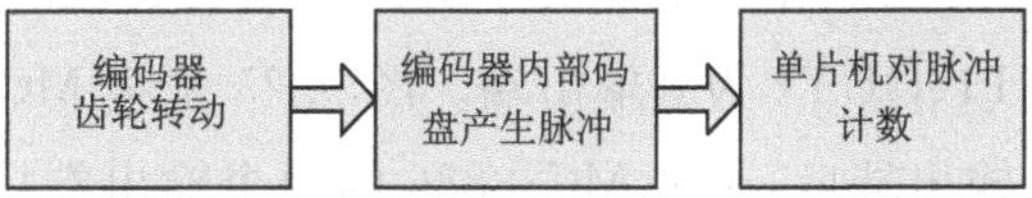

图 9.23 光电编码器工作原理

鉴于编码器在速度发生突变时会出现测速不准的情况，可在两个后轮上安装激光传感器进行测速，如图 9.24 所示，最终得到比较准确的车速。

图 9.24 激光传感器测速

9.4.4 电机驱动单元

常用的电机驱动有两种方案：一是采用集成电机驱动芯片；二是采用 MOSFET 和专用栅极驱动芯片设计。市面上常见的集成 H 桥式电机驱动芯片中，飞思卡尔公司的 33886 芯片较为常用，该芯片具有完善的过流、欠压、过温保护等功能，内部 MOSFET 导通电阻为 120mΩ，具有最大 5A 的连续工作电流。使用集成芯片的电路设计简单，可靠性高，但是性能受限。由于车模电机内阻仅为 430mΩ，而集成芯片内部的每个 MOSFET 导通电阻在 120mΩ 以上，大大增加了电枢回路总电阻，所以此时直流电机转速降落较大，驱动电路效率较低，电机性能不能充分发挥。分立的 MOSFET 具有极低的导通电阻，从而大大减小了电机回路总电阻。另外，专门设计的栅极驱动电路提高了 MOSFET 的开关速度，使 PWM 控制方式的调制频率得到提高，从而减少了电枢电流脉动。并且专用栅极驱动芯片通常具有防同臂导通、硬件死区及欠电压保护等功能，可以提高电路工作的可靠性。

系统采用 RS380-ST 型直流电机，其驱动电路采用集成电机驱动器 MC333886。此器件是单片集成的 H 桥器件，有单桥和双桥两种控制方式，其可控电压为 5～40V，最大 PWM 频率达 10kHz，内置短路保护电路和过热保护电路，最大能承受 5A 的工作电流。其中 D1、D2 是 MC33886 的使能端，IN1、IN2 为输入端，OUT1、OUT2 为其输出端。图 9.25 是将 MC33886 的 D2 端接到单片机的 PWM 输出端口，通过 MC33886 的两个输出端口实现电机的转速

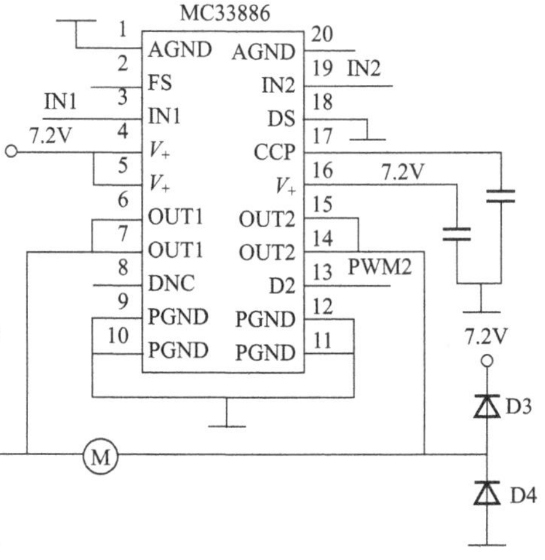

图 9.25 直流电机驱动电路

控制、方向控制及制动等。采用输出端并联并连接到电机一端和增加散热片的方法，使智能车在相同电压和占空比时其速度更快，同时还降低 H 桥上的压降，减少 MC33886 发热，防止器件由于温度过高被烧毁。

本方案采用了两片 MC33886 并联，一方面减小导通电阻对直流电机特性的影响，另一方面，可以减小 MC33886 内部过流保护电路对电机启动及制动的影响。直流电机驱动模块的电路原理如图 9.26 所示。

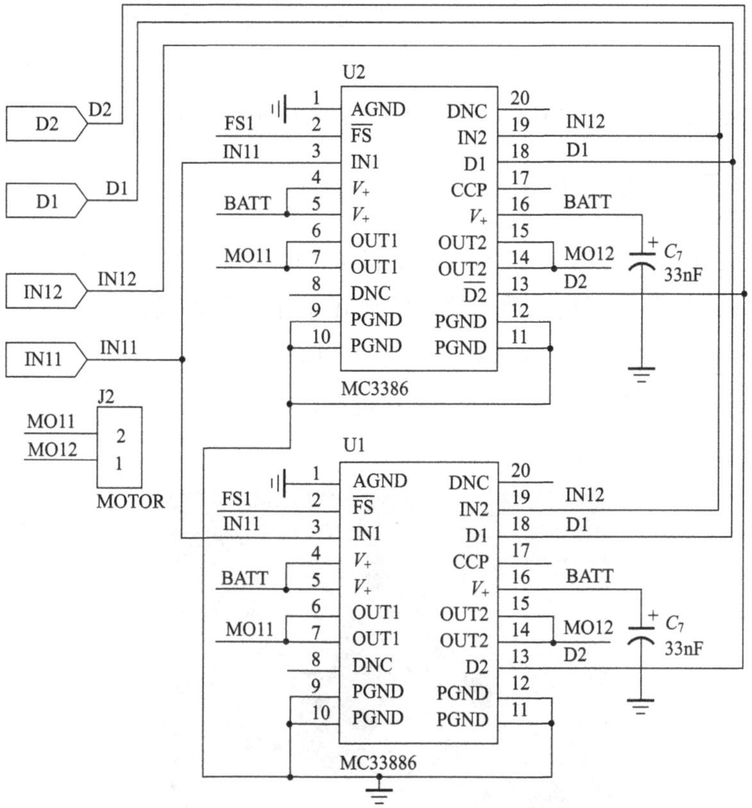

图 9.26 直流电机驱动电路模块原理

直流电机驱动采用飞思卡尔公司的 5A 集成 H 桥芯片 MC33886。该芯片内置有控制逻辑、电荷泵、门驱动电路以及低导通电阻的 MOSFET 输出电路，适合用来控制感性直流负载（如直流电机）。该芯片可以提供连续的 5A 电流，并集成有过流保护、过热保护、欠压保护电路。通过控制 MC33886 的四根输入线可以方便地实现电机正转、能耗制动及反接制动。图 9.27 是经过简化的 H 桥电路，当 S1、S4 闭合且 S2、S3 断开时，电流正向流过直流电机，智能车前进；

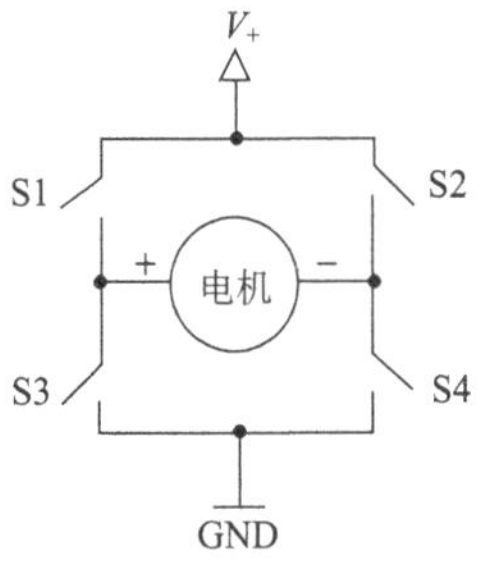

图 9.27 控制直流电机正反转及能耗制动的 H 桥

当 S2、S3 闭合且 S1、S4 断开时，电流反向流过直流电机，利用这个过程可以使车模处于反接制动状态，从而迅速降低车速；当 S3、S4 闭合且 S1、S2 断开时，没有电源加在直流电机上，直流电机电枢两端相当于短接在一起。由于电机轴在外力作用下旋转时可以产生电能，此时可以把直流电动机看成一个带了很重负载的发电机，电机上会产生一个阻碍输出轴运动的力，这个力的大小与负荷的大小成正比，电机处于能耗制动状态。

9.4.5 无线调试单元

在智能车系统的调试过程中，需要将车体的一些参数传到上位机进行数据分析，以发现问题并调整参数。这就需要在车体上有无线模块，将数据发到上位机。经过查阅资料，本次选择了基于 PTR8000＋芯片的 RF905 模块，如图 9.28 所示，该模块包括通过 SPI 与单片机通信的车载发射部分和通过 USB 与上位机通信的接收部分。

图 9.28 无线模块

该模块的特性为：工作频率 433MHz；最高工作速率 50kbps，高效 GFSK 调制，抗干扰能力强；有 125 个频道，满足多点通信和跳频通信需要；内置硬件 CRC 检错和点对多点通信地址控制；低功耗 1.9～3.6V 工作电压，待机模式下状态仅为 2.5μA；收发模式切换时间＜650μs；模块可用软件设地址，只有收到本机地址时才会输出数据，可直接接各种单片机使用，软件编程非常方便。

在车模高速前进的情况下，尽管使用随动扫描检测黑线，但是在过弯的情况下，还是经常出现所有激光传感器都扫不到黑线的情况，这样便大大限制了车速。为了使激光传感器在大部分情况下都能检测到黑线，可将远前瞻扫描板安装在一个高速舵机上，舵机根据激光扫描的情况进行跟线摆头，配合激光的随动扫描，使得大部分情况下黑线在激光扫描的中央位置。根据上舵机的转角再控制转角舵机，从而使车模能更好地巡线。

9.5　软件设计、控制策略及算法

9.5.1　总体程序设计

智能车系统的软件编写是基于 MC9S12XS128 单片机，主要用到 S12 芯片中的 PWM 模块、TIM 模块、I/O 模块及 SCI 模块等。PWM 模块主要用来控制舵机和电机的运转；TIM 模块主要用于测速模块和数据采集，捕捉中断并计算瞬时速度；I/O 模块主要分配给开关和激光传感器扫描、信息采集；SCI 模块主要用于无线串口调试模块。总体流程图如图 9.29 所示。

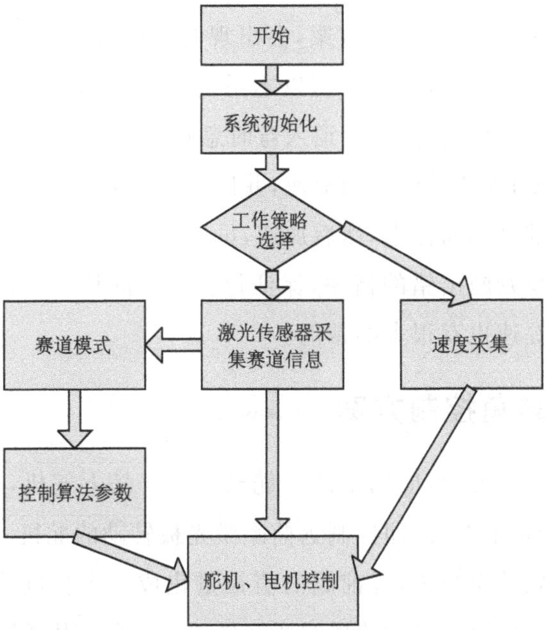

图 9.29　主程序运行流程图

9.5.2 弯道策略分析

在车辆进弯时，需要对三个参数进行设定：切弯路径、转向角度、入弯速度。其中，切弯路径主要决定了车辆是选择内道过弯还是外道过弯。切内道，路径最短，但是如果地面附着系数过小会导致车辆出现侧滑的不稳定行驶状态，其原因是切内道时曲率半径过小，同时速度又很快，所以模型车需要更大的向心力，而赛道本身是平面结构，向心力全部由来自地面的摩擦力提供，因此赛道表面的附着系数将对赛车的运行状态有很大影响。切外道，路径会略长，但是有更多的调整机会，同时曲率半径的增加会使模型车拥有更高的过弯速度。简言之，就是内道过弯路径更短、极限速度低；外道过弯路径长、极限速度更大，所以，内道过弯的速度快还是外道过弯的速度快并不确定，要根据赛车与跑道的具体情况而定。

对于入弯速度的分析应该综合考虑路径和转向角度的影响。简单而言，一般都会采取入弯减速、出弯加速的方案，这样理论上可以减少过弯时耗费的时间。但是，正如前面说到的那样，不联系路径和转向角度，只是单纯地分析过弯速度，会造成思路的局限甚至错误。例如，在不能及时判断入弯和出弯的标志点就采取入弯减速、出弯加速的方案，会出现弯道内行驶状态不稳定、路径差，出弯加速过晚，同样会浪费时间。所以本系统参考实际驾驶时的一些经验，对过弯速度的处理方式确定为：长直道入弯时急减速，以得到足够的调整时间，获得正确的转向角度；在弯道内适当提速，并保持角度不变，为出弯时的加速节约时间；出弯时，先准确判断标志，然后加速，虽然会耗费一些时间，但是面对连续变向弯道可以减少判断出错的概率，保证行驶状态的稳定性，而且弯道内的有限加速对后面的提速也有很大的帮助。

9.5.3 舵机转角控制方案

在整个智能车系统中，应用了两个舵机。一个是下舵机，也就是控制前轮转向的舵机，一个是上舵机，即控制远前瞻激光板转动的舵机。控制方案如下。

在本智能车软件系统中，远前瞻的值被量化成一个长度为15的数组。根据数组中0或1的情况得出当前黑线所在位置。然后应用PI控制对上舵机进行控制，控制量为远前瞻激光传感器的返回值。例如第1个传感器返回黑线则返回值为1,而后对输出的PWM进行上下限的判断,将输出限制在一个范围之内。这样便实现了对上舵机的控制。

上舵机控制完毕之后,得到上舵机现在的PWM与中心值所对应的PWM的偏差,作为下舵机的控制量。考虑下舵机的特殊性及所使用的前瞻,在下舵机控制中略去I项,使用PD对下舵机进行控制。同时,根据近前瞻的光点返回值,对PD输出的值进行略微的修正,这样,等价于在弯很小的情况下减小了P,弯道很大的情况下加大了P,优化了智能车的路径。

9.5.4 电机驱动控制方案

智能车系统是基于光电编码器的速度检测系统,可以实现电机的闭环控制。具体的控速方法中采用Bang-Bang控制和PID控制相结合的方法,如图9.30所示。Bang-Bang控制有利于控制的力度而PID控制有利于控制的精度,两者结合是一个优势互补的解决方案。Bang-Bang控制可以在路径规划策略的基础上,给不同路况设置不同的阈值,以选择合理的加减速时机,并且这种控制效率很高,能够大大提升系统的响应时间;PID控制则能使智能车系统运行更加准确稳定,特别是在直道时,合适的PID参数能使智能车尽快稳定在直线路径上。这两种控制对与智能车速度的提升都有很大的作用。

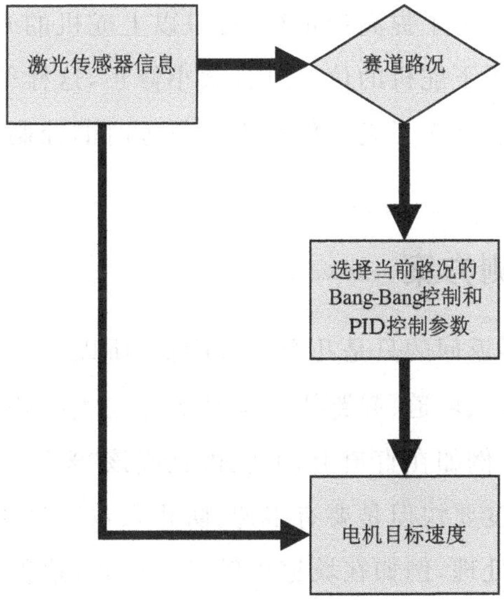

图9.30 电机控制流程图

另外，由于智能车运行的路况多变，因此对电机的加减速性要求很高，而有效的减速性能是赛车高速运行和安全不出界运行的保证。通过实验总结，电机反转、自转、正转三种状态轮流切换的刹车方法最为有效。

9.5.5 激光扫描方案

由于远前瞻采用了15个激光传感器的扫描，在一般情况下，最多只有3个左右的激光传感器打在黑线上，其他的激光传感器都打在白色区域上，这样不仅增加了扫描周期，更增加了未知的危险——其他白色区域上的路况可能会对结果产生干扰。因此，可采用随动检测：第一个周期进行激光传感器全开扫描，当扫描到黑线时，记下此时黑线所在位置，下个周期只开以这个位置为中心的7个激光传感器。当所有5个激光传感器都找不到黑线时，将激光传感器全开，寻找黑线位置。

由于近前瞻在坡道上不直接返回路况信号，所以选择8个激光传感器全开依次扫描。为节省时间，近前瞻与远前瞻共用一个延迟程序。

上面提到，摆头上舵机的控制主要是根据前瞻光点决定的，在特殊的路况下，会出现远近前瞻判断黑线左右不一致的情况，这也是很容易理解的，两前瞻之间有30cm的距离，在小S形或左右弯道交替频繁的跑道上，远近前瞻很可能在跑道的两侧，于是为了提高稳定性，可以以上舵机的光点位置为主得出上舵机的控制量，再利用下舵机的信息进行微小修正，这样等价于减小了光点在中央附近时的控制量，增大了光点偏离中心较远时的控制量，实现了舵机控制的优化。

9.5.6 路况检测方案

由于激光传感器返回的只是几个离散的值，所以必须对该信息进行处理。分辨出直道、大小弯道、坡道、起跑线甚至是S弯之类的路况，以便对智能车进行较为合理的控制。例如在直道上，下舵机就应该“笨”一些，这样在直道上不会出现蛇形前进；速度要快但是要有限速，防止入弯时冲出赛道。对于其他路况，也要进行类似的处理，例如在坡道中舵机要摆正，速度大小要合适，在弯道中上下舵机要灵敏一些。

检测路径的基本思想是：找出路况的基本特征，然后作积累，若干个周期内都符合此特征,便通过对标志位置位进行路况的标定。而路况的基本特征则需要根据具体情况制定,如直道特征是中间几个光点在黑线上,坡道特征是远前瞻会什么都看不到。

9.6 系统调试

9.6.1 开发调试工具

1. CodeWarrior

比赛的软件开发平台为 Metroworks 公司 CodeWarrior 开发软件。其使用界面如图 9.31 所示。

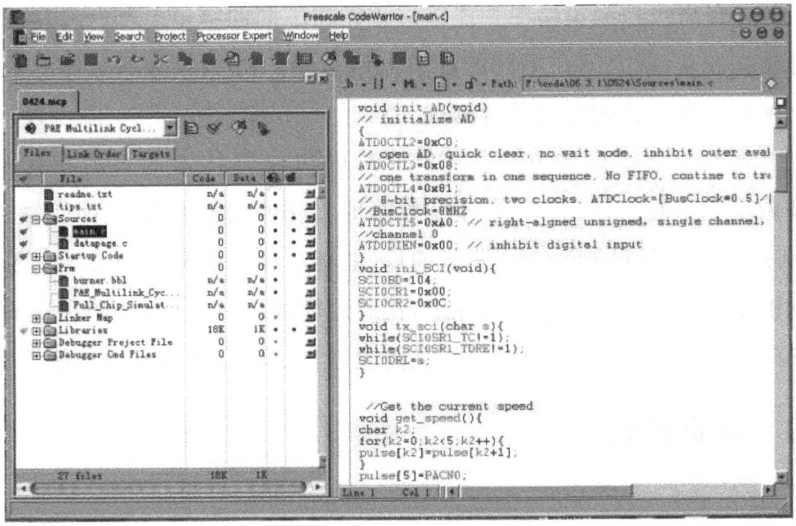

图 9.31 CodeWarrior 程序编写界面图

CodeWarrior 的功能强大,可用于大部分单片机、嵌入式系统的开发。用户可在新建工程时将芯片的类库添加到集成环境开发环境中,工程文件一旦生成就是一个最小系统,用户无需再进行烦琐的初始化操作,就能直接在工程中添加所需的程序代码。如图 9.32 所示,利用 CodeWarrior 和配套的 BDM,用户可以进行一系列的调试工作,如监视寄存器状态、修改 PC 指针、设置断点等,这样能快速地帮助我们找到软件或硬件的问题。

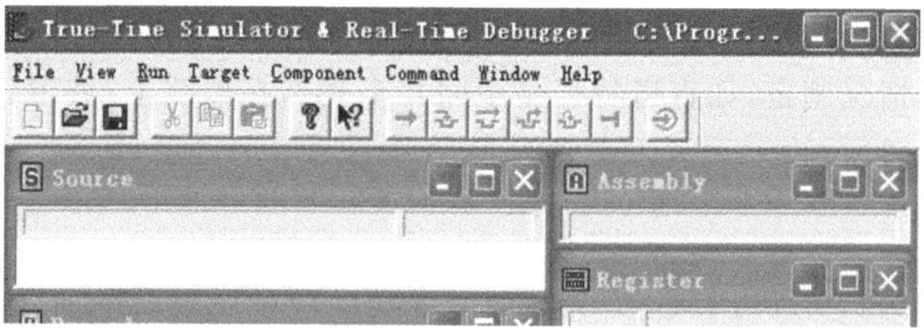

图 9.32 Hiwave 下载调试界面

在源程序编译、连接通过后,就可以进行程序下载了。下载前,先将单片机上已经存在的程序擦除,然后点击 Load,将 bin 文件夹下生成的后缀为.abs 的文件打开,就可以完成下载。

2. Plastid

一辆具有高级控制策略的智能车应该能在不同的赛道上都有稳定的发挥,为了实现这一点,就必须在不同的赛道上做试验。由于各方面条件的限制,不可能为赛车制作无数的赛道进行测试。

利用清华大学提供的基于 LabVIEW 虚拟仪器技术的智能车仿真系统 Plastid 做车辆仿真工作,该软件可以方便地将仿真过程中的各种变量记录下来,特别是一些实际试验时无法测量的量(如赛车相对于赛道中心线的偏移量、前向角和加速度等),并保存在文件中,在回放模式下,用户可以调用这些文件,对其仿真结果进行后期分析和处理,继而改进自己的赛车设置及控制算法。

9.6.2 仿真调试

1. 特　点

全国高等学校自动化专业教学指导分委员会受国家教育部委托,举办第一届“飞思卡尔”杯全国大学生智能车邀请赛。基于 LabVIEW 虚拟仪器技术的智能车仿真系统 Plastid(以下简称 Plastid)可作为离线/在线仿真的平台以及理论试验平台。

该仿真系统基于 LabVIEW 虚拟仪器技术开发完成,用于智能车的算法仿真及分析。主要有以下几大特点:

(1) 赛道与赛车环境模拟。系统对赛道与赛车分别建立了模型,使用者可以按照指示方便地自行设计赛道及赛车。将赛道设计成各种各样的直路、弯路、坡路，将赛车设计成各种尺寸、形状，从而使得系统的适用性更广泛。另一方面，该软件更适用于没有条件制作试验赛道的参赛队伍，他们可以在该系统中检测控制算法。

(2) 控制算法的仿真验证。系统可提供三种不同的控制算法仿真的方案：子 VI(SubVI)算法仿真、C 结点算法仿真及单片机在线仿真。使用者可以选择其中最适合自己的仿真方法，对自己的控制算法在系统的环境中进行验证。

(3) 路径识别的方案分析。系统提供了采用光感电路来识别路径的模型，使用者可以按照自己的想法设定传感器的个数、排列的位置，在 Plastid 上反复做仿真试验，从而定性得出哪种光感电路的排列效果较好。由于实地试验时要更换传感器排列较为耗时，因此该系统给予了此种定性分析一个极其方便的试验平台。

(4) 离线/在线仿真相结合。系统不仅可以离线仿真，还可以通过 CAN 通信与单片机系统相连，对系统进行虚拟赛道环境的在线仿真。

使用者通过该仿真系统可以反复对原始设计方案进行研究，得到近似最优方案后，再进行实车设计和实际赛道试验，从而减少了开发的费用和时间成本，大大提高智能车的开发效率。

2. 基本构架

图 9.33 是整个仿真系统的构架图，主要分为基本模型层、控制算法层、通信层以及仿真环境层。

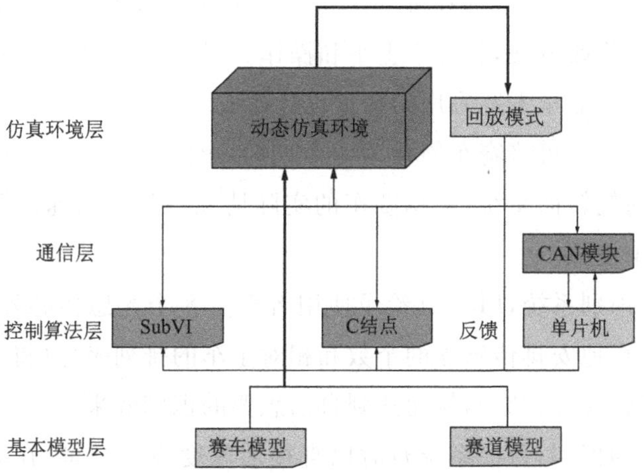

图 9.33 仿真系统构架图

基本模型层包括赛车模型与赛道模型,使用者可根据实际情况设定模型参数,它为整个系统提供了底层的驱动,仿真结果都是在这两个模型的基础上计算的。

控制算法层为使用者提供了三种不同的仿真方案:SubVI、C 结点及单片机在线仿真,具体在后文将会详述。使用者可选择其中一个方案输入或移植自己的控制算法。

通信层只用于单片机的在线仿真,使用 CAN 模块,可以使单片机与仿真系统进行即时的数据交流,从而实现动态仿真。

动态仿真环境基于赛车、赛道模型以及控制算法所输出的控制信号(电机控制、转向控制及车速信号等)计算出车的行走路线,并即时地将数据传回控制算法层(其计算周期可调)。

凭借软件仿真的优势,在仿真过程中,系统可以方便地将各种变量记录下来,特别是一些实际试验时无法测量的量(如赛车相对于赛道中心线的偏移量、前向角、加速度等),并保存于文件中。在回放模式中,用户可以调用这些文件,对仿真结果进行后期分析和处理,继而改进自己的赛车设置以及控制算法。

3. 赛道、赛车、路径识别模型

图 9.34 是 Plastid 的赛道设计界面,用户可以使用“点”来精确设定赛道曲线的下一点位置,使用“弧”则可以以圆心坐标、角度来绘制想要得到的弧线,还可以直接采用“手绘”用鼠标在屏幕上绘制赛道或从数据文件中导入曲线。其操作界面友好,修改方便,且易于上手和操作。图 9.34 中的赛道即根据韩国汉阳大学 2004 年智能车大赛采用的赛道设计而成。

为了仿真方便,可将赛车简化为一个四轮刚体模型,除了一些基本的尺寸参数之外,在前轮转向系统,根据赛车的实际情况,用“转向速度”与“最大转向角”两个参数来模拟。

对于路径识别系统,Plastid 给予使用者至多 8 个光感传感器的坐标设定,使用者可以任意地安排传感器的个数和相对于车的排列坐标(将传感器安排成一条直线或者弧线等方案),从而达到自己想要的识别效果。

对于加速的模拟,目前系统暂时以直接加速度为控制量,在对实车进行测试和分析后,将构建相应的模型。

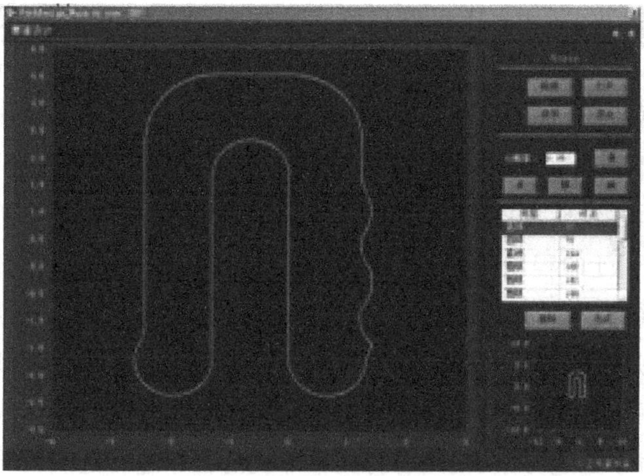

图 9.34 赛道设计界面

图 9.35 即赛车设计的操作界面，左边为赛车的基本参数，右边为传感器坐标设定、试验赛道生成及传感器值的即时显示（试驾时用）。

使用者除了可以设定赛车参数外，还可以对所设定好的赛车进行“试驾”，当场检验所设计参数的优劣，并可将赛车信息保存于文件，供仿真时调入使用。

图 9.35 赛车设计操作界面

4. 控制算法仿真

Plastid 针对不同的使用者提供了三种不同的控制算法仿真方案：子 VI（SubVI）、C 结点及单片机的在线仿真。

首先，最接近于LabVIEW编程环境的为SubVI方案。用户将自己的控制算法移植为LabVIEW的SubVI，Plastid在仿真时即时地给该SubVI输入变量(车速、传感器值等)，SubVI通过计算得出控制量并输送给Plastid仿真循环。SubVI方案对于熟悉LabVIEW G语言编程方法的使用者来说非常简单，但它的缺点是移植性较差，由于C语言和G语言的差别较大，因此将单片机的控制算法转换为子VI的程序需要一定的工作量。

其次，C结点方案则更适合于采用C语言编程的使用者，其原理与SubVI方案类似，但是其程序则可直接用C语言编写，用Visual Studio IDE将其编译为dll文件，系统在仿真时会自动调用该dll文件，从而实现与SubVI一样的控制和反馈。对于上述方案，使用者将其单片机的程序进行适当的修改后即可使用，因此移植性较高。

最后，利用CAN模块，系统可以直接与单片机进行直接通信，并实现在线仿真。单片机方面只需要在其CAN接口即时地传送其控制量(这在程序中很容易添加相应程序)，而Plastid则通过CAN模块得到这些量，并传送反馈量给单片机。在上述方案中，单片机的程序修改不大，但需要有CAN模块等硬件支持。

图9.36为系统动态仿真的界面，使用者在加载完赛道与赛车文件后，即可进行动态的仿真。其中仿真周期表示系统每一次计算的时间，可以根据单片机的运算周期进行设定，但值得一提的是，在仿真过程中，其真实的仿真周期会因计算机的性能等因素的不同而有所差异，但其仿真的结果可以保证确实根据该仿真周期计算而得，从而保证其仿真的可靠性。

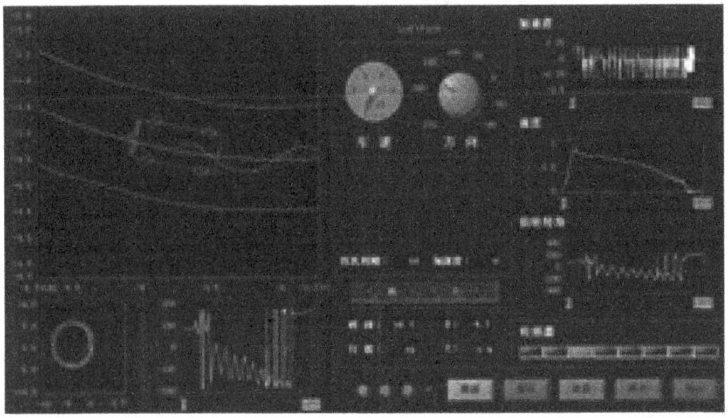

图9.36 动态仿真界面